AF565428

EN KLIMATHISTORIA

Uppdaterad 2021

Sven Börjesson

Förlag: BoD – Books on Demand, Stockholm, Sverige

Tryck: BoD – Books on Demand, Norderstedt, Tyskland

ISBN: 978-91-8007-767-5

Omslagsfoton: Sven Börjesson

Bildtexter till omslaget: Adéliepingviner på en liten ö vid Antarktiska halvön.
Isberg utanför Antarktis kust.
Havssulor längs Newfoundlands kust. Fåglarna ändrade diet när norra Atlanten blev kallare i slutet av 1900-talet.

Innehållsförteckning

Förord

En gång i veckan ringde jag till ambassadör Bo Kjellén, som ledde en del av förhandlingarna om en global klimatkonvention. Året var 1992 och några månader senare, under det stora FN-mötet om miljö och utveckling i Rio, skulle klimatkonventionen slutförhandlas. Det året gjorde jag ett P1-program som hette Miljön i veckan och klimatförhandlingarna fick stort utrymme i programmet, mycket tack vare Bo Kjellén.

De flesta gångerna när jag ringde var han i New York och för honom var det oftast tidig morgon, men han var alltid lika tillmötesgående och hade alltid tid för ett längre samtal.

Vi kom båda till Rio några dagar innan den stora konferensen startade och han tog sig tid för en pratstund. Under flera timmar gick vi fram och tillbaka på Copacabana, samtidigt som vi pratade om allt från klimatförhandlingar till varför livet fört oss dit vi var. Under de här samtalen fick jag en skymt av spelet bakom kulisserna och sedan dess har "klimatfrågan" för mig vilat på två ben, det politiska och det vetenskapliga. Det som tål att funderas över är vilket ben som först satte ner foten.

Som journalist och privatperson har jag följt klimatfrågan i drygt 30 år och både fascinationen inför ämnet och förvåningen över det offentliga samtalet har växt med åren. Det publiceras årligen en flod av vetenskapliga artiklar som väcker nyfikenhet, som leder tankarna åt nya håll och som ger en bild av hur komplext klimatsystemet är.

Det har också varit intressant att följa och försöka förstå aktörers, inte minst länders, agerande i såväl förhandlingar som i klimatpolitiken.

Perspektiven i det offentliga samtalet om klimatet och klimatpolitiken har smalnat, trots alla indikationer på att de borde vidgas. Det finns så mycket att berätta, som aldrig når ut. Något som jag tror varje journalist ser som en utmaning och därför har, efter mycken svett och möda, den här boken kommit till.

Klimatet är inget undantag från regeln som säger att ett historiskt perspektiv hjälper oss att förstå det som händer idag. Det som drabbade invånarna i Egypten och Kina för 4 000 år sedan och det som hände i Köpenhamn och Peking på 1990-talet är viktiga bitar när det pussel som ger en bild av klimatfrågan ska läggas. Därmed inte sagt att det finns ett färdigt pussel att lägga.

Jag skriver om det som varit, men jag berör också det som är. Min tanke med boken är inte att komma med svar utan att ge underlag för funderingar och frågor.

"En klimathistoria" gavs ut hösten 2020. Den här upplagan har till mycket stor del samma innehåll, men tar även upp det viktigaste som hänt under senaste året, fram till november 2021.

Bilder
Samtliga färgbilder, utom den som kommer från United States Geological Survey och visar hur marknivåerna i San Joaquindalen har förändrats, är mina egna

Kommentar till källorna.

Boken bygger i huvudsak på fyra olika källor: Vetenskapliga studier, rapporter och då i första hand IPCC:s (FN:s klimatpanel), tidningsartiklar och eget material (radioprogram och anteckningar). Vetenskapliga studier: I boken åberopas ett stort antal studier och jag har valt att låta studierna bli en del av den löpande texten. Det är vad som står i den vetenskapliga artikeln som är i fokus och det är den bild som en rad vetenskapliga studier tillsammans målar upp som blir intressant. Att komma med ett påstående och sedan anse det belagt genom att i en not hänvisa till en vetenskaplig studie kan ge en otillräcklig eller missvisande bild.

Rapporter: IPCC:s stora rapporter om klimatet och klimatförändringar har en stor plats i boken. Sex har hittills publicerats och den senaste kom 2021. Min erfarenhet säger att innehållet i rapporterna är okänt för många.

Tidningsartiklar: Vad som står i tidningar ger en bra bild av hur klimatförändringarna har uppfattats av sin samtid. Det är en viktig pusselbit när en klimathistoria från 1800-talet fram till idag ska berättas. Delar av äldre artiklar är kopierade i boken. Upphovsrätten försvårar att nyare artiklar kopieras.

Eget material: En rad reportageresor har resulterat i såväl kortare reportage som längre program/dokumentärer som berör klimatfrågan. Jag har också haft förmånen att arbeta fram en rad miljöhistoriska program, exempelvis Den svenska miljödebattens historia, Den svenska kärnkraftens historia och program ur serien Miljölarm. Mycket av innehållet i kapitel nio är hämtat från Den svenska miljödebattens historia. Någon enstaka gång åberopar jag privata mail och minnesanteckningar.

I texten hänvisar jag till ett stort antal vetenskapliga artiklar/studier och rapporter. I de allra flesta fall är det ett flertal forskare som författat studien. För att texten ska flyta nämner jag bara första namnet. Personnamnet ska alltså ses som ett förenklat namn på studien. Om det enbart är två forskare bakom studien nämns båda. Mer information finns i källförteckningen i slutet av boken.

1 Global uppvärmning

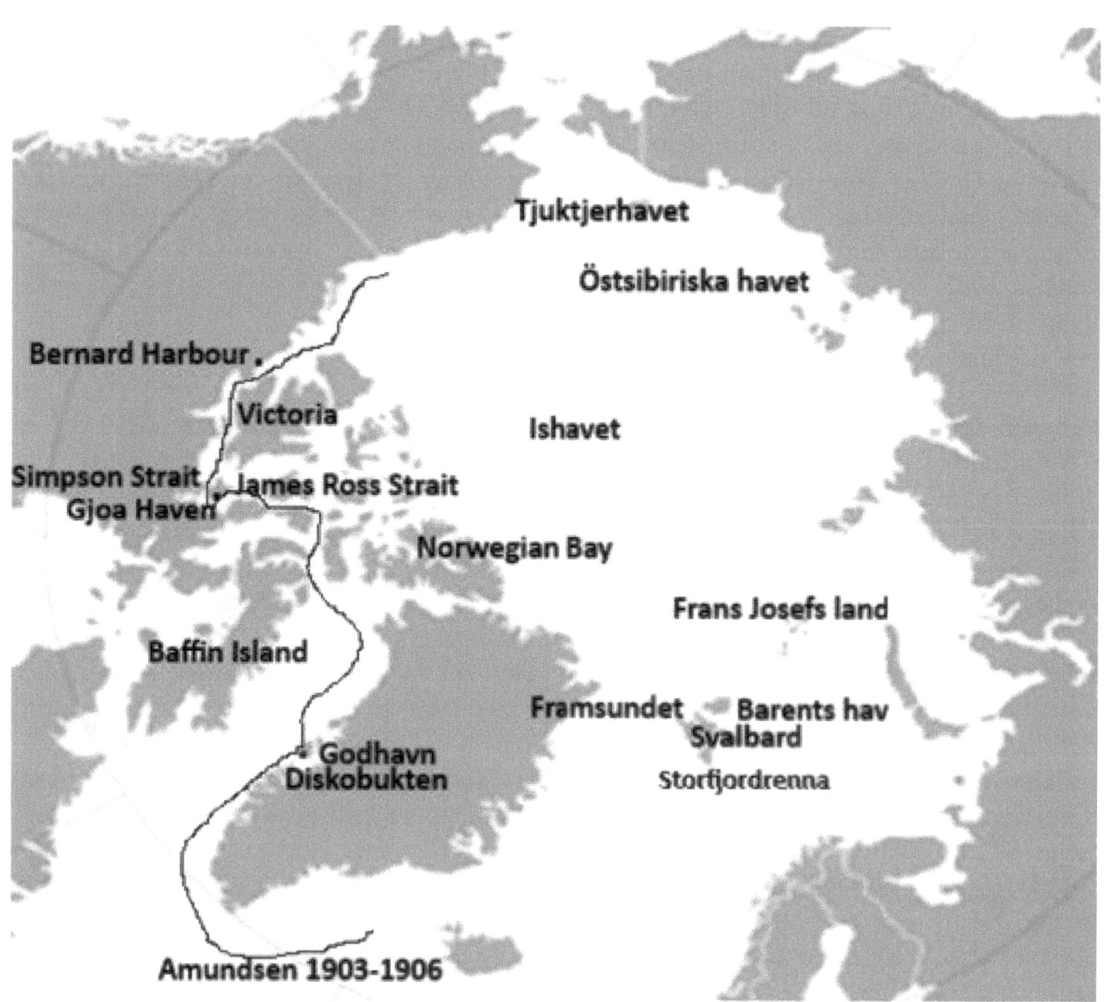

"Med tanke på dessa fakta ska vi inte vara för skeptiska när äldre människor försäkrar oss att vintrarna nuförtiden inte kan jämföras med vintrarna när de var unga" (The Braidwood Dispatch and Mining Journal, 28/9 1910).

Nordvästpassagen besegras

Det var den 9 september 1903. Segelfartyget Gjöa hade gjort ett stopp i Godhavn på Grönland, sedan seglat norrut längs Grönlands västkust, rundat Baffin Island, fortsatt genom James Ross Strait och nått Simpson Strait. Sundet var helt isfritt. Nordvästpassagen, farleden norr om den amerikanska kontinenten, låg öppen. Syftet med expeditionen, som leddes av Roald Amundsen, var inte bara att runda Nordamerika och nå fram till Stilla havet, utan också att hitta den magnetiska nordpolens exakta position. Den sex man starka besättningen gick därför i land på King William Island, på den plats som nu heter Gjoa Haven.

I augusti 1905 lämnade expeditionen King William Island. Nu var isförhållandena sämre, men det hindrade inte Amundsen att segla genom Simpson Strait och vidare västerut. De expeditioner som tidigare hade försökt segla genom Nordvästpassagen hade stoppats av isen. Det borde ha varit omöjligt för en segelbåt med en hjälpmotor på 10 hästkrafter att runda Nordamerika. Men en uppvärmning var på gång.

Det allt mildare klimatet gjorde det möjligt för Petter Norberg från Härnösand, att några årtionden senare transportera gods i området. Han var anställd av Hudson Bay Company för att upprätta och underhålla depåer öster om Bernard Harbour, den mest svårtillgängliga delen av Nordvästpassagen. Knut Rasmussen, dansk upptäcktsresande, tillbringade en sommar med Norberg i mitten av 1920-talet. Rasmussen har berättat att Norberg forcerat Nordvästpassagen och det med *"en båt som knappt kunde kallas fartyg och som var byggd för åtskilligt lugnare vatten"*. Norberg hade en segelbåt utan hjälpmotor.

Under 2018 hade det varit omöjligt för Amundsen att ta sig igenom Nordvästpassagen, om han inte haft hjälp av en isbrytare. Det norska kryssningsfartyget MS Fram fick lägga om rutten eftersom isförhållandena i James Ross Strait och längre västerut gjorde det omöjligt att ta sig igenom. *"No ordinary ship can sail through the area"*, skrev rederiet i ett pressmeddelande. MS Fram, specialbyggt som expeditionsfartyg med högre isklass, är 114 meter långt och tar 400 passagerare, men fartyget klarade inte Nordvästpassagen sommaren 2018.

Den 5 september 2018 hade Eye on the Arctic en intervju med Laverna Klengenberg, borgmästare i Ulukhaktok på ön Victoria norr om det kanadensiska fastlandet. Ulukhaktok har ungefär 400 invånare och det var tänkt att två franska kryssningsfartyg skulle göra ett stopp. De franska fartygen var dock tvungna, precis som MS Fram, att skrinlägga planerna på att ta sig igenom Nordvästpassagen på grund av isen.

Invånarna i Ulukhaktok hade förberett besöken noga och Klengenberg var djupt besviken över att det inte kunde komma några kryssningsfartyg: *"The cancellations do impact the community a lot. It impacts the people. It impacts them, their children, their income."*

Isens århundrade

Under 1800-talet gjordes ett antal försök att nå Nordpolen. Alla misslyckades. 1879 tog en amerikansk expedition vägen genom Berings sund på sin väg mot Nordpolen. Jeanette, som var fartygets namn, krossades av isen i Östsibiriska havet och sjönk. Senare hittades kläder med expeditionsmedlemmars namn längs den grönländska sydvästkusten. Man hittade också dokument från Jeanette i området, vilket indikerade att det finns en ström från öst mot väst i Arktiska oceanen. Vi vet nu att strömmen passerar nära Nordpolen, följer Grönlands östkust och rundar den sydligaste udden.

Fridtjof Nansen, norsk oceanograf och upptäcktsresande, fick idén att starta en expedition i Östsibiriska havet, låta sig föras med strömmarna, och förhoppningsvis passera över Nordpolen. Vidare genom sundet mellan Spetsbergen (Svalbard) och Grönland och på så sätt åter nå isfria vatten. År 1893 sattes planen i verket. Nansens skepp, Fram, lämnade Vardö i Norge och seglade längs Rysslands kust till de Nysibiriska öarna. Nansen styrde därefter norrut och lät fartyget fastna i isen. Fram drev sakta med strömmarna, allt för sakta enligt Nansen som tillsammans med en annan expeditionsmedlem lämnade Fram och sökte sig mot Nordpolen med hundspann. Övriga i besättningen stannade kvar på fartyget. Besättningen hade inte så mycket att sysselsätta sig med, och enligt dagboksanteckningar lär det ha varit stor åtgång på expeditionens medhavda alkoholförråd.

1896 nådde Fram öppet vatten nordväst om Spetsbergen, ungefär där Nansen hade beräknat att skeppet skulle hamna. Fartyget gjorde ett kort stopp på Spetsbergen, där för övrigt Andrée höll på att förbereda sin ballongfärd norrut, innan skeppet återvände till Norge. Nansen kom aldrig till Nordpolen utan tvingades vända om. Han lyckades ta sig till Frans Josefs land, en ögrupp mellan Nordpolen och Sibirien, där han hämtades av ett brittiskt forskningsfartyg.

Sundet mellan Spetsbergen och Grönlands norra spets har uppkallats efter Fram. På Grönland har man under lång tid noterat hur mycket is som drivit längs Grönlands östkust och rundat den södra spetsen. Is som har benämnts "storis". Torben Schmith och Carsten Hansen presenterade 2003 ett Fram-index som visar hur mängden "storis" varierat under åren 1820–2000. De två forskarna menar att Framindexet är ett bra mått på isens utbredning i Arktiska oceanen. Vintrar med mycket havsis leder till att strömmarna för med sig större mängder is genom Framsundet och ner längs Grönlands östkust.

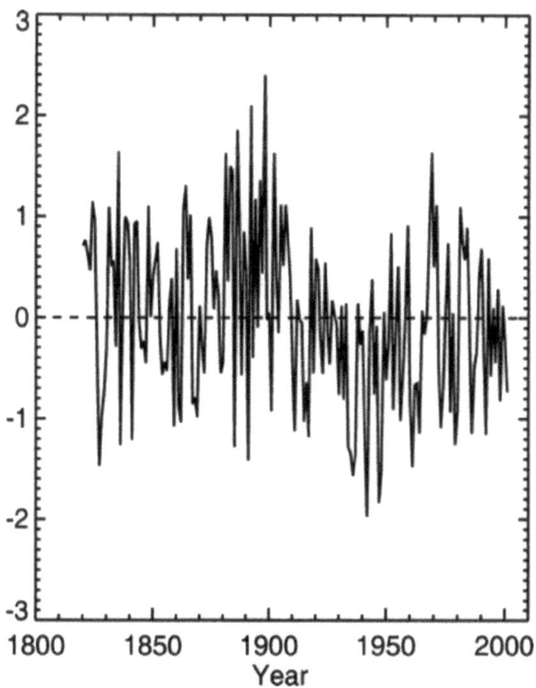

Fram-indexet. Mängden is som drivit förbi Grönland kuster från början av 1800-talet till 2000-talet.

Fram-indexet visar att det var mycket is under hela 1800-talet och allra mest is var det under de sista decennierna. Från år 1900 skedde en snabb minskning men under 1940-talet vände det uppåt och mängden is nådde en ny topp i slutet av 1970-talet. Runt år 2000 var det fortfarande mer is än under 1940-talet.

Ett annat index som beskriver isförhållanden i norr är Koch-indexet. På Island har det under lång tid noterats hur mycket is som har kunnat ses från kusten. Med observationerna som grund skapade en dansk forskare, Lauge Koch, en sifferserie som sträcker sig bakåt, ända till vikingatiden. Ett första index tog Koch fram 1945 och det har sedan dess uppdaterats ett par gånger. Precis som med alla andra data som gäller klimatet, såväl moderna som historiska, bör de behandlas med ett visst mått av försiktighet. Indexet visar att fram till 1600-talet var den is som kunde ses från Island sporadiskt förekommande. Under 1600- och 1700-talen var det mycket is i närheten av Island och allra mest var det under 1800-talet. Under 1900-talets första del minskade isen kraftigt för att åter öka under 1970- och 1980-talen. Under 1900-talets sista år minskade än en gång den ismängd som driver förbi Island.

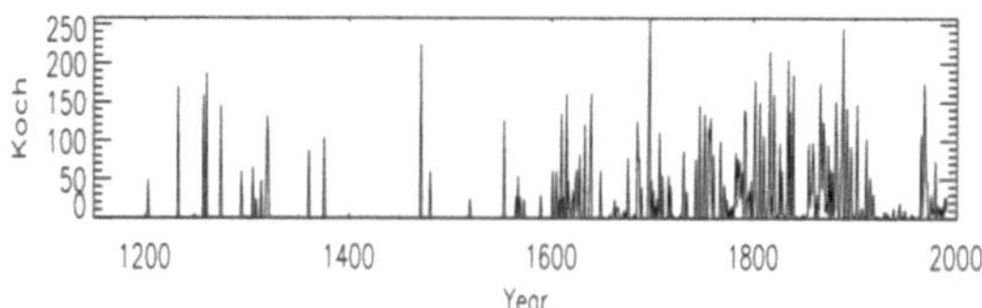

Koch-indexet. Mängden is som har setts från Island under de senaste 1 000 åren.

Koch-indexet och Fram-indexet ger därmed samma bild. Ismängden i Arktis varierar kraftigt och såväl under 1800-talet som åren runt 1980 var det mycket is i Arktis. Koch-indexet indikerar också att isen började växa till sig under slutet av 1500-talet, och att 1800-talet sticker ut i ett tusenårsperspektiv. Ett kallt århundrade i Arktis med enorma ismängder.

Den kalla perioden under århundradena fram till 1900-talet kallas "lilla istiden". Det var under den här tiden som den svenske kungen Karl X Gustav tågade med en armé över isen på Stora och Lilla Bält och fram till Köpenhamn. Frågan är hur utbredd den lilla istiden var. Var den regional eller global?

Lilla istiden kan mycket väl ha varit den period då havsisen i Arktis haft sin största utbredning sedan senaste istiden. Därom vittnar bland annat grönlandsvalarna. Norr om det kanadensiska fastlandet ligger en mängd öar. En "skärgård" som sträcker sig upp mot de centrala delarna av Norra ishavet och Nordpolen. Forskare har hittat stora mängder ben från strandade grönlandsvalar längs öarnas stränder. Fynden harålderdaterats, vilket gör att man vet när valarna har simmat i området. Det visar sig att grönlandsvalarna, som är beroende av öppet vatten, har kunnat simma mellan öarna under en stor del av tiden sedan senaste istiden. Idag är det is mellan öarna, även sommartid. Ett alltför kallt klimat för grönlandsvalarna och så har det antagligen varit under de senaste 3 000 åren. Sommarisarna har satt stopp för grönlandsvalens tillträde till skärgården. Två studier som beskrivit hur grönlandsvalarna rört sig i den arktiska skärgården är Dyke (publicerad 1996) och Savelle (publicerad 2000).

I en något senare studie berättar Dyke att man funnit ett större antal valben som är mellan 1 000 år och 4 000 år gamla runt Norwegian Bay, som ligger nästan så långt norrut som man kan komma i den arktiska skärgården. Fynd som lite motsäger tidigare teorier om att grönlandsvalarna varit utestängda från området norr om Kanada under de senaste 3 000 åren. Det har dock inte gjorts några fynd av grönlandsval som kan dateras till de senaste århundradena. En kort sammanfattning av grönlandsvalens förekomst norr om Kanadas fastland sedan senaste istiden blir så här: Från för 10 500 år sedan fram till för ungefär för 1 000 år sedan har grönlandsvalarna, åtminstone under stora delar av tiden, rört sig i vatten där isförhållandena under de senaste 1 000 åren stängt ute valarna.

Under 2017, 2018 och 2019 har det publicerats ett stort antal vetenskapliga studier som indikerar att havsisen i Arktis haft sin största utbredning sedan istiden under 1800-talet och att det även har det varit mycket is under 1900-talet. Studier som bygger på vad fytoplankton, isalger och musslor kan berätta och tillsammans täcker studierna in alla delar av Arktiska oceanen/Norra ishavet.

Kolling har studerat isförändringar under de senaste dryga 2 000 åren i Diskobukten på västra Grönland. Bukten är en vik av Baffin Bay och ligger norr om polcirkeln. Forskarna borrade sig ner genom bottensedimentet. Sedan undersöktes sedimentlager för sedimentlager. Det man letade efter var isalger och plankton. Sedimentlagren kan åldersdateras och om det är mycket plankton i ett visst lager betyder det mycket öppet vatten. Stort antal isalger indikerar is och kyla. Sedimentlagren avslöjade att under perioden från 200 f.Kr. till ungefär 800 e.Kr. var det betydligt mindre is än i slutet av 1900-talet. Från 1300-talet och framåt växte isen till sig och nådde ett maximum under 1800-talet. Moderna förhållanden med havsis till sen vår och en stabil iskant vid Diskobukten etablerades vid den tiden. Kolling kopplar förändringarna i isutbredningen till förändringar i solaktiviteten och Atlantic Multidecadal Oscillation (AMO). AMO är ett cykliskt klimatsystem i Atlanten. När AMO är i en positiv fas är havsvattnet i stora delar av norra Atlanten varmare än normalt. När AMO är negativt är vattnet kallare än normalt i de norra delarna.

Kryk har kartlagt isutbredningen i havet sydväst om Grönland under åren 1600–2010 och kan konstatera att den var som störst under andra halvan av 1800-talet och runt 1970, och som minst under 1930-talet. En studie som ligger i linje med Koch- och Fram-indexen.

Även havet norr om Island har haft ovanligt mycket is under de senaste 50 åren, sett i ett 3 000-årsperspektiv, enligt en studie av Moffa-Sanchez och Hall. Mest is var det under lilla istiden. En period med lite is runt år 1000 finns med i materialet. En period som brukar benämnas "den medeltida värmeperioden". Precis som när det gäller lilla istiden pågår det en forskningsdebatt om den medeltida värmeperioden var regional eller global.

Fytoplankton flyter omkring i vattnet nära ytan och sjunker till botten när de dör. Genom att analysera förekomsten av fytoplankton i de olika sedimentlagren går det att kartlägga temperaturen i vattnet närmast ytan. Magdalena Lacka borrade genom bottensedimentlagren i Storfjordrenna i havet utanför Svalbard och fick upp en borrkärna som avslöjade vattentemperaturerna så långt bakåt i tiden som för 14 000 år sedan. Under den första perioden, fram till för ungefär 11 500 år sedan, låg vattentemperaturen på 2–4 grader, vilket Lacka jämför med dagens temperaturer på 2–3 grader som en studie från 2015 redovisar. För drygt 11 000 år sedan blev vattnet varmare och som varmast var vattnet utanför Svalbard för ungefär 6 400 år sedan då vattentemperaturerna nådde nästan 13 grader, ca 10 grader varmare än idag. Orsaken till de höga vattentemperaturerna utanför Svalbard och även i Barents hav och Norska havet var stora inflöden av vatten från Atlanten, enligt studien.

Nordlig borrmussla, blåmussla och andra blötdjur som lever på grunt vatten kan berätta om klimatförändringarna i vattnet närmast Svalbards stränder. Idag är det för kallt i vattnet runt Svalbard för den nordliga borrmusslan, men så var det inte för 10 000 år sedan. Förutom borrmusslan var då även blåmusslan etablerad längs Svalbards kust. Augustitemperaturerna var 6 grader högre än idag. En tidig och exceptionell värmeperiod, enligt Mangerud och Svendsen. Under en kallare period för 9 000 år sedan försvann borrmusslan och för 4 000 år sedan blev det för kallt även för blåmusslan, förutom under en kort period under den medeltida värmeperioden då blåmusslan gjorde ett gästspel längs Svalbards kust. 2004 upptäcktes att blåmusslan åter etablerat sig i två av fjordarna på västkusten.

Fortsätter vi österut kommer vi till Barents hav. Berben har studerat marinsediment från Olga Basin, ett havsområde i norra Barents hav, och såg då att under stora delar av perioden från senaste istiden har det varit betydligt mindre is än vad det är i nutid (1981–2010 i studien). Framförallt under vintern.

Östsibiriska havet ligger ännu längre österut och Tjuktjerhavet (Chukchi sea) heter den del av Norra ishavet som ligger närmast Berings sund och Stilla havet. Ett havsområde som sträcker sig mellan Sibirien och Alaska. Stein kommer fram till att det har funnits väldig lite is i Östsibiriska havet och Tjuktjerhavet under två perioder sedan istiden. Dels för 8 000 till 10 000 år sedan och dels för 4 000 till 6 000 år sedan. Under de senaste årtusendena har isen växt till sig, men den medeltida värmeperioden innebar ett hack i den uppåtgående trenden. Mängden is nådde en topp under lilla istiden. Även under 1900-talet var det ovanligt mycket is i de två randhaven till Norra ishavet.

Att det blivit mer is i slutet av perioden tillskrivs förändringar i insolationen, att vinkeln på instrålningen från solen har förändrats över tiden. Något som sker i cykler över mycket långa tidsperioder. Förutom de trender som sträcker sig över många tusen år har mängden is också varierat kraftigt under perioder på hundra eller ett par hundra år. Stein skriver att förändringar i inflödet av ytvatten från Stilla havet har lett till längre perioder med mycket eller lite is.

Stacy Porter har studerat sediment i Tjuktjerhavet och kan då se hur mängden is har förändrats under de senaste 800 åren. Störst utbredning har isen haft under 1800- och 1900-talen. Yamamoto har studerat samma havsområde och har kommit fram till liknande resultat.

Skärgården norr om Kanadas fastland har jag nämnt och varvet runt Norra ishavet får avslutas med en studie av Myriam Caron som har undersökt temperaturförändringarna i havet i ett större område utanför Grönlands nordvästra kust. Studien sträcker sig från senaste istiden och framåt. Caron konstaterar att under större delen av den tiden har havsvattentemperaturerna i området varit högre än idag.

De pusselbitar som presenterats ovan, som Fram-index, Koch-index, sediment, grönlandsvalar, alger, plankton och musslor ger sinsemellan stöd åt varandra. Isförhållandena i Arktis har varierat sedan senaste istiden och under stora delar har det varit mer öppet hav än under de senaste årtiondena. Bilden som växer fram gör att vi också förstår varför expeditioner som under 1800-talet försökte nå Nordpolen eller segla genom Nordvästpassagen misslyckades. De senaste 200 åren och framförallt 1800-talet tycks vara den period, sedan senaste istiden, då isens utbredning i Arktis har varit som störst. En fråga som jag har ställt mig är hur isbjörnarna klarade sig under de perioder då det var så lite is i Arktis att grönlandsvalarna kunde simma i den arktiska skärgården och havet utanför Svalbard var tio grader varmare än idag. Något svar har jag inte hittat i den akademiska litteraturen. Det som sägs är att väldigt få rester eller fossil har påträffats. Antagligen beroende på att isbjörnen antingen dör på isen och när isen smälter, sjunker till botten, eller att kadavret ligger öppet och blir till föda åt andra djur.

Det som talar för att vi kan sätta tilltro till den ovan tecknade bilden är att pusselbitarna är många. Dessutom går det att fylla på med pusselbitar från närområdet. Tavvavuoma är ett vidsträckt myrområde allra längst norrut i Sverige. Orörd vildmark med ett unikt fågelliv och med permafrost som nu är på väg att tina. Sannel kommer fram till att området har varit fritt från permafrost under nästan hela tiden sedan senaste istiden. Klimatet har varit alltför varmt för att tjälen skulle kunna klara sig över sommaren. Det var först i och med lilla istiden, som i studien anges till perioden 1400 till 1900, som det blev tillräckligt kallt för att permafrost skulle bildas i myrmarkerna i Tavvavouma. (Det finns ingen enhetlig definition på när lilla istiden inträffade. Forskare anger olika tidsintervall).

Islands klimatförändringar sedan istiden går också i takt med havsisens utbredning. Geirsdóttir har undersökt sediment i sju sjöar på Island och kan konstatera att för 9 000 år sedan var det så varmt på Island att glaciärerna var nästan helt försvunna. Värmen höll i sig några tusen år och fram till för drygt 5 000 år sedan var sommartemperaturerna i genomsnitt 3 grader varmare än idag. Temperaturen på Island har sedan dess sjunkit stegvis. En kraftigare avkylning inleddes för 1 500 år sedan och kulminerade under lilla istiden (1250–1850 i studien) då också glaciärerna nådde sin största utbredning sedan istiden.

Även Grönlands klimathistoria - se nästa avsnitt - är en pusselbit som passar in.

Grönland

Människorna i norr har flyttat när det arktiska klimatet har förändrats. Thulekulturen, förfäder till dagens inuiter, livnärde sig huvudsakligen på att jaga val på öppet vatten. Under perioden 950–1250 vandrade de från norra Alaska österut, mot Grönland. Flera studier, exempelvis Barry, kopplar vandringen till ett ovanligt milt klimat som möjliggjorde valjakt i vattnen längs kusten i norr. När sedan klimatet blev kallare förändrades thulefolkets jaktvanor. Från 1500-talet och framåt var det istället framförallt vikare som jagades. Vikare är en liten säl som är beroende av is och som drar nytta av ett kallare klimat och som ökade i antal under lilla istiden (Szpak).

Vikingarnas kolonisering av Grönland skedde samtidigt som det milda klimatet fick thulefolket att vandra österut. Nordborna hade både kor och får. De kunde även odla spannmål under en period. Det allt kyligare klimatet gjorde det allt svårare att överleva och kolonin dog ut under 1400-talet. Nordborna kunde inte anpassa sig till det kallare klimatet lika bra som thulefolket.

Längre tillbaka i tiden var det ännu varmare på Grönland än när vikingen Erik Röde koloniserade fjordlandskapet i sydväst i slutet av 900-talet. Borrningar i den grönländska inlandsisen har gett forskarna en bild av klimatet i förfluten tid. Genom mätningar i borrhål och analyser av borrkärnor har forskarna konstruerat temperaturserier som sträcker sig långt tillbaka i tiden. Om vi håller oss till de senaste dryga 10 000 åren har det under stora delar av den tiden varit ett mildare klimat än idag. Den varmaste perioden på Grönland började för 8 000 år sedan och varade till för 4 000 år sedan. Sedan blev det kallare. Den medeltida värmeperioden och lilla istiden finns med i isens temperaturkurvor (Dahl-Jensen).

Förutom den stora inlandsisen har Grönland drygt 20 000 glaciärer som inte hänger samman med inlandsisen (lokala glaciärer). Den största heter Flade Isblink och ligger längst upp i nordost. Genom att undersöka marina mollusker har forskare kunnat konstatera att glaciären har varit mindre än idag under nästan hela perioden från istiden fram till idag (Larsen). Flade Isblink smälte inte helt under den varmaste perioden vilket de lokala glaciärerna i södra Grönland gjorde, åtminstone de som inte låg på alltför hög höjd.

Axford har analyserat sediment i Deltasö, en sjö på nordvästra Grönland, och kommit fram till att det var ungefär tre grader varmare på norra Grönland under somrarna för 4 000 år sedan, jämfört med nutid. Sediment från andra sjöar i området tyder på ännu större skillnader.

Schweinsberg ser att glaciärerna på nordvästra Grönland började växa för 3 700 år sedan. Dock har tillväxten avbrutits under vissa perioder, då det till och med har skett en avsmältning, som

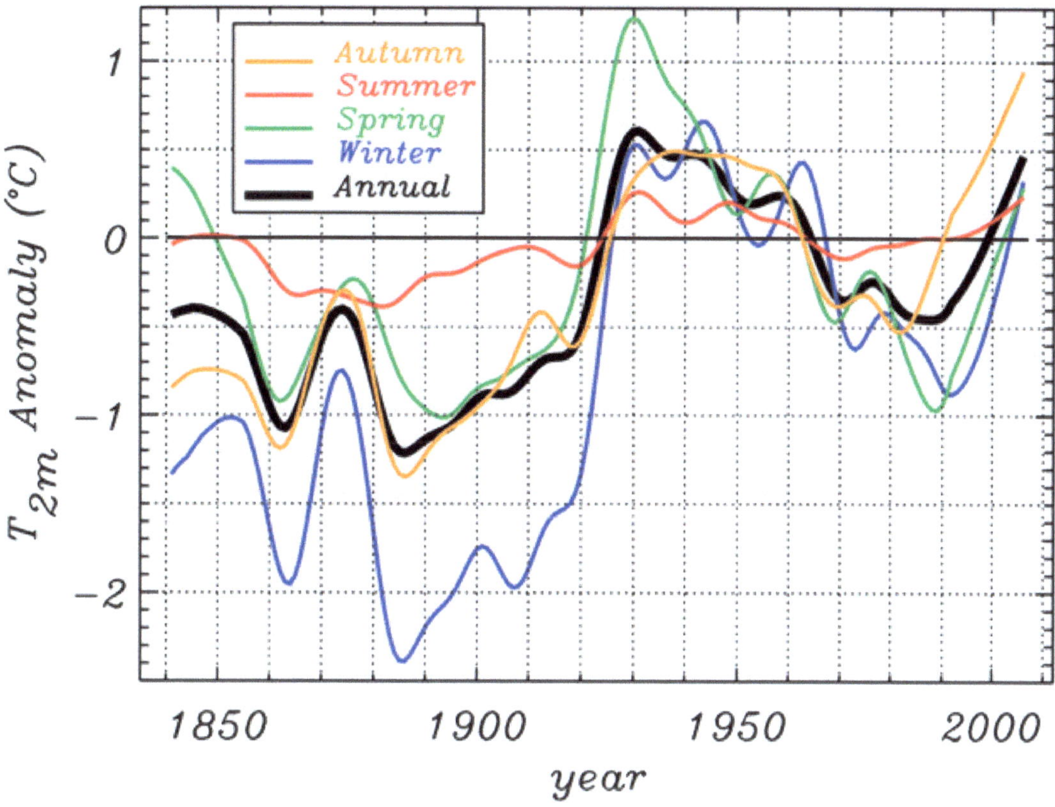

Grönlands temperatur 1840-2007. Vintertemperaturerna-blå kurva, vår-grön, sommar-röd, höst-gul och årstemperaturerna är den svarta kurvan. Temperaturkurvor från Box 2009.

exempelvis runt år 1000.
Under 1800-talet släppte lilla istiden sitt grepp över Grönland och i slutet av århundradet var klimatförändringen ett faktum. Under några årtionden skedde en snabb uppvärmning. År 1902 besökte den danske forskaren Dr M C Engell Grönland och Jakobshavn-glaciären. Engell valde ut Jakobshavn för sina glaciärstudier eftersom det var den enda glaciär i Grönland som hade observerats sedan 1850-talet. Sammanlagt hade glaciären haft minst nio tidigare besök, bland annat av Adolf Erik Nordenskiöld, finlandssvensk geolog och polarfarare. Under dessa besök hade glaciärens position kartlagts och därför visste Engell hur stor glaciären varit 1850, 1875 och vid sju andra tidigare tillfällen. Engell kunde konstatera att glaciären hade minskat med ungefär 13 kilometer på drygt 50 år och den hade också blivit nästan 10 meter lägre. Även andra glaciärer i området minskade i storlek (The Scranton Republican 27 juli 1903).

Jason Box har skapat en temperaturkurva för Grönland som täcker in perioden 1840–2007. Box har också tagit fram hur temperaturerna förändrats under de fyra årstiderna. Kurvorna bygger på data från 52 mätstationer spridda över hela Grönland, 12 vid kusten och 40 i inlandet. Det är få av mätstationerna som kan visa upp en

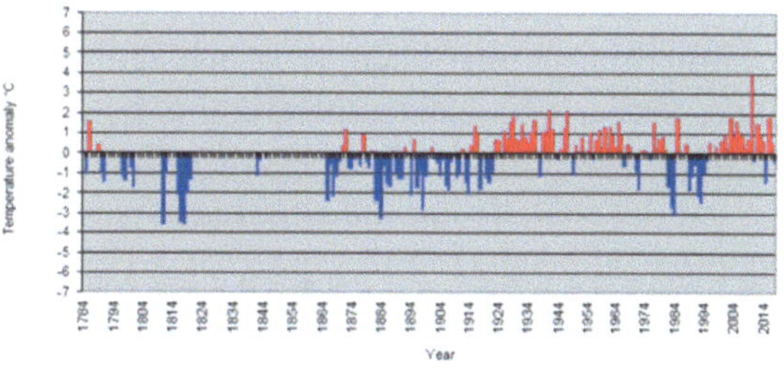

Nuuks (Grönlands största stad) temperatur 1784-2018. Cappelen, J. (ed), 2019: Greenland - DMI Historical Climate Data Collection 1784–2018. DMI Report 19-04. DMI (Danmarks Meteorologiske Institut).

lång och obruten temperaturserie så det handlar om att lägga pussel. Trenderna är desamma för alla årstiderna. En uppvärmning från 1880-talet fram till ungefär 1930. Från mitten av 1940-talet blir det kallare och trenden håller i sig till åren runt 1990. Under 1990-talet och de första åren på 2000-talet stiger temperaturen. Det som sticker ut är den kraftiga temperaturökningen under 1920-talet, framförallt när det gäller vinter- och vårtemperaturerna. Box skriver att uppvärmningen under perioden 1919–1932 var 33 procent större än uppvärmningen 1994–2007.

Nuuk är Grönlands största stad och där har temperaturen mätts sedan slutet av 1700-talet, även om det fattas ganska många årsvärden under de första 80 åren. Mönstret är detsamma som i Box kurva. Under 2000-talet har det varit ungefär lika milt som under perioden från 1920-talet och framåt. 2010-talet har dock bjudit på tre kalla år. Nuuks temperaturkurva visar att det är närmare två grader varmare idag än under 1880-talet och att hela uppvärmningen skedde fram till 1930-talet.

Nuuks temperaturkurva är representativ för många platser runt om i världen och inte minst i Arktis. Förändringarna i Grönlands temperatur stämmer väl med förändringarna i havsisen i norr.

Klimatet i Grönland har varierat under de senaste tiotusen åren och precis som i övriga Arktis kan 1800-talet ha varit det kallaste århundradet sedan istiden

Sill, sälar och pollen

Jag har nämnt att det går att beräkna temperaturförändringar med hjälp av is och sediment. Olika arter trivs i olika temperaturer och genom att undersöka vad som finns i varje sedimentlager går det att följa hur klimatet har förändrats. Naturens klimatarkiv kallas proxydata och det finns många olika sorters sådana. Med hjälp av proxydata kan forskare rekonstruera temperaturen långt tillbaka i tiden, långt innan det fanns termometrar som kunde mäta temperaturen. Arktis är ett av många områden i världen där det är glest mellan de mätstationer som kan visa upp en lång obruten mätserie. Det gör det svårt att konstruera en trovärdig temperaturkurva som bygger på mätresultat, även för de senaste 100 åren. Proxydata kan därför tillföra mycket information när det gäller temperaturförändringar i Arktis i modern tid.

En 400 år lång temperaturkurva som sträcker sig fram till mitten av 1990-talet och som bygger på proxydata hämtade från 29 olika platser spridda runt Arktis visar att den varmaste perioden inträffade mellan 1920 och 1960 (Overpeck). Delar av den perioden var betydligt varmare än under de sista åren av 1900-talet. Forskarna bakom studien använde sig framförallt av trädens årsringsmönster men även exempelvis av innehåll i sjösedimentlager för att beräkna temperaturförändringarna. Genom pollenanalys av de olika sedimentlagren i en insjö går det att fastställa vad som växte i området runt sjön vid en viss period. Om man vet vad som växte går det att säga ganska mycket om klimatet. Proxydata hämtades från de nordligaste delarna av Uralbergen, från trakten av floden Lena, från Kolyma i nordöstra Sibirien, från Arrigetch Peaks i Alaska, från Mackenziebergen, Coppermine och Churchill i Kanada, sjösediment från Tuborg lake (så långt norrut bland de arktiska öarna som tänkas kan) och från iskärnor i Grönland för att nämna några av platserna. De 18 forskarna skriver: *"Från 1840 till mitten av 1900-talet värmdes Arktis till de högsta temperaturerna på 400 år. Uppvärmningen innebar slutet på lilla istiden och har lett till att glaciärerna har blivit mindre, att permafrost och is har smält och att ekologiska system i såväl sjöar som på land har förändrats."*

Thomas och Briner har tagit reda på hur temperaturen växlat på Baffin Island under de senaste 1 000 åren. Studien sträcker sig fram till 2003. Baffin Island ligger långt norrut i den kanadensiska delen av Arktis och forskarna undersökte tjockleken på sedimentlagren i Big Round Lake på den norra delen av ön. Under den korta smältsäsongen tar vatten från glaciären i närheten med sig sand ut i sjön. När klimatet blir mildare förlängs smältsäsongen och sedimentlagrens tjocklek ökar. Under 1920-talet fördubblas lagrens tjocklek från 0,6 mm till 1,2 mm. Under 1930-talet är lagren som tjockast. Samma mönster kan ses i sedimentlagren runt om i den östra delen av kanadensiska Arktis, skriver forskarna.

George Nicolas var USA:s konsul i Bergen i

Norge under 1920-talet. Han skickade rapporter till amerikanska UD och i en rapport från 1922 berättade han om en norsk expedition till Spetsbergen och Björnön. Expeditionen leddes av Dr Hoel, geolog från universitetet i Kristiania (Oslo). Syftet med resan var att kartlägga öarna med tanke på norska gruvintressen. Dr Hoel kunde vid hemkomsten rapportera om dittills okända kolfyndigheter vid Adventfjordens östra sida. Mer intressant, menade Nicolas, var dock rapporterna om det varma Arktis. Expeditionen hade seglat norr om 81:a breddgraden i helt isfria vatten. Man hade mätt temperatur ner till 3 000 meters djup och funnit en Golfström med höga temperaturer.

Nicolas skrev i sin rapport också om kapten Martin Ingebrigtsen som seglat i arktiska vatten under mer än 50 år. Han hade berättat att 1918 var första året som han noterat att klimatet förändrats och att det sen dess bara blivit varmare. Det gick inte att känna igen sig längre hade den erfarne skepparen berättat. Där det förr var is var det nu grus och morän. Där glaciärerna förr sträckte sig långt ut i havet var det nu bara vatten. Flora och fauna hade förändrats. Sälarna hade minskat i antal. Ingebrigtsen kunde också rapportera om stora mängder sill längs Spetsbergens västra kust. Förändringar som berodde på det varma vattnet, enligt den norske kaptenen. Han hade mätt upp vattentemperaturer på 15 grader, mot normala 2–3 grader eller kallare än så, och under föregående vinter hade det inte funnits is runt Spetsbergen, inte ens på norra sidan, skrev Nicolas i sin rapport. Temperaturuppgifterna är inte orimliga. De 2–3 grader som Ingebrigtsen mätte upp innan vattentemperaturerna steg runt 1920 är desamma som forskare nyligen har mätt upp i samma havsområden och 15 grader ligger i nivå med havstemperaturerna för drygt 6 000 år sedan.

Vittnesmålen om det förändrade Arktis duggade tätt under första halvan av 1900-talet. Rapporter från fiskare, säljägare och upptäckare gav samma bild som i Nicolas rapport. En radikal klimatförändring var på gång i Arktis. Havsvattnet i den nordligaste delen av Atlanten hade blivit varmare och polarisens gräns hade rört sig norrut. Isbergen hade blivit sällsynta och på sina håll hade sälarna försvunnit på grund av det varma vattnet. Medeltemperaturen i Norge var 3 grader varmare under slutet av 1930 talet jämfört med 50 år tidigare, enligt dåtidens meteorologer. Under en 20-årsperiod, från 1918 och framåt, steg vintertemperaturen på Spetsbergen med 9 grader. Om man jämför medeltemperaturen under den kallaste vintern på 1910-talet med den mildaste under 1930-talet, är skillnaden 18 grader (Humlum).

I Alaska visade termometrarna rekordhöga temperaturer i början av 1900-talet. Fort Yukon hade 38 grader den 27 juni 1915, vilket är det officiella värmerekordet för Alaska. I Fairbanks uppmättes 37 grader 1919. 38 grader är en temperatur som Alaska inte varit i närheten av under 2000-talet. Det är inte så konstigt att Nordvästpassagen var farbar med en dålig segelbåt under 1920-talet och att Anchorage Daily Times, i en artikel från 1922, berättar att Arktis kan vara på

Anchorage Daily Times

VOL. VII. NO. 2 — ANCHORAGE, ALASKA, THURSDAY, NOVEMBER 2, 1922 — PRICE TEN CENTS

INDICATIONS ARCTIC MAY BECOME TEMPERATE ZONE

OBREGON'S ARCH ENEMY FALLS INTO HANDS OF FEDERAL FORCE NEAR CITY OF DURANGO, MEX.

HENRY FORD REPORTED NEGOTIATING FOR LARGE COAL REGION INVOLVING PRICE FIFTEEN MILLION DOLLARS

UNUSUAL TEMPERATURE OF ARCTIC INDICATES REMARKABLE CHANGE TAKEN PLACE IN FROZEN ZONE

Anchorage Daily Times, numera nedlagd lokaltidning med hemvist i Alaskas största stad, berättar i november 1922, att Arktis ovanliga temperaturer visar på stora förändringar i den "frusna zonen".

väg att byta klimatzon och bli en del av den tempererade zonen, den klimatzon som Sverige och norra Europa tillhör.

Det finns enstaka studier som bygger på instrumentmätningar och som ger en bild av hur klimatet förändrats i områden nära Nordpolen sedan slutet av 1800-talet. Arazny har jämfört temperaturer som uppmättes av fyra expeditioner som besökte Frans Josefs land (mellan Sibirien och Nordpolen) under perioden 1899 till 1931, med platsens medeltemperatur under perioden 1980–2010. Samtliga fyra expeditioner övervintrade, så det går att jämföra temperaturerna från oktober till och med april. Under de tre första expeditionerna var vintrarna på Frans Josefs land kallare än idag. Expeditionen 1903/1904 hade vintertemperaturer som låg 4,6 grader under medeltemperaturen för samma månader under åren 1980–2010. 1913/1914 var det inte riktigt lika kallt. 1930/1931 var det däremot betydligt mildare. Då var det 4,6 grader mildare än i modern tid och mer än 9 grader mildare än vintern 1903/1904.

Ju fler pusselbitar som läggs samman desto tydligare blir bilden av en uppvärmning i Arktis, såväl i havet som i närliggande landområden, under 1900-talets första årtionden. En uppvärmning som på en del håll började under andra hälften av 1800-talet och som sätter punkt för den kanske kallaste perioden i Arktis sedan istiden.

Antarktis

Antarktis är kallare och ogästvänligare än Arktis. Kontinenten har inte och har heller inte haft någon bofast befolkning. Även i Antarktis skedde en uppvärmning under slutet av 1800-talet och under 1900-talets första del.

Åren 1897 till 1917 har kallats ”Antarktisexpeditionernas heroiska epok”. Expeditioner som drog nytta av ett mildare klimat. Edinburgh och Day har använt sig av loggböcker från expeditionerna för att kartlägga havsisens utbredning i början av 1900-talet. Loggböcker från elva expeditioner har bidragit till underlaget. Robert Scott hann exempelvis med två resor till Rosshavet innan han gjorde det ödesdigra försöket att nå Sydpolen. Ernest Shackleton var både i Rosshavet och i Weddellhavet under sina expeditioner. Loggböckerna berättar att sommarisen var något mer utbredd i Weddellhavet under de här åren men i övrigt var förhållandena som idag. Underlaget som berör Weddellhavet är dock litet och när det gäller de övriga delarna av västra Antarktis kan det till och med vara så att det är mer havsis idag.

South Pole Warming Up.

Since the first visit to the ice cap of the south pole was made, some fifty years ago, there has been a steady recession of the belt of some thirty miles, and it is argued that in the course of time it will be possible to make approach to the pole itself and that the land in that vicinity may even become inhabited. It is now believed that the ice cap is but the remains of the glacial period and that when the ice shall finally have melted it will not form again, the waters then being subject to only such ice formations as occur in any sea in wintry weather.

Clarence and Richmond Examiner 31 juli 1906.

Expeditioner under den heroiska epoken kunde också rapportera att de inlandsisar som flyter ut i havet (shelfisar) krympte. I en tidningsartikel från juli 1906, med rubriken ”South Pole Warming Up”, går det att läsa att uppvärmningen öppnar för att det i framtiden kan bli möjligt att bo i Antarktis. Det berättas också att iskanten har backat 5 mil sedan mitten av 1800-talet. I artikeln står visserligen inte var jämförelsen var gjord och det finns shelfisar på många platser runt Antarktis kuster. Eftersom jämförelsen görs med den första expeditionen till Antarktis talar mycket för att det är Ross shelfis som åsyftas. Den har fått sitt namn efter James Ross, engelsk sjöfarare och upptäcktsresande, som 1840/1841 letade sig genom packisen i den enorma havsbukt som numera heter Rosshavet och i januari 1841 siktade en väldig isbarriär. Ross lär då ha sagt att chansen att segla vidare var ungefär lika stor som att segla genom Dovers vita klippor. Ross shelfis vid den antarktiska Stillahavskusten är världens största flytande isområde.

En av de första expeditionerna till Antarktis under 1900-talet var svensk/norsk. Den leddes av Otto Nordenskjöld, yngre släkting till Adolf

Erik. Expeditionen nådde Antarktis och Weddellhavet under den antarktiska försommaren 1902. De gick i land på en ö, Snow Hill Island, nära spetsen på Antarktiska halvön och byggde ett enkelt trähus där Nordenskjöld och några av hans män planerade att stanna till nästa sommar. Fartyget återvände till isfria vatten och en stor del av vintern tillbringade fartyget vid Sydgeorgien, en obebodd ö i Sydatlanten, drygt 150 mil norr om Antarktiska halvön.

Följande sommar när Nordenskjöld skulle hämtas var isförhållandena så svåra att fartyget inte nådde fram till Snow Hill Island. Tre expeditionsmedlemmar sattes i land längst ut på den Antarktiska halvön. Tanken var att de skulle vandra över isen till Nordenskjöld och meddela att räddningen skulle dröja ytterligare ett år. De tre nådde aldrig fram utan tvingades återvända till platsen där de sattes i land. För att klara kommande vinter byggde de tre männen en hydda av sten och provianterade med pingviner. De kallade platsen för Hoppets vik. Under tiden hade expeditionsfartyget fastnat i packisen och förlist. Besättningen tog sig i land på en ö, där de byggde en stenhydda och övervintrade. Sommaren 1904 nådde en argentinsk räddningsexpedition fram till Snow Hill Island och kunde rädda de män som tillbringat två år på ön. De tre från Hoppets vik hade lyckats ta sig till Snow Hill Island bara dagarna innan räddningsexpeditionen anlände och även besättningen från det förlista fartyget lyckades ta sig till ön.

Medlemmarna i expeditionen kunde räddas. Nordenskjöld hade ingen tur med isarna, men expeditionen fick ändå ett lyckligt slut. Argentina har numera en bas vid Hoppets vik, med namnet Esperanza, som betyder hopp. Huset på Snow Hill Island och rester av stenhyddan vid Hoppets vik finns fortfarande kvar.

Isen har växt och krympt

Den bild forskarna i allmänhet har och har haft är att minskningen av isen i västra Antarktis har pågått under de senaste 10 000 åren. Det har varit en successiv minskning utan perioder av tillväxt. Kingslake ger en annan bild i en studie från 2018. Genom antt bland annat undersöka sediment från marken under ismassorna fann man tydliga spår av marint liv. Det betyder att havet på sina håll i västra Antarktis nått längre in än där isen idag tappar kontakt med marken och flyter ut i havet. Sedimenten avslöjade att iskanten såväl har retirerat som avancerat under de senaste 10 000 åren och att havet har nått tiotals mil längre in än idag.

Om grönlandsvalen kan berätta om historiska klimatförändringar i norr så kan den sydliga sjöelefanten säga en del om klimatförändringarna i och runt Antarktis. Sjöelefanter är beroende av öppet vatten och packisen gör det omöjligt för dem att para sig på stränderna i Antarktis. De enda två platser mycket nära Antarktis där sjöelefanter har parningsplatser är vid Palmer station, en amerikansk forskningsbas på en ö nära den Antarktiska halvön, och Windmill Islands, en ögrupp strax utanför östra Antarktis. Under flera tusen år har dock sjöelefanter parat sig och ömsat skinn längs den frusna kontinentens stränder. Man har hittat rester av skinn och ben på stränderna längs Victoria Lands kust. Victoria Land ligger på östra Antarktis i direkt anslutning till Ross shelfis. Området ligger betydligt närmare Sydpolen än exempelvis Palmer station och issituationen i Rosshavet, havet utanför Victoria Land, gör det omöjligt för sjöelefanter att idag använda stränderna.

Hall konstaterar i en studie att de äldsta fynden av sjöelefant längs Victoria Lands kust är drygt 6 000 år gamla. Fynd som avslöjar att under 2 000 år, fram till för 4 000 år sedan, fanns det sjöelefanter på stränderna och det går också att fastslå att det även fanns adéliepingviner längs samma kuststräcka vid den tiden. Adéliepingviner behöver packis men i begränsad omfattning. Det får inte vara för långt till öppet vatten. För 4 000 år sedan försvann sjöelefanterna längs Victoria Lands kust samtidigt blev det fler pingviner. Klimatet blev med andra ord kallare, med mer is i havet, vilket gjorde det omöjligt för sjöelefanterna att vara kvar. För 2 300 år sedan återvände sjöelefanterna och kolonierna bredde ut sig längs kusten. Samtidigt försvann pingvinerna. Hall skriver att en kraftig expansion av sjöelefantkolonier för 2 300 år sedan samtidigt som pingvinerna försvann, visar på den största minskningen av havsis och troligtvis de varmaste havs- och lufttemperaturerna under de senaste 6 000 åren i Rosshavet. För 1 000 år sedan blev det åter kallare och havsisen bredde ut sig. Sjöelefanterna försvann. Numera är isförhållandena i de södra delarna av Victoria Lands kust så svåra att inte heller adéliepingvinen kan häcka där. Ross shelfis har varit utsatt för ett klimat som varit betydligt varmare än dagens, konstateras i studien.

Genom att undersöka förekomsten av både adéliepingviner och sjöelefanter har Hall skrivit ett nytt kapitel i Rosshavets klimathistoria. Tidigare forskning, som enbart tittat på förekomsten av pingviner, har dragit slutsatsen att anledningen till att pingvinerna försvann från Victoria Lands kust för drygt 2 000 år sedan antagligen var ett kallare klimat. Mer packis gjorde att det blev alltför långt mellan strand och öppet vatten för att pingvinerna skulle trivas. Genom att samtidigt titta på förekomsten av sjöelefanter ser alltså Hall en helt annan orsak. Nämligen ett betydligt varmare klimat, så varmt att pingvinerna inte längre trivdes i området.

Även Koch har undersökt ben av sjöelefanter vid Victoria Lands kust och ger samma bild. Koch har också sett hur vågor format stränderna längs kusten vilket förstärker uppfattningen att det varit isfritt under somrarna i regionen under en stor del av perioden sedan senaste istiden.

Idag har den sydliga sjöelefanten sina parnings- och kalvningsplatser på öarna norr om packisen. Det är också där de vilar och ömsar skinn. Flest sjöelefanter finns på Sydgeorgien, som ligger ungefär lika långt från Sydpolen som Skåne ligger från Nordpolen. Det var, som nämnts, i Sydgeorgiens relativt skyddade vikar som Nordenskjölds skepp övervintrade efter det att skeppet släppt av männen som skulle övervintra på Snow Hill Island. Skepparen Larsen och hans besättning upptäckte att det fanns gott om val i farvattnen runt ön och efter det att expeditionen fått sitt lyckliga slut utrustade Larsen en expedition för att jaga val i området. Snart byggdes det upp flera valfångststationer på ön. Dessa är sedan länge övergivna och ockuperas

Sjöelefanter vid en av de övergivna valfångststationerna på Sydgeorgien. Hannarna kan väga upp till fyra ton medan honornas vikt stannar vid 800 kg. Bilden togs 1989.

nu av sjöelefanter och pingviner.

Det var ingen tillfällighet att sjöelefanterna försvann från Rosshavet runt år 1000. Avkylningen hade börjat och inte bara runt Rosshavet. Hela Antarktis var på väg att bli kallare. En stor grupp forskare presenterade 2017 en temperaturkurva som sträcker sig 2 000 år tillbaka i tiden (Stenni). Kurvan visar att det var varmare under hela första årtusendet än under 1900-talet. Från ungefär år 800 blev det gradvis kallare och som kallast var det under lilla istiden. Under andra hälften av 1800-talet och början av 1900-talet skedde en uppvärmning, som följdes av en kallare period i mitten av 1900-talet innan temperaturen åter steg. Kurvan sträcker sig fram till år 2010.

Bertler, Orsi och Lüning är andra studier som också kommer fram till att Antarktis upplevde en lilla istid. Lüning har skapat en temperaturkurva som sträcker sig drygt 1 500 år bakåt i tiden och som visar att under första årtusendet var Antarktis närmare en grad varmare än idag.

Värmebölja i Antarktis

Den uppvärmning av området runt Sydpolen som det kom rapporter om i början av 1900-talet fortsatte och åtminstone i delar av området var det under 1930-talet och början av 1940-ta-

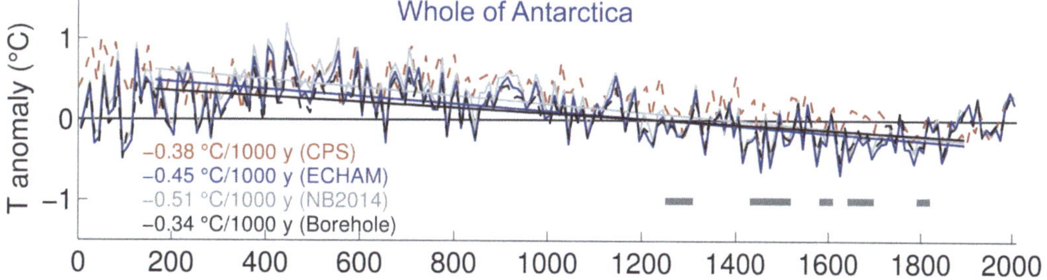

Temperaturkurva för Antarktis. Olika proxy-baserade metoder har använts för att rekonstruera en temperaturkurva som sträcker sig 2 000 år bakåt i tiden. Figuren är hämtad från Stenni et al., 2017, se källförteckning.

let riktigt varmt, med Antarktis mått mätt.

De flesta människor som fanns i området under 1900-talets första hälft var där för valjaktens skull. Peter I:s ö ligger 45 mil utanför Antarktis kust. De första som landsteg på ön var norrmän som undersökte valförekomsten i den delen av Södra ishavet. Året var 1929 och då fanns glaciärer på ön. Norge tog ön i besittning och när en norsk expedition återvände 1948 var isen borta. Man rapporterade också att gränsen till polarhavet hade flyttats söderut.

Det fanns även vetenskapliga baser på Antarktis vid den här tiden, men de användes endast temporärt. En sådan var Little America på Ross shelfis. Basen upprättades av USA och användes vid ett antal expeditioner, bland annat av Richard Byrd, amerikansk sjöofficer och polarupptäckare. Byrds andra Antarktisexpedition varade från 1933 till 1935 och hade Little America som bas. En av deltagarna var Stuart Paine och i hans dagbok går det att läsa att den 22 maj 1934, nästan mitt i den antarktiska vintern, nådde temperaturen minus 8 grader. Extremt milt för en plats så nära Sydpolen. Dagen innan hade det varit minus 48. Little America låg nästan vid 80:e breddgraden, så även dag var natt vid den här tiden på året. Den 26 maj var temperaturen också minus 8 grader. Nästa anteckning är från den 4 juni och berättar att det varma vädret fortsätter, vilket gör att isen lutar. Den 15 juni skriver Paine att temperaturen under de senaste veckorna gått upp och ner, varierat mellan -54 och -3,5 (-65 Fahrenheit och +25 Fahrenheit) ; *"the temperature ranging anywhere from -65 to 25, and darkness"*.

Uppgiften om -3,5 grader nära Sydpolen och mitt i den antarktiska vintern uppmärksammades av The New York Times. Den 6 juni skrev tidningen att klockan 8 på morgonen den 5 juni nådde temperaturen vid basen -3,5 grader för andra gången på mindre än två veckor. "Värmeböljan stannar kvar vid Little America" var rubriken på artikeln.

I en artikel från den 1 mars 2017 berättar forskare, som för WMO:s (Meteorologiska Världsorganisationen) räkning sammanställt data om extremt väder, att den högsta temperatur som uppmätts på kontinenten Antarktis är 17,5 grader. Så varmt var det den 24 mars 2015 vid den argentinska basen Esperanza. Den 6 februari 2020 var det dags för nytt värmerekord vid Esperanza, 18,4 grader. Esperanza ligger, som nämnts, längst ut på den Antarktiska halvön och på den plats där tre svenskar övervintrade 1904. Mer kontinuerliga mätningar av temperaturen i Antarktis började först i slutet av 1950-talet, då ett antal mätstationer placerades ut. Det kan vara förklaringen till att WMO bortser från temperaturmätningar som ligger längre tillbaka i tiden.

Det som expeditionsmedlemmarna som övervintrade på Little America 1934 upplevde var mycket mer extremt än de temperaturer som uppmättes vid Esperanza 2015 och 2020. Det skedde när Antarktis hade vinter och dessutom närmare Sydpolen. Esperanza har ungefär lika långt till Sydpolen som Örnsköldsvik har till Nordpolen. Little Americas position kan jämföras med Svalbards. En annan skillnad är tidsaspekten. Värmeböljan vid Little America "kom och gick" under ett par veckor och två gånger nådde temperaturen minus 3,5 grader. De höga temperaturerna vid Esperanza var ett resultat av plötsliga temperaturökningar som varade i några timmar.

Området längst ut på den Antarktiska halvön, där Esperanza ligger, är känt för föhnvindar som på några timmar kan ge stora temperaturökningar. När luft närmar sig ett berg stiger den och då sjunker luftens temperatur. Kall luft kan inte behålla fukten lika bra, så fukten kondenseras, blir till moln och nederbörd. När luften har passerat bergsryggen är den betydligt torrare och torr luft värms mer effektivt än fuktig luft. När luften strömmar ner längs sluttningen på andra sidan berget kan resultatet bli en snabb uppvärmning. Det är de varma vindarna som strömmar ner längs bergets läsida som kallas föhnvindar. I liten skala kan vi se fenomenet i östra Småland. När västvindarna har passerat småländska höglandet är luften torrare än i Halland och i västra Småland. Det är ingen tillfällighet att Målilla i östra Småland delar det svenska värmerekordet på 38 grader med Ultuna i Uppland. I Målilla var det 38 grader den 29 juni 1947 och i Ultuna den 9 juli 1933.

Det var föhnvindar som var orsaken till att temperaturen vid Esperanza nådde 17,5 grader 2015 och det var också föhnvindar som låg bakom rekordnoteringen vid Esperanza torsdagen den 6 februari 2020. Under natten till torsdagen var det minusgrader. Klockan nio på förmiddagen visade termometern 6 grader. Tre timmar senare, runt klockan tolv, hade temperaturen stigit med tolv grader och nådde 18,4 grader. Nästa dag var det åter låga temperaturer vid Esperanza, ett par plusgrader dagtid.

Mindre än tio mil sydost om Esperanza, på en ö strax norr om Snow Hill Island, ligger Marambio-basen, även den argentinsk. Marambio kände också av föhnvindarna den 6 februari. Klockan sex på morgonen var det fortfarande minusgrader, men temperaturen steg snabbt och nådde maxtemperatur runt klockan tre på eftermiddagen då termometern visade 15,8 grader. Vid tiotiden på kvällen närmade sig temperaturen åter fryspunkten (Servicio Meteorológico Nacional, Argentinas motsvarighet till SMHI). Servicio Meteorológico Nacional skriver vidare på sin hemsida att föhnvindarna hade hjälp av att ett högtryck parkerat över sydligaste delen av Sydamerika, vilket ledde till att varm luft strömmade söderut mot Antarktiska halvön. Samma väderförhållanden rådde också tre dagar senare då temperaturen vid Marambio steg till 15,5 grader. Vid Esperanza steg också temperaturen den dagen, men stannade på 6 grader. På Servicio Meteorológico Nacionals hemsida framgår också att det blivit kallare både vid Marambio och Esperanza under de senaste 20 åren. De två värmerekorden till trots har det alltså skett en avkylning vid Esperanza och samma trend har övriga mätstationer i området.

De nämnda exemplen, de höga temperaturerna vid Little America och Esperanza, visar hur svårt det kan vara att skilja mellan extrema klimathändelser enbart orsakade av naturliga krafter och extrema klimathändelser där mänsklig påverkan eventuellt bidrar.

David Schneider och Eric Steig visar i en studie att åren 1936 till 1945 var den varmaste tioårsperioden på västra Antarktis under 1900-talet. Västra Antarktis med Antarktiska halvön är den del av den stora kontinenten som är mest känslig för temperaturökningar och som varit i klimatforskarnas fokus under senare tid. Schneider och Steig använde sig av ett antal iskärnor för att bestämma temperaturerna. Iskärnorna hämtades från ett område som sträcker sig från Antarktiska halvön fram till Ross shelfis. Under de varmaste åren, 1939 till 1942, låg temperaturen långt över 1990-talets, vilket också betyder att det var varmare än idag. Schneider och Steig kopplar de höga temperaturerna under de åren till en extra stark El Niño.

El Niño är en klimathändelse i Stilla Havet. Den inträffar vanligtvis vart tredje till femte år. Klimathändelsen kan komma oftare än så, men också med intervaller på sju år. Normalt flyter en kallvattenström upp utanför den sydamerikanska västkusten och kyler ytvattnet i den delen av Stilla havet. Ytvattnet förs sedan västerut av passadvindarna. Ibland mojnar vindarna. Varmt ytvatten från västra Stilla havet kan då sprida sig österut och lägga ett varmt lock över de tropiska delarna av Stilla havet. Det är då det blir en El Niño och temperaturen i ytvattnet stiger utanför Sydamerikas kust. Om det är en El Niño på gång brukar fiskare från Peru märka av det varma vattnet någon gång runt jul, därav namnet El Niño, Jesusbarnet.

När passadvindarna är starka ger det möjlighet för mer kallt vatten att strömma upp till ytan utanför Sydamerikas kust. Vatten som sprider sig västerut mot Filippinerna och Indonesien. Klimathändelsen kallas La Niña (flickan). Både El Niño och La Niña är komponenter i El Niño Southern Oscillation (ENSO), ett klimatsystem som har en global påverkan. El Niño-episoder leder till högre globala medeltemperaturer, medan La Niña-episoder sänker temperaturen.

I artikeln visar Schneider och Steig hur väl de höga temperaturerna på västra Antarktis under åren 1939–1942 sammanföll med de höga temperaturerna i Stilla havets tropiska delar under samma period. Temperaturen i västra Antarktis började falla runt 1943. En kraftig temperatursänkning innan temperaturen åter steg i slutet av 1950-talet, enligt Schneider och Steig.

Det har varit varmare i Arktis och även i Antarktis än vad det är idag under stora delar av perioden sedan senaste istiden.

Den kallaste perioden, vid båda polerna, kan har varit 1700- och 1800-talen.

Under första delen av 1900-talet blev det snabbt varmare, med rekordhöga temperaturer i Antarktis och smältande isar i norr.

Glaciärerna smäter - kosmisk förändring

Klimatförändringens tid hade inletts när Amundsen seglade genom Nordvästpassagen och Nordenskjöld övervintrade på Snow Hill Island. Förändringen var global, därom vittnade glaciärerna. Dr Hans Meyer, geolog och geograf från Tyskland, var den förste västerlänning att nå toppen på Kilimanjaro. Året var 1889. Nio år senare var han tillbaka och kunde då konstatera att glaciären på toppen hade backat ett hundratal meter. Ett par år in på 1900-talet reste Meyer till Sydamerika för att undersöka Ecuadors glaciärer. Meyer berättade i en intervju att han hade tillbringat en stor del av sommaren 1903 på mer än 4 000 meters höjd och då bland annat bestigit vulkanerna Chimborazo, Cotopaxi, Antisana och Alter. Han hade kunnat se att den nedersta kanten på Stubel-glaciären på Chimbarazo låg 400 meter högre upp än de moränhögar som för inte länge sedan hade utgjort glaciärens kant. Avsmältningen hade gått ännu snabbare på Antisana och Alter. "Det här är inga lokala förändringar utan kosmiska som påverkar hela jorden", konstaterade Meyer (The Sun, New York, 7 december 1903). En annan tidning rapporterade samma år att 17 glaciärer i sydöstra Frankrike som noga hade observerats sedan 1890 minskade kraftigt, upp till 15 meter per dag. Experter menade att det bara var en tidsfråga innan glaciärerna från förhistorisk tid helt skulle försvinna.

"Smältande glaciärer" var rubriken på en tidningsartikel från 1910. I texten berättas att Mount Sermiento-glaciären i Sydamerika, som sträckte sig ut över havet när Darwin hittade den, nu var separerad från stranden av växande träd. I artikeln nämns också att Östra glaciären på Spetsbergen hade minskat med omkring två kilometer och att Araphoe-glaciären i Klippiga bergen hade smält i snabb takt de senaste åren. "Med tanke på dessa fakta", skriver artikelförfattaren, "ska vi inte vara för skeptiska när äldre människor försäkrar oss att vintrarna nuförtiden inte kan jämföras med vintrarna när de var unga" (se inledningen). Under rubriken "Allvarliga nyheter gällande glaciärer" berättar The Catholic Press (Sydney) den 18 maj 1911 att alla glaciärer i Rhone-distriktet i Schweiz krymper. I artikeln nämns att under de senaste tio åren har Zigiornuovo minskat med 904 fot (knappt 300 meter), Zanfleuren med 718 fot, Aletsch med 459 fot och att den lilla Mont Bonvin-glaciären helt har försvunnit. Artikeln avslutas med en uppmaning till de australiensare som ännu inte sett en glaciär att ta nästa båt.

Rising Son

KANSAS CITY MO., FRIDAY, OCTOBER 16, 1903.

Glaciers are Disappearing.

According to experts who have been studying the question, the death and total extinction of the prehistoric glaciers is only a matter of time. In the Dauphine Alps seventeen main glaciers have been under close observation since 1890, and all have shrunk steadily during the period, some of them as much as fifty feet a day.

I USA oroade man sig för att Glacier National Park i Montana höll på att smälta bort. Sperry Glacier, en av glaciärerna i parken, hade förlorat en tredjedel av sin is under perioden 1905–1923. Experter varnade för att den kunde vara borta om 25 år, att den skulle försvinna någon gång under 1940-talet (Medford Mail Tribune). Sperry Glacier finns dock fortfarande kvar.

När dagens glaciärforskare tittar bakåt ser de samma bild som forskarna och media då tecknade. Glaciärerna runt om i världen började smälta i mitten av 1800-talet.

Sigl konstaterar att avsmältningen i Alperna började runt 1860 och det var innan sot och andra partiklar från den växande industrin i Europa hade någon påverkan. En teori har nämligen varit att det var sot och smuts som la sig på glaciärerna som drog igång avsmältningen. Vit snö och is reflekterar en stor del av den inkommande solstrålningen. Om isen blir mörk av sot absorberas mer värme och då går avsmältningen snabbare. Det är först i de islager som bildades i slutet av 1800-talet som Sigl hittade sot och smuts.

Att världens glaciärer började smälta under 1800-talet är också den bild som IPCC, FN:s klimatpanel, tecknar i sina stora rapporter. IPCC har kommit med fem stora rapporter om klimatförändringar. Den senaste kom 2013 och den näst senaste 2007. Nästa stora rapport kommer 2021. I rapporten 2007 visar IPCC hur glaciären på Kilimanjaro har förändrats sedan 1800-talet. Fram till början av 1900-talet skedde en snabb avsmältning. Sedan dess går avsmältningen allt långsammare och efter 1975 har avsmältningen varit liten, om än fortsatt. Enligt IPCC är ökad solinstrålning orsaken till att isen på Kilimanjaro ibland smälter och orsaken till att den minskar är ett torrare klimat.

I rapporten 2007 nämns Oerlemans temperaturkurva som bygger på förändringar av världens glaciärer. Den visar att temperaturökningen började i mitten av 1800-talet och tog fart runt 1910. Från ungefär 1910 till 1940 steg den globala temperaturen med 0,6 grader, enligt vad som kan utläsas av glaciärernas förändringar.

De skandinaviska glaciärerna började smälta något senare än Kilimanjaro, men har samma trend. Storglaciären i Tarfaladalen på östra sluttningen av Kebnekaise är kanske världens mest undersökta glaciär. Glaciären fotograferades första gången i slutet av 1800-talet och sedan även 1910, av samma fotograf. Sedan 1946 finns en forskningsstation i Tarfaladalen, vilket gör att forskarna har bra koll på vad som hänt med glaciären sedan 1800-talet. Den stora avsmältningen skedde mellan början på 1920-talet och fram till 1970, då avsmältningen gick sju gånger snabbare än under åren 1970–2015, enligt Holmlund och Holmlund. Från 1970 till 1990 skedde det till och med en tillväxt. I studien berättas också att sommartemperaturerna i Karesuando steg kraftigt under 1900-talets första hälft. Medeltemperaturen under juni, juli och augusti steg med nästan två grader under några årtionden i början av 1900-talet.

Leclercq har undersökt 471 glaciärer utspridda på alla de sex kontinenterna. Studien täcker in perioden från 1500-talet fram till och med 2011. De flesta glaciärerna började smälta i mitten av 1800-talet. Den kraftigaste avsmältningen skedde under perioden 1921–1960, då världens glaciärer backade med i genomsnitt 12,5 meter per år. Mellan 1960 och 2000 var siffran 7,4 meter per år. Leclercq bekräftar den bild som målats upp sedan Dr Hans Meyer klättrade på Kilimanjaro i slutet av 1800-talet. Världens glaciärer har minskat i storlek under de senaste 150 åren. Det tycks som om avsmältningen gick snabbast under första delen av 1900-talet.

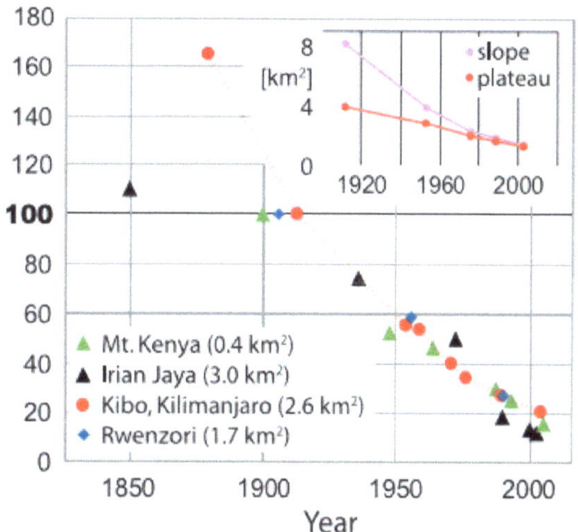

Förändringar av isen på Kilimanjaro från slutet av 1800-talet till början av 2000-talet. I figuren från IPCC 2007 visas förändringen av isen på Kilimanjaro, röda prickar, och som jämförelse visas också avsmältningen av tre andra tropiska glaciärer. Se källförteckning.

Träd och is ger samma bild

Trädens årsringar är det mest använda och kanske mest tillförlitliga av naturens temperaturarkiv. Det finns ett mycket stort antal studier som redovisar temperaturkurvor som bygger på analys av trädens årsringar, framförallt studier som visar på temperaturutvecklingen på norra halvklotet. Trädens tillväxt sker på sommarhalvåret så det är i första hand sommartemperaturerna som speglas i trädens årsringar, men det går också att se hur temperaturen varierat under vår och höst och också få en uppfattning om variationer i nederbörden. Sammantaget ger det en bra bild av klimatförändringarna på den plats där trädet växt.

Esper har skapat en temperaturkurva av en egen temperaturkurva plus temperaturkurvor från fem andra studier. Samtliga bygger på trädringsanalyser och tillsammans täcker de in en stor del av norra halvklotet. Den gemensamma kurvan, som sträcker sig mer än 1 000 år bakåt i tiden, visar att klimatet från slutet av 1500-talet till slutet av 1800-talet var kallt. Kallast var det i början av 1800-talet och den uppvärmning som sen tog fart varade till 1930-talet. En uppvärmning på nästan en grad. Kurvan visar också att det var lika varmt under 1930- och 1940-talen som under åren runt år 2000. Det som sticker ut är den kraftiga uppvärmning som skedde från början av 1800-talet till ungefär 1940.

En annan stor studie som täcker in norra halvklotet och som kommer fram till samma resultat är Xing. Forskarna har använt sig av 126 trädringsserier från platser på norra halvklotet för att konstruera en temperaturkurva som sträcker sig från mitten av 800-talet till år 2000. Den medeltida värmeperioden finns med. Det gör också lilla istiden och den moderna värmeperioden. Den stora uppvärmningen sker från ungefär 1840 fram till runt 1940. Precis som många andra studier som bygger på proxydata tycks perioden runt 1940 ha varit lika varm som åren runt 2000. Författarna konstaterar att temperatursvängningarna enligt naturens arkiv har varit betydligt större än vad klimatmodellerna berättar. De ser också samband mellan temperatur och såväl solaktivitet som vulkanutbrott. Det är varmare under perioder med hög solaktivitet medan stora vulkanutbrott sänker temperaturen. Vulkaner slungar ut partiklar som reflekterar en del av solens strålar

I den stora IPCC-rapporten om klimatförändringar 2013 illustreras norra halvklotets temperaturutveckling under de senaste dryga 1 000 åren med en graf med ett antal temperaturkurvor som alla visar upp i stort sett samma mönster som Espers. IPCC 2013 visar också en graf över temperatutvecklingen på södra halvklotet. Mönstret är detsamma som i norr med såväl en medeltida värmeperiod som en lilla istid. Även den snabba uppvärmningen under början av 1900-talet finns med. IPCC skriver dock att det finns för få studier som täcker in södra halvklotet för att kunna dra säkra slutsatser.

Den kraftiga uppvärmningen från 1800-talet fram till ungefär 1940 finns alltså med i de studier IPCC 2013 hänvisar till. Det som framgår i IPCC:s grafer är att de temperaturkurvor som bygger på uppmätta temperaturer skiljer sig från de temperaturkurvor som bygger på proxydata under de sista åren på 1900-talet och framåt. Medan trädringskurvorna visar att åren runt 1940 var lika varma som slutet av 1990-talet/början på 2000-talet, visar de temperaturkurvor som IPCC hänvisar till och som bygger på instrumentdata, att uppvärmningen som tog fart

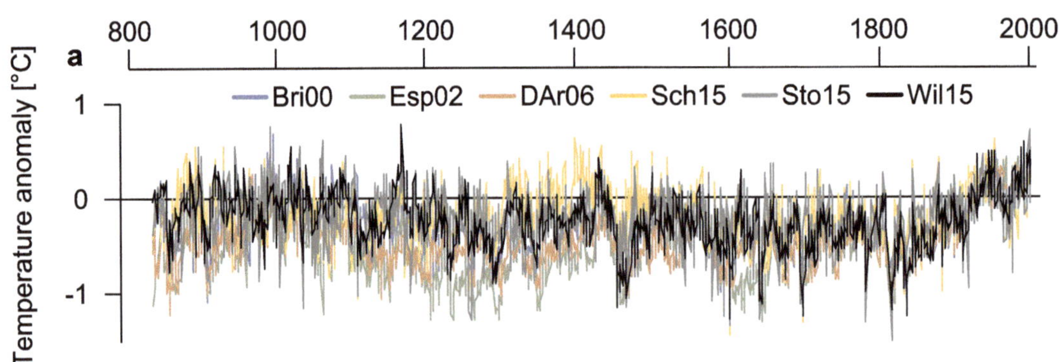

Temperaturutvecklingen från 800-talet till år 2000. Figuren visar sex olika rekonstruktioner av de varma årstidernas temperaturer. Temperaturkurvorna bygger på trädringsanalyser och täcker in stora delar av norra halvklotet. Hämtad från Esper et al., 2018, se källförteckning.

i slutet av 1900-talet var kraftigare än vad proxydata visar.

McCarroll har skapat en 1 200 år lång temperaturkurva som sträcker sig fram till år 2005 och som bygger på träd som växt i norra Norge, norra Sverige, norra Finland och på Kolahalvön. Likheterna med Espers kurva är stora, men uppvärmningen i Skandinavien tog fart först under 1900-talets första år. McCarrolls studie tyder på att 1930-talet var varmare än början av 2000-talet.

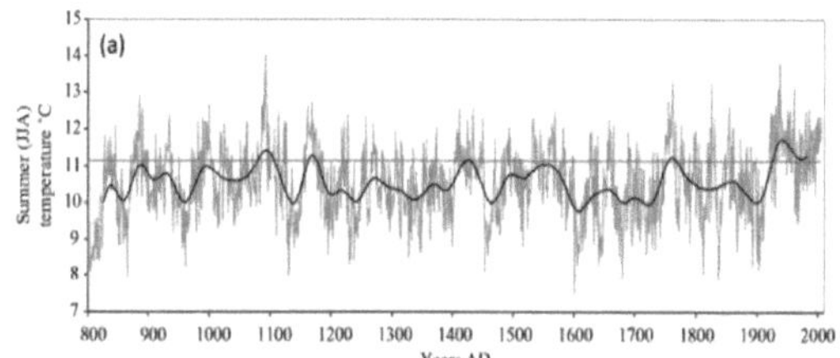

Temperaturutvecklingen i norra Skandinavien från 800 till och med 2005. Kurvan bygger på trädringsanalyser. McCaroll et al., 2013.

Ljungqvist är en annan studie som bygger på trädens årsringar och som speglar temperaturutvecklingen i norra Skandinavien. Studien täcker in perioden 1860–2000 och träden har växt från Härjedalen i söder till nordligaste Finland i norr. Temperaturkurvan i studien visar, precis som McCarrolls kurva, att det var kallt under de första åren av 1900-talet men att det sen skedde en snabb uppvärmning. Den varmaste perioden tog sin början runt 1920 och sträckte sig en bit in på 1950-talet. En period då somrarna var betydligt varmare än under 1980- och 1990-talen.

Storglaciären vid Kebnekaise och träden i norra Skandinavien berättar samma sak. Uppvärmningen tog fart några år in på 1900-talet, något senare än i stora delar av övriga världen, och den nådde en topp under 1930- och 1940-talen.

Globalt värmerekord

Den globala klimatförändringen under 1900-talets första hälft återspeglades också i tidningarnas rubriker. De berättade om rekordtemperaturer och värmeböljor. Under sommaren 1911 rådde extremhetta på båda sidor Atlanten. "Terrible Heat Wave" var rubriken i The Bendigo Independent (Australien) den 11 aug 1911. I artikeln berättas att över tusen personer har dött av värmen i Tyskland under de senaste tio dagarna och även i Paris har dödligheten varit betydligt över det normala på grund av värmen. Det berättas också om höga temperaturer i såväl USA som England.

THE BENDIGO INDEPENDENT, FRIDAY, AUGUST 11, 1911.

TERRIBLE HEAT WAVE.

OVER 1000 DEATHS IN GERMANY.

BERLIN, Wednesday, August 9.

Upwards of 1000 deaths from sunstroke have occurred in different parts of Germany as a result of the terrific heat wave that has prevailed during the past ten days.

I samband med den varma sommaren 2019 i Paris hade Le Parisien en artikel som gör en tillbakablick på värmeböljan 1911. Enligt artikeln kostade den långvariga hettan som drabbade Frankrike och Paris sensommaren 1911 drygt 40 000 människors liv. Framförallt var det barn under två år och äldre människor som dog. Tidningen The Sun (Baltimore, USA) hade den 5 juli 1911 rubriken "Fierce Heat Persists - Toll of Deaths Grows". Den "våldsamma hettan" var mest exceptionell i nordöstra USA. Boston kunde rapportera 40 grader och Portland, Maine 39 grader. Maines officiella värmerekord är från just det datumet artikeln publicerades, den 5 juli 1911. Då uppmättes 40,5 grader i North Bridgton, en temperatur som staden också hade några dagar senare.

New England Historical Society skriver på sin hemsida: *"A July 1911 heat wave killed thousands of New Englanders and sent many over the brink of madness."* Enligt hemsidan var det den värsta väderkatastrofen i New Englands historia: *"Tjäran på gatorna bubblade som het sirap. Träden tappade sina löv, gräs blev till damm och korna slutade mjölka. I Hartford samlades folk vid temperaturmätaren nära stadshuset för att se hur temperaturen pendlade mellan 43 och 44 grader i skuggan."*

Det officiella globala värmerekordet, enligt Meteorologiska Världsorganisationen (WMO), sattes två år senare. Den 10 juli 1913 uppmättes 56,7 grader vid Greenland Ranch, Death

Valley, Kalifornien. Den rekordhöga temperaturen var ingen tillfällighet. Den 12 och 13 juli visade termometern knappt 55 grader. I januari 1922 konstaterade Monthly Weather Review att Death Valley är det hetaste området i USA och listar hur varmt det varit vid mätstationen under de elva senaste somrarna. Varmast var det alltså 1913 men temperaturen nådde minst 50 grader varje sommar, utom 1912 då termometern stannade på 49 grader.

Den 11 september 1922 uppmättes 58 grader i El Aziza i nuvarande Libyen och fram till 2012 räknades det som globalt värmerekord men ströks då av WMO efter granskning. WMO:s experter pekade på flera osäkra faktorer som oerfaren avläsare, tveksamheter rörande mätinstrumentets kvalitet och att mätningen skedde i närheten av ett torg som var belagt med en form av asfalt. Även temperaturmätningen vid Greenland Ranch granskades ingående av WMO:s experter, men de fann inget som kunde ifrågasätta mätresultatet. Professor Randy Cerveny. en av WMO:s experter, konstaterade efter avslutad granskning 2012 att *"all available evidence points to its legitimacy"*. Under senare år har det gjorts ett antal försök att hitta fel även när det gäller rekordtemperaturen vid Greenland Ranch men utan att det har lett till något konkret.

Även om glaciärerna i USA smälte och temperaturerna uppmättes till rekordnivåer under början av 1900-talet var det ingen garanti för milda vintrar. Vintern 1910–1911 var så kall i nordöstra USA att Niagara-fallet frös. Människor kunde gå på isen mellan USA och Kanada alldeles ovanför fallet.

Det varma 1930-talet

Glaciärer som smälter, värmerekord och förändrade ekosystem. Det kan se ut som enstaka notiser, men medias budskap var lika tydligt som det som dagens media framför. Det är dock så gott som omöjligt att med någon större exakthet beräkna den globala temperaturen från den här tiden, men det återkommer jag till längre fram.

Ett land med bra mätdata som sträcker sig tillbaka till 1800-talet är USA. Den riktigt varma perioden i USA inträffade från slutet av 1920-talet fram till slutet av 1930-talet, då medeltemperaturen enligt termometrarna var högre än idag. Om vi tittar på värmerekorden i USA:s 50 stater är de allra flesta från 1900-talets första årtionden. I fler än hälften av USA:s 50 stater är värmerekorden från 1930-talet. I endast två stater har värmerekord slagits under 2000-talet, i Colorado då rekordet slogs 2019 och i South Carolina där rekordet är från 2012. I South Dakota delas rekordet mellan den 5 juli 1936 och den 15 juli 2006 (National Oceanic and Atmospheric Administration, USA:s klimat- och vädertjänst, förkortas NOAA).

I USA publiceras regelbundet en National Climate Assessment report (NCA). Den tas fram av NOAA, NASA (USA:s myndighet för luft- och rymdfart) och en rad andra amerikanska myndigheter. I en specialrapport från 2017 visar NCA hur antalet värmeböljor har förändrats sedan 1900. I rapporten framkommer att värmeböljor var mer förekommande i USA under 1920-, 1930- och 1940-talen än under 2000-talet. Värmeböljorna var även mer intensiva under första halvan av 1900-talet och antalet dagar med höga temperaturer var fler. Ett exempel på extrem värmebölja är den som drabbade staden Mexico i Missouri under slutet av juli 1934. Under åtta dagar pendlade maxtemperaturerna dagligen mellan 44,5 och 47 grader. Även köldknäppar var mer vanliga i USA under 1900-talets första del än under 2000-talet, så vädret har lugnat ner sig under årens lopp, blivit mindre extremt.

Är mätresultaten från USA ett mått på den globala temperaturutvecklingen? Det vi kan säga är att det finns stora likheter mellan USA:s uppmätta temperaturer och temperaturberäkningar som baseras på naturens termometrar som is och träd. Även avlästa temperaturer från en rad mätstationer runt om i världen, i Sydamerika, Australien, Afrika, Europa och Asien visar upp samma trend som USA:s avlästa temperaturer. Mätstationer som också har 1930-talet som det varmaste årtiondet hittills.

Australien hade exempelvis en extremt varm sommar 1938–1939. Den 11 januari 1939 rapporterade The Advocate (Australien) om värmeböljan i sydöstra delen av landet. I Mallee distriktet hade uppmätts 49,5 grader dagen innan. Adelaide hade haft 47 grader. Den 13 januari skrev The Sydney Morning Herald att gårdagens temperaturer hade varit ungefär som under de senaste 14 dagarna i New South Wales (NSW). Hela staten med några få undantag hade haft temperaturer på över 43 grader enligt avlästa temperaturer. Varmast var det i White Cliffs där termometern visat 51 grader. Flera andra platser hade också mätt upp temperaturer på runt 50 grader. Den 3 februari skrev Coffs Harbour Advocate att Bourke, en liten plats i nordvästra delen av NSW, hade haft dagliga maxtemperaturer på över 38 grader 37 dagar i följd. Medeltemperaturen (dagliga maxtemperaturer) hade legat på 43 grader. Varmast hade det varit mellan den 9 och 16 januari, en vecka med en medeltemperatur på 47 grader. Även i andra delar av Λustralicn var dct cn varm sommar. I Tca Trcc Well, en liten plats i Northern Territory, var det under sommaren 1939 varmare än 54,4 grader flera dagar i sträck. Handlaren på orten lät gräva ner sitt vardagsrum i marken för att få någon form av svalka. Jag har dock ingen uppgift om Tea Tree Wells temperaturer uppmättes vid en "reglementsenlig" mätstation. Australiens officiella värmerekord är betydligt lägre. Det lyder på 50,6 grader och sattes den 2 januari 1960 i Oodnadatta.

Notera att det är skillnad på de temperaturer som uppmättes i Australien i början av 1900-talet och de temperaturer som dagens officiella temperaturkurvor anger för den tiden. Rådata, dvs. de uppmätta temperaturerna, har justerats flera gånger under de senaste åren och det är de justerade temperaturerna som gör att Australiens temperatur visar en tydlig stigande trend för de senaste dryga 100 åren. Rådata visar inte på samma uppvärmning som de justerade mätresultaten. Jag återkommer till varför och hur avlästa temperaturer justeras.

THE ALBANY ADVERTISER,
MONDAY, FEBRUARY 12, 1940.

A Hot Spot

CLOSE SECOND TO MARBLE BAR.

Marble Bar is recognised as the hottest place in Australia, but Tea Tree Well must run it a close second. Here it is so hot at times that the storekeeper has wisely built his living rooms underground so that his family can exist in comparative comfort.

Last summer the shade temperature never went below 130 degrees for days, and when it dropped down to 100 degrees it was welcomed as a cool change.

Nederbördsmätningar justeras inte på samma sätt. Mätningarna visar att det har regnat mer under 2000-talet i Australien än det exempelvis gjorde under perioden 1900–1970. Framförallt var det torrt under perioden 1925–1940, då det regnade betydligt mindre än under 2010-talct (Λustralian Burcau of Mctcorology, BOM)

1934 - det extrema året

USA drabbades svårt av torka under hela 1930-talet. Redan 1930 kallade USA:s president, Herbert Hoover, guvernörerna i tolv stater för att diskutera hur bönderna kunde hjälpas. En miljon bönder var drabbade av torkan enligt The New York Times den 9 augusti 1930. Två dagar senare berättade en annan amerikansk tidning, St Louis Post-Dispatch, om en värmebölja i en annan del av världen. I Bagdad hade det under den senaste veckan dagligen uppmätts temperaturer på drygt 54 grader.

Det skulle bli värre för de amerikanska bönderna, mycket värre. 1934 var torkan som svårast. Sommaren 1934 var också ovanligt varm. I juni hade alla stater, utom Alaska och Hawaii, maxtemperaturer på mer än 38 grader. Alaska skulle få sin värmebölja i juli. Den 26 juli skrev The Herald (USA) om "heat record" i Alaska. Enligt tidningen uppmättes 40 grader i staden Wrangel, vilket i så fall skulle vara varmare än det officiella rekordet på 38 grader från 1915.

Men det var torkan som var exceptionell under 1934. Den extrema torkan sträckte sig från Stilla havet i väster, över Klippiga bergen och mellanvästern, förbi Mississippi och fram till Appalacherna. Nästan hela USA kände av torkan och även delar av Mexiko och Kanada. Den drabbade ytan var ungefär 15 gånger större än Sveriges.

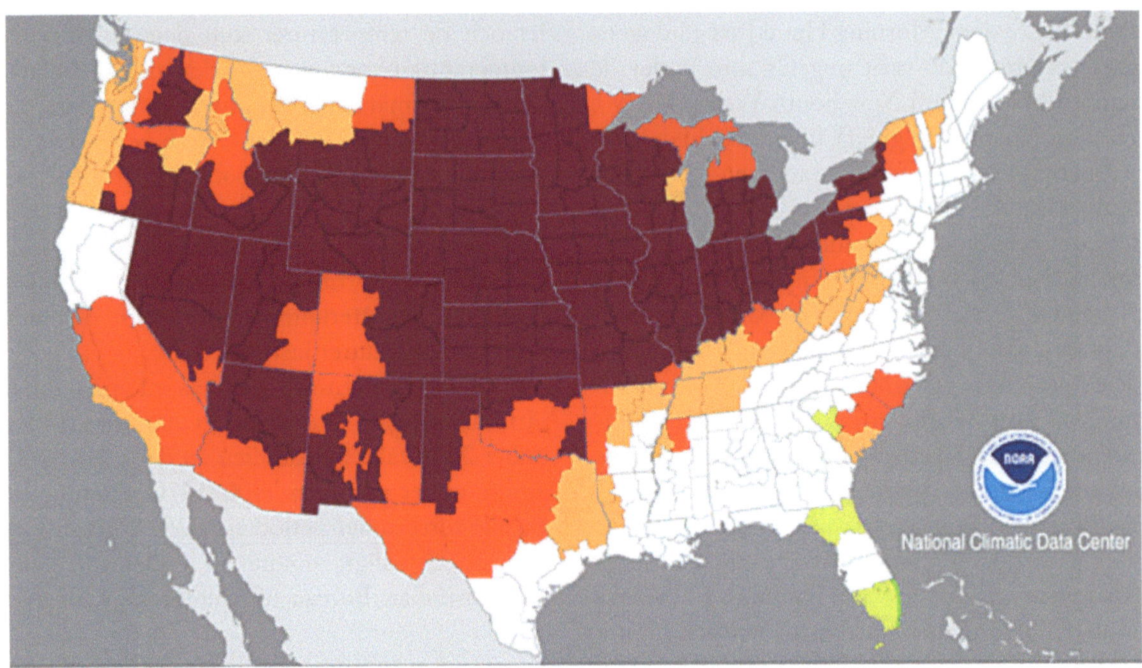

Torkans utbredning i USA under juli, 1934. Figur från NOAA. Mörkröda områden betyder extrem torka medan ljusröda står för svår torka. De senapsgula områdena avser torka.

Det var det värsta torkåret i det som idag är USA under de senaste 1 000 åren (Cook). En slutsats som Cook drar efter trädringsanalyser.

1934 - global torka

Det var inte bara Nordamerika som drabbades av torka 1934. England led också svårt och fortfarande är vattenbristen 1934 något man utgår från när man planerar för liknande situationer. *"Om torkan fortsätter blir det problem i stora delar av världen"*, skrev Daily Mail i en ledare i slutet av maj. I nästan alla länder i Europa är årets skörd i stor fara. London behöver regn, liksom Australien, Kanada och Sydamerika. Man famlar i mörker när det gäller orsaken, enligt skribenten.

The Advertiser (Australien) rapporterade några månader tidigare om tioårig torka i Sydafrika. I artikeln berättar Mr Phillipps: *"I våra en gång skuggiga plantager dog 10 000 träd och det finns inte ett grässtrå att se. Häckar, träd och växter är alla döda eller på väg att dö, och det går inte att ploga, marken är som en klippa."* Året innan, i maj 1933, skrev Sydney Morning Herald om torkans konsekvenser i Sydafrika. Skörden var halverad, tusentals får hade dött på grund av att bete saknades och får transporterades med järnväg till platser där det fortfarande fanns bete.

Tillbaka till 1934. The Mercury (Australien) berättade den 31 maj att i Tyskland torkade frukten på träden; *"fruit is drying up and falling off trees"*. Den 4 juni rapporterade samma tidning om förödande förluster för bönder i många delar av världen och att bönder i Europa har återgått till hedniska riter i hopp om att regn ska komma. Artikelförfattaren konstaterade att förödelsen är kännbar från *"Mississippi i USA till Volga i Ryssland, från Jugoslaviens dalar till Kanadas prärie"*.

Foreign Agriculture Service of the Bureau of Agricultural Economics (USA) rapporterade i augusti 1934 att växande gröda i praktiskt taget alla länder på norra halvklotet hade skadats på grund av torkan, men att även från södra halvklotet kom rapporter om torka. Stora jordbruksländer som Argentina och Australien var drabbade. Bristen på regn under de senaste månaderna hade torkat ut jorden så att det har varit mycket svårt att så. Även i Kina var det varmt och torrt. The New York Times hade den 19 augusti rubriken "Heat Wave In China Kills One In Every Thousand". Andra rubriker talade om torka och brända skördar i Kina.

Global torka, minus 3,5 grader på vintern nära Sydpolen, 40 grader i Alaska, för att nämna några av de extrema väderhändelser som inträffade 1934. I december sammanfattade Los Angeles

Times klimatåret på följande sätt: *"Galet väder under 1934 i hela världen. Kyla, hetta, torka och översvämningar satte nya rekord. Extrema väderrekord utan motstycke i varje hörn av världen."*

The Mercury (Hobart, Tas. : 1860 - 1954) about ◄ Monday 4 June 1934 ►

WORLD DROUGHT

Farmers' Ruinous Losses

Almost Universal Disaster

Europe Revives Pagan Rites

Manhattan under vatten

Klimatfrågan var inte i fokus på samma sätt då som nu, men uppvärmningen uppmärksammades, inte minst i USA. 1930 frågade sig The New York Times om *"palmer, cypresser, magnolia och olivträd än en gång kommer att växa vid foten av Adirondack"*, ett bergsområde på gränsen mellan USA och Kanada. Känd ort i området är Lake Placid som har varit plats för två olympiska vinterspel. Första gången var 1932 och länge såg det ut som om spelen den gången måste ställas in. I mitten av januari var det varken snö eller is i Lake Placid. Det blev till slut vinterspel och 14 guldmedaljer delades ut. Det var inte så många grenar på den tiden. USA tog 6 av de 14 guldmedaljerna, medan Sverige fick nöja sig med en. Sven Utterström vann 18 km längdskidåkning. Utterström lär ha hittat rätt valla i blidvädret och vann med två minuter före tvåan, landsmannen Axel Wikström.

Det fanns en medvetenhet om att isarna i norr smälte. Precis som idag tecknades skrämmande framtidsbilder. En teckning som publicerades i flera amerikanska tidningar under våren 1934 visar hur Manhattan kommer att dränkas under vattnet när isarna smälter. Endast Empire State Building och toppen på några få andra byggnader reser sig ur vattenmassorna.

I september 1933 skrev Monthly Weather Review: *"Dagens vitt spridda och ihållande uppvärmning och inte minst raden av milda vintrar har rönt ett påtagligt allmänt intresse och lett till en ofta återkommande fråga "Håller vårt klimat på att förändras?"."*

Manhattan under vatten. Teckningen först publicerad i sedan länge nedlagda Public Ledger.

Svarta stormar

Amerikanerna behövde inte framtidsteckningar för att känna klimatångest under 1930-talet. Verkligheten skrämde. The Great Plains är det väldiga prärieområde som sträcker sig från Texas i söder upp till Mackenziefloden i Kanada i norr. Det är 450 mil långt och 50–100 mil brett och med Klippiga bergen i väster. Runt 1930 slutade det mer eller mindre att regna i området. De enorma slätterna hade gett bra skördar och tillräckligt med bete för djuren, men torkan gjorde slut på de goda åren. Varken gräs eller grödor växte. Gräset vissnade, rötterna krympte samman och det fanns inte mycket kvar som kunde binda det översta jordlagret. När torkan höll i sig blev den torra jorden ett offer för vinden. 1932 drabbades området av de första större sand- och jordstormarna. De riktigt svåra kom att kallas "black blizzards" (svarta snöstormar) och under 1932 räknades det till 14 black blizzards.

En black blizzard kunde dra fram med en fart av 100 km i timmen och de svarta molnen kunde sträcka sig flera tusen meter upp i luften. Djur dog med magarna fulla av sand och jord. Bönder band fast sig i rep när de gick till ladugården. Dammet trängde sig in överallt och sikten kunde vara nere i noll. Många människor som överraskades av stormarna miste livet, andra drabbades av silikos på grund av dammet. Flest black blizzards förmörkade himlen 1937 då inte mindre än 72 sand- och jordstormar drog över the Great Plains. Under det extrema 1934 var visserligen antalet black blizzards relativt få, "bara" 22 och endast 1932 hade färre under åren fram till 1940, men sanden och jorddammet nådde under 1934 städer som Chicago, New York och Washington.

Det var torkan som var huvudorsaken till black blizzards, men människan bidrog. Traktorerna hade gjort sitt intåg bland bönderna i mellanvästern och det hade gjort det möjligt att odla upp områden som tidigare varit torra gräslandskap. När torkan kom blev åkrarna snart öppna sår och vinden kunde föra med sig enorma mängder av de översta jordlagren. De svarta snöstormarna var en kombination av torka och att människan gjort landskapet, och därmed samhället, mer sårbart för extremt väder.

Den svarta söndagen

Den 14 april 1935 var en söndag. En kallfront från Kanada rörde sig söderut och mötte varm luft. Vinden tog i och skapade en 150 mil bred black blizzard. Den svarta stormen fortsatte söderut och nådde full styrka med stormbyar på 150 km i timmen (42 m/s) i sydöstra Colorado, sydvästra Kansas, Texas och Oklahoma. Den soliga dagen blev fullständigt mörk. Någon berättade att det inte gick att se handen framför sig.

En vägg av sand och stoft närmar sig en stad i Kansas i oktober 1935. NOAA Photo Library.

Fåglar kollapsade i sina försök att fly undan det mörka molnet. Djur på marken kvävdes till döds. Hur än människor försökte gick det inte att stoppa dammet från att tränga in i husen. Människor åt maten i samma ögonblick den var klar, annars skulle den snart täckas av damm. Det var den värsta black blizzard som inträffade under 1930-talet och dagen fick namnet Black Sunday. *"You could see that dust storm comin', the cloud looked deathlike black, and through our mighty nation, it left a dreadful track"*, skrev och sjöng Woody Guthrie.

Enorma mängder jord blåste iväg under Black Sunday, till östkusten och ut över Atlanten. Det svarta molnet lär ha nått 30 mil ut från kusten. En reporter som skrev om händelsen refererade till the Great Plains som *"The dust bowl of the continent"*. Perioden har därför kallats Dust Bowl. En av president Roosevelts rådgivare, Hugh Hammond Bennett, vittnade den här dagen inför kongressen om nödvändigheten av att instifta en lag för att bättre bevara marken. Medan han talade förmörkades luften i Washington och solen försvann. Bennet ska då ha sagt: *"Det här, mina gentlemän, är vad jag har talat om"*. Lagen antogs senare under året.

Torkan och black blizzards som drabbade the Great Plains under 1930-talet tvingade mer än 2,5 miljoner människor att lämna sina hem och söka sig till andra områden. Många flyttade västerut, till Kalifornien. I boken "Vredens druvor" från 1939 skriver John Steinbeck: *"De fördrivna drog västerut - från Kansas, Oklahoma, Texas, New Mexico; från Nevada och Arkansas...billaster, karavaner, hemlösa och hungriga; tjugotusen och femtiotusen och ett hundra tusen och två hundra tusen. De strömmade över*

Black Sunday stormen närmar sig Spearman i norra Texas. NOAA Photo Library.

bergen, hungriga och rastlösa."

Svår torka drabbade sydvästra USA även åren 1950 till 1957. Den började i Texas 1949 och blev allt värre. 1953 hade Texas nederbörd minskat med 75 procent och även New Mexiko, Oklahoma, Colorado, Kansas och Nebraska hade då torka. Som mest var tio stater drabbade och torkan nådde sin kulmen runt 1956. När regnen började falla lite mer regelbundet under 1957 var ett stort antal counties (län) klassade som nationella katastrofområden, "federal drought disaster areas", på grund av torkan. Även åren fram till 1964 var torra i en del av staterna.

Vildmarksbrändernas årtionden

Slutet av 1920-talet och hela 1930-talet var vildmarksbrändernas (skogs-, stäpp- och gräsbränder) årtionden i USA. Under åren 1928 till och med 1934 eldhärjades minst 17 miljoner ha eller drygt 40 miljoner acres årligen. Varje år eldhärjades med andra ord en yta som motsvarar Götalands och Svealands sammanlagda yta, eller mer. Under åren 1930 och 1931 låg siffran en bit över 20 miljoner ha. År 1937 var USA relativt förskonat från vildmarksbränder. The New York Times hade en artikel den 9 oktober 1938 där tidningen summerade föregående års bränder, med hänvisning till The Forest Service of the Department of Agriculture. Antalet vildmarksbränder under 1937 hade begränsats till 185 209 och det berodde enligt artikeln på vädret, bättre brandbekämpningsmetoder, bättre övervakning och mindre vårdslöshet av skogsarbetare och besökare. Ändå startade en ny vildmarksbrand var tredje minut under 1937. Även under 1940-talet var vildmarksbränderna omfattande, runt 10 miljoner ha per år, men med stora variationer mellan åren. 2015 eldhärjades 4,1 miljoner ha skog och vildmark i USA, vilket är den högsta siffran under 2000-talet. Det motsvarar fyra tusendelar av USA:s yta eller en yta som är lika stor som Skåne och Småland tillsammans. Antalet vildmarksbränder räknades till 68 151 (NIFC, National Interagency Fire Center).

2015 utropades som rekordår för vildmarksbränder i USA. The Guardian citerade den 8 februari 2016 en amerikansk regeringstjänsteman, "top government official", som med anledning av bränderna 2015 hävdade att klimatförändringarna är verkliga; *"climate change is real and it is with us"*. Under 2017 och 2018 drabbades Kalifornien av stora vildmarksbränder, men den totala ytan i USA som drabbades av bränder de åren blev något mindre än under 2015. År 2019 brann knappt 1,9 miljoner ha. Det betyder mer än en halvering av den yta som eldhärjades i USA under 2015 och en tiondel av ytan som brann årligen under början av 1930-talet.

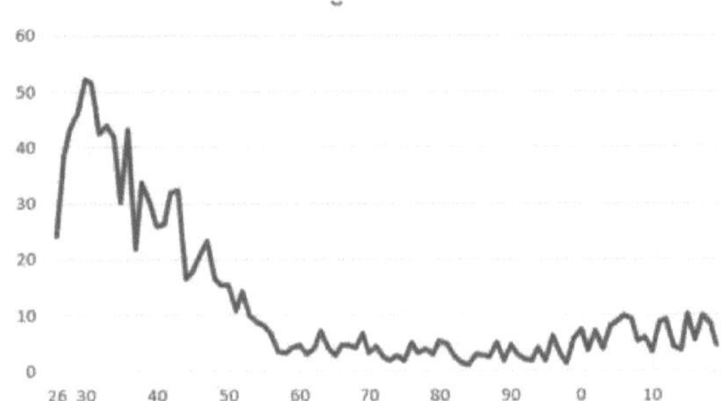

Vildmarkbrändernas utbredning i USA under perioden 1926 till och med 2019. Yta (miljoner acres). Egen figur. Källa: National Interagency Fire Center. NIFC höjer ett varnade finger för att sifforna före 1983 inte har bästa kvaliteten. Ibland är källorna inte kända. Kurvan säger därför mer om trenden än om hur stor areal som brunnit årligen. Alaska och Hawaii kommer med i statistiken från och med 1960. Arizona från och med 1966.

Orkanernas årtionden

1930-talet innebar inledningen av en 30-årsperiod då USA drabbades av ett stort antal starka tropiska orkaner. Orkaner graderas i en skala från 1 till 5, där kategori 5 är de starkaste orkanerna med vindstyrkor på över 70 m/s. Även kategori 3, minst 49 m/s, och kategori 4-orkaner räknas som "starka".

Den kanske mest kraftfulla orkan som kommit in över USA under de senaste 100 åren kan vara den som slog till mot Key West i Florida under Labour Day 1935. De senaste undersökningarna som gjorts av detta extrema oväder tyder på en sannolik vindhastighet (medelvind under 1 minut) på åtminstone 90 m/s med vindbyar på över 100 m/s. (under orkanen Harvey som drabbade Houston 2017 uppmättes de kraftigaste vindarna till 58 m/s). Labour Day-orkanen förstörde i stort sett all bebyggelse som kom i dess väg. Orkanen var dock liten. Radien på orkanvindarna var ca 40 km, mätt från orkanens öga, så de värsta skadorna inskränkte sig till en relativt liten yta.

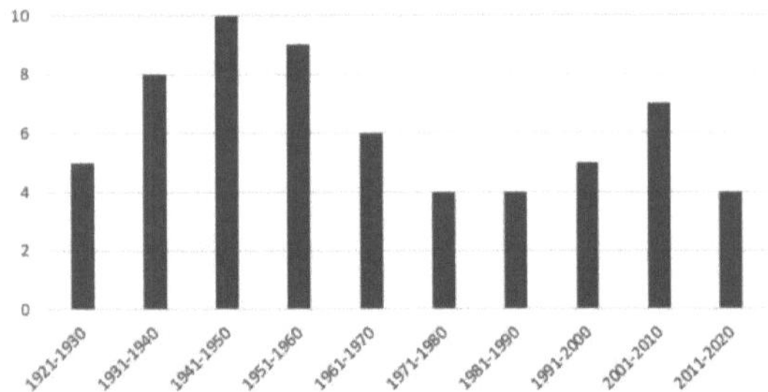

Antalet starka orkaner, kategori 3, 4 och 5, som dragit in över USA per årtionde under perioden 1921-2020. Uppdaterad den 24 september 2020. Egen figur. Källa: National Hurricane Center.

Stora delar av USA under vatten

Förutom orkaner, torka, black blizzards och bränder dränktes delar av USA flera gånger under 1930-talet.

Houston i Texas har en lång historia med svåra översvämningar. Buffalo Bayou heter det större vattendrag som flyter genom centrala Houston. I samband med orkanen Harvey 2017 steg vattennivån i Buffalo Bayou till 18 meter. Vid översvämningen i december 1935 mättes det på samma ställe upp en vattennivå på 23 meter. Då, för 85 år sedan, flydde människor upp på hustaken. Hela centrum låg under vatten och vattnet fyllde en del hus upp till och med tredje våningen. Stora delar av jordbruksbygden runt staden låg under vatten, ungefär samma område som nu är förorter och som översvämmades på grund av Harvey. 1913, 1929 och 1932 dränktes också Houstons centrala delar av vattenmassor.

1936, året efter översvämningarna i södra Texas, drabbades USA av en av 1900-talets mest extrema väderhändelser. I Pittsburgh möts Allegheny River och Monongahela River och blir Ohiofloden. Den 17 mars 1936 nådde vattnet i floderna den nivå då de börjar svämma över. Under natten fortsatte vattnet att stiga och den 18 mars, St. Patrick´s Day, låg stora delar av centrum under vatten. På många gator var vattendjupet fem meter och runt 100 000 byggnader förstördes. Det var inte bara Pittsburgh som förde kamp mot vattnet de här marsdagarna. Stora delar av östra USA stod under vatten. I Washington hotades såväl Capitol Building som Vita huset av vattenmassorna från Potomacfloden. Översvämningarna sträckte sig från Ohio i söder till Maine i norr. The New York Times beskrev läget stat för stat, West Virginia, Pennsylvania, Connecticut, Washington DC, New York, New Jersey, Massachusetts, Ohio, Rhode Island, Vermont, New Hampshire, Virginia…, överallt var läget katastrofalt. The Daily News (Australien) berättade att alla stater öster om Mississippi var drabbade av översvämningarna. Samtidigt rasade black blizzards i centrala och västra USA.

Några dagar senare skrev en annan australiensisk tidning, The Western Argus, att en fjärdedel av USA var drabbat av översvämningarna, att tusen människor omkommit och att de ekonomiska skadorna var omöjliga att beräkna.

Kinas extrema väder

Jag har berättat mycket om väderhändelser som drabbade USA under 1930-talet och det beror på att det som hände där är väl dokumenterat. Det är svårare att få en bild av väderhändelser i Afrika eller stora delar av Asien under den här tiden. När det gäller Kina vet vi att landet har en lång historia av extrema väderhändelser. 1931 drabbades Kina av den mest omfattande översvämningen som vår planet upplevt under de senaste 100 åren. Tidningarna kunde från sommaren fram till årets slut berätta om vattnets härjningar. Sammanlagt 13 miljoner hem beräknas ha förstörts av vattnet. Miljöhistorikern Chris Courtney skriver i sin bok "The Nature of Disasters in China" att ett område stort som England och halva Skottland översvämmades. Courtney uppskattar antalet döda i översvämningarna till 2 miljoner. Centre for Research on the Epidemiology of Disasters (CRED), som har den globala överblicken över naturkatastrofer, nämner 3,7 miljoner. Andra uppskattningar säger 4 miljoner. Det kan jämföras med att CRED beräknar att under åren 2018 och 2019 har klimatrelaterade naturkatastrofer runt om i världen, som stormar, översvämningar och torka,

The Daily News

Perth, W.A., Friday Evening, March 20, 1936

ALL EASTERN AMERICA UNDER FLOOD WATERS

Terrible Duststorm Rages In West

orsakat 5 000 respektive 10 000 människors liv. Det betyder att antalet omkomna i översvämningarna i Kina 1931 var mellan 400 och 800 gånger fler än de som omkom på grund av klimatrelaterade naturkatastrofer i världen under 2018. ”30 miljoner hungrar” var rubriken i The Daily Telegraph (Sydney) den 21 aug 1931. I artikeln berättas att Yangtzeflodens översvämningar har drabbat ett drygt 160 mil långt och 8 mil brett område.

Orsakerna var en snörik vinter och därefter ihållande regn, men också att underhållet av floden var eftersatt. Flodsystemet för med sig stora mängder sediment som på vissa ställen samlas och kräver rensning för att hålla översvämningarna i schack, något som inte hade gjorts på grund av inbördeskrig. Översvämningar i Kina var det även 1933. Hetta och torka drabbade landet under 1934. Året efter, 1935, var det åter översvämningar och närmare 200 000 människor miste livet. Lägg därtill torkan i norra Kina under åren 1928–1930, då någonstans mellan 3 och 9 miljoner beräknas ha dött av svält. (Hal Baldwin, "Disaster History").

Enbart under åren 1928–1931 krävde torkan och översvämningarna mellan 5 och 13 miljoner människoliv i Kina.

Vasaloppet hotat

I Sverige var vintrarna under 1930-talet rekordmilda och snöfattiga. Alla vintrar, under hela årtiondet, var varmare än normalt. Temperaturerna i Sverige, december-februari, låg i genomsnitt 2,5 grader över det normala. SMHI räknar perioden 1960–1990 som normalperiod. Det kan jämföras med det senaste decenniet, 2010–2019, då vintrarnas medeltemperatur har varit 1,45 grader över det normala.

Vintrarna under 1930-talet var med andra ord i genomsnitt en dryg grad mildare än under 2010-talet. Skillnaden blir än större om vi tittar på norra Sveriges vintrar. Även om vi byter ut vintern 2010, som hade normal temperatur, mot den mycket milda vintern 2020 och jämför 1930–1939 med 2011–2020 blir skillnaden stor, närmare bestämt 1,2 grader. Temperaturkurvan som speglar vintertemperaturerna i norra Sverige har en vågrörelse där den högsta vågtoppen

The Daily Telegraph (Sydney, NSW : 1931 - 1954) / Fri 21 Aug 1931

30 MILLIONS HUNGRY

TERRIFIC FLOOD IN CHINA

(Special Service)

SHANGHAI, Thursday.
THIRTY-ONE millions of Chinese are on the verge of starvation through the Yang-tse flood, which affects an area 1000 miles long and 50 miles wide.

inträffar under 1930-talet och den andra vågtoppen runt 1990. Vågdalen däremellan är djup. Vintern 1966 är den kallaste vintern i hela serien. Mönstret är detsamma som vi ser i de temperaturkurvor för norra Skandinavien som bygger på trädens årsringar (sommartemperaturer).

När SMHI beskriver temperaturutvecklingen i Sverige tar man avstamp i 1800-talet. I en analys publicerad den 7 april 2020 skriver SMHI: *”Uppvärmningen i Sverige är snabbare än globalt. SMHI:s analys visar att uppvärmningen i Sverige mellan perioden 1860–1900, som kan ses som förindustriell tid, och 1991–2017 är 1,7°.”* SMHI har helt rätt. Uppvärmningen i Sverige sedan 1800-talet har gått nästan dubbelt så snabbt som den beräknade globala uppvärmningen. Tittar vi på vintertemperaturerna i Norrland är ökningen större än så. Det som SMHI tappar bort i sin analys är exempelvis att vintrarna under 1930-talet, såväl i norra Sverige som i hela Sverige, är de varmaste vi haft. Det vi också kan se i de uppmätta temperaturerna är att vintrarna under de senaste 30 åren varit milda, men att trenden snarast har varit mot det kallare hållet, åtminstone i norra Sverige.

Vintrarna i Sverige påverkas starkt av North Atlantic Oscillation (NAO), ett annat klimatfenomen i Atlanten. När lufttrycket är högt söder om Island och lågt utanför Azorerna tar lågtrycken från Atlanten en sydligare bana och svänger in över Sydeuropa och lämnar fältet fritt för den kalla polarluften att dominera över Nordeuropa. Ju större skillnader mellan högt lufttryck söder om Island och lågt vid Azorerna desto positivare NAO-index. De kalla krigsvintrarna 1940–1942 var legendariskt kalla. NAO-indexet var positivt och högtryck rådde i Sverige, något som stängde vägen för milda Atlantvindar. De vintrarna måste ha kommit som en chock efter ett decennium med mycket milda vintrar.

Det talas om att Vasaloppets framtid är hotat på grund av snöbrist. Ett hot som var verkligt redan på 1930-talet. Ett par mil väster om Mora ligger Siljansfors försökspark. Den anlades 1921 och drivs idag av Sveriges lantbruksuniversitet. Här finns en klimatstation och snödjupet har mätts den 1 mars varje år från 1922, det år det första Vasaloppet kördes.

Det enda år då mätningarna visat noll var 1932, och då ställdes också Vasaloppet in. Det var samma år som Lake Placid var snö- och isfritt i mitten av januari, och de olympiska arrangörerna fruktade att vinter-OS var i fara. Tre vintrar under 1930-talet hade mindre snö än vad något år har haft under 2000-talet.

Vasaloppet ställdes också in 1990 på grund av snöbrist, men då var det åtminstone 10 cm snö i Siljansfors (för få anmälda gjorde att loppet ställdes in även 1934).

Ett annat år med lite snö var 1949. Då uppmättes ett snödjup på 5 cm i Siljansfors den 1 mars och 20 cm i Sälen när Vasaloppet startade. Det året vann för övrigt Mora-Nisse sin femte raka seger. Antalet startande var 157.

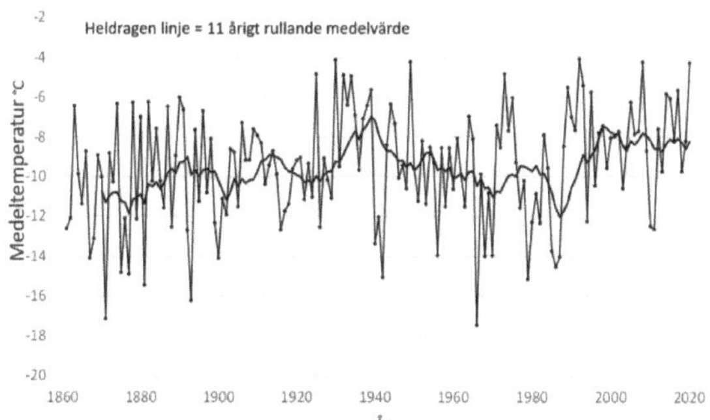

Vintertemperaturerna, avlästa temperaturer, för 20 mätstationerna i Norrland, från Sundsvall i söder till Karesuando i norr. Figuren är framtagen av Mats Persson.

Vintersäsongen 2020 såg dock ut att kunna dela förstaplatsen med 1932, dvs. barmark. Ett snöfall i sista stund spolierade den chansen och gav ett snödjup på 14 cm. Det genomsnittliga snödjupet i Siljansfors den 1 mars under 1930-talet var 32,4 cm. Det senaste decenniet, 2010–2019, har haft betydligt mer snö. I genomsnitt 43,8 cm vilket är över genomsnittet för hela perioden sedan 1922.

Mätningarna i Siljansfors är representativa för Sverige. Det visar de mätresultat som SMHI presenterar på sin hemsida. Mätresultat från 41 mätstationer spridda över landet och som i skrivande stund sträcker sig från vintern 1904/1905 och fram till vintern 2018/2019. Minst snö var det under första hälften av 1930-talet. Även i början av 1990-talet var det lite snö. Mest snö har Sverige haft under andra hälften av 1960-talet och under 1980-talet. Anmärkningsvärt är att två av de mest snörika vintrarna har infallit under 2000-talet, nämligen vintrarna 2009/2010 och 2010/2011. Det är mycket möjligt att vintern 2019/2020 kan komma att konkurrera med 1930-talets vintrar när det gäller brist på snö. SMHI skriver: *"Notera att det i diagrammet inte finns någon trend av minskande snödjup som man kanske hade förväntat sig."*

Palmer på Piccadilly?

"Kokosnötslunder i Central Park i New York, palmer på Piccadilly i London, och shorts på Champs- Élysées i Paris." Så inleds en artikel i The Daily Times (USA) den 22 november 1949. I artikeln berättas att bevis på stigande temperaturer kan hittas överallt. I Alaska krymper glaciärerna med drygt 100 meter årligen, i Alperna har några glaciärer helt försvunnit, medeltemperaturen på Spetsbergen har ökat med drygt 8 grader på 29 år, på Grönland har hela landskapet förändrats, i Amerika och Europa kryper trädgränsen uppåt och i norra Sverige växer det nu björk där det inte kunde växa något träd för 15 år sedan. Haven i norr har blivit varmare och fisken har därför vandrat norrut. Utanför den grönländska kusten finns torsken drygt 100 mil längre norrut. Sill, kolja och sjöfåglar flyttar också norrut. Att solen producerar mer ultraviolett ljus kan vara en förklaring till uppvärmningen, skriver

tidningen och åberopar den svenske meteorologen Carl-Gustaf Rossby. Även om den globala temperaturen var på väg ner under slutet av 1940-talet var det inget som uppmärksammades. Naturen berättade att det fortfarande var varmare än under början av århundradet.

Öppet vatten vid Nordpolen

Den globala uppvärmningen var ett tema även under 1950-talet. Följande är hämtat från en dansk regeringsrapport om Grönland från 1951: *"Som det är väl känt så har klimatförändringarna märkts över hela världen sedan 1920-talet. På Grönland har klimatet blivit konstant mildare vilket haft till följd att de stora mängder säl som tidigare fanns nu nästan helt har försvunnit. Sälarna har dragit norrut, bort från befolkade områden och i stället har stora mängder torsk dykt upp i vattnen runt Grönland."*

Aklavik är ett litet samhälle i nordvästra hörnet av Kanada, inte långt från gränsen till Alaska. Platsen ligger i västra delen av den väldiga Mackenzieflodens delta, strax innan floden når Norra ishavet. Under 1950-talets första år beslöts att Aklavik skulle flyttas till en helt ny plats, öster om Mackenzie. Flytten ansågs nödvändig eftersom permafrosten smälte, enligt vad som skrevs i tidningar från den tiden. Sommartid förvandlades Aklavik till ett träsk. *"Sommarens hetta och den uppvärmning av marken som husen orsakar förvandlar permafrosten till ett gungfly"*, skrev The West Australian i november 1954. Den nya staden blev också verklighet. Den heter Inuvik och är nu områdets centralort. Aklavik finns dock fortfarande kvar, även om platsen är mindre än Inuvik. Det man inte visste 1954 var att det skulle bli kallare. Något som kanske har varit avgörande för Aklaviks existens.

År 1954 vittnade ett antal klimatforskare i USA:s kongress och förutspådde att Arktiska oceanen skulle vara segelbar om 25–50 år om uppvärmningen fortsatte. När en u-båt för första gången nådde Nordpolen några år senare stärkte det forskarnas förutsägelse om att istäcket var på väg att försvinna. Den 11 augusti 1958 kunde SNN-578 skära vattenytan vid jordklotets nordligaste punkt. Det var öppet vatten.

Ett annat vittnesmål från mitten av 1950-talet kom från dr Laurence Gould: *"Istäckena såväl på Antarktis som på Grönland har smält sedan början på 1900-talet och om trenden fortsätter kan havsnivåerna komma att stiga med 30 meter."* Gould var professor i geologi och under en period ordförande för American Association for the Advancement of Science. Han var också en av huvudarkitekterna bakom Antarktisfördraget, en internationell överenskommelse för att skydda Antarktis som trädde ikraft 1961. I pressen förekom siffror när det gällde kommande havsytehöjningar som var betydligt högre än de som Gould nämnde. Läsarna skrämdes med att oceanerna kunde komma att stiga med uppåt 100 meter och dränka städer som New York, Boston, San Francisco och London.

Willets temperaturkurva

Klimatforskning var inget stort ämne under första delen av 1900-talet. Några enstaka forskare uttryckte oro över det allt mildare klimatet. En av dem, Hans Ahlmann svensk geofysiker som forskade om Arktis på 1930- och 1940-talen, varnade för havsytehöjningar som skulle få *"katastrofiska proportioner"* om Grönlands ismassor smälte. Ahlmann förespråkade därför en internationell *"agency"* som skulle studera klimatförändringarna.

Clarence Mills, professor i experimentell medicin vid universitetet i Cincinnati, såg ett samband mellan klimatförändringarna och andra världskriget. Han menade att den globala uppvärmningen hade banat väg för Hitler och Mussolini, eftersom ett varmare klimat, enligt Mills, gör att människor blir mer lättpåverkade och medgörliga.

Det skulle dröja till 1950 innan det första genomarbetade försöket att konstruera en global temperaturkurva gjordes. Hurd Willet, amerikansk meteorolog och atmosfärforskare, skapade kurvan genom att dela in globen i rutor där sidorna var 10 gånger 10 grader (longitud och latitud) och sen valde han den mätstation i varje ruta som hade den längsta serien. På så sätt fyllde han drygt en fjärdedel av alla rutor. Willets kurva börjar 1845 och slutar redan runt 1940. Temperaturuppgifter fanns att tillgå i skriften World Weather Records, men det dröjde några år mellan mätning och då uppgiften fanns med i WWR. Willets kurva visar att den globala uppvärmningen startade i slutet av 1850-talet. Fram till 1940-talet hade den globala medeltemperaturen stigit med närmare 1 grad. Willets kurva ligger i linje med vad de kurvor som utgår från naturens arkiv, som trädens årsringar, förmedlar.

En sammanfattning av klimatförändringarna under första delen av 1900-talet gjordes av Dr Erling Dorf vid Princeton University i skriften Climate changes of the past and present, som kom 1959. Dorf, som är noga med att ange källor och forskningsrapporter som studien bygger på, skriver följande: *"Det sker en global uppvärmning. Temperaturen i USA har stigit med nästan 2 grader sedan 1920. Uppvärmningen i Arktis har varit större än så. Spetsbergens temperatur har stigit med närmare 7 grader från 1910 till 1940-talet. Hamnar i Arktis som var öppna tre månader om året är nu öppna 7 månader. Om dagens trend fortsätter kommer Arktiska oceanen om 100 år att vara segelbar året runt. I Juneauregionen i Alaska har glaciärerna smält i mer än ett sekel. Muirglaciären har gått tillbaka drygt 3 km på tio år och avsmältningstakten ökar dramatiskt. Runt om i världen går snögränsen allt högre upp i bergen. I Anderna i Peru går den 800–900 meter högre upp än för 60 år sedan. Trädgränsen i de svenska fjällen kryper också uppåt. Träd har börjat växa på tundran i Alaska, Kanada och Sibirien. På den kanadensiska prärien har växtzonerna flyttats 7–15 mil norrut. Växtsäsongen har förlängts med tio dagar. Björkar dör i delar av östra Kanada och nordöstra USA på grund av de allt högre sommartemperaturerna. Även barrträd drabbas. Många fåglar och däggdjur har flyttat norrut såväl i Nordamerika som i Europa. Opossum finns nu i norra USA. 25 nya fågelarter har sedan 1918 invandrat till Grönland. Torsk har ersatt säl längs Grönlands kuster och eskimåerna fiskar nu torsk istället för att jaga säl. Tonfisk har vandrat upp till New Englands vatten. Tropiska flygfiskar har blivit allt vanligare utanför New Jersey. I Antarktis har temperaturen gått upp med drygt 2 grader på 50 år. I tropikerna har det dock inte skett några temperaturförändringar och några få områden, som de centrala delarna av Sydamerika och Nordamerikas västkust, har fått lägre temperaturer. Även i USA har temperaturen gått ner något sedan mitten av 1950-talet."*

Dorf gjorde också en tillbakablick och berättar om den medeltida värmeperioden runt år 1000, då vikingar bosatte sig på Grönland, odlade grödor och hade boskap. Det varma klimatet gjorde det också möjligt att odla vindruvor i England. Så småningom blev det kallare. Glaciärer, inte minst i Europa, växte. Enligt Dorf varade lilla istiden fram till mitten av 1800-talet. Att temperaturen på Antarktis stigit med 2 grader får dock tas med stor reservation. Temperaturmätningar som sträckte sig 50 år bakåt i tiden hade, när Dorf skrev sin rapport, endast skett på enstaka platser och relativt sporadiskt.

Även om den globala uppvärmningen var ett etablerat faktum i mitten av 1950-talet fanns det ingen större diskussion om orsaken. Det hade dock funnits enstaka röster som varnat för att utsläppen av koldioxid leder till uppvärmning och i slutet av 1950-talet lyfts frågan om människans påverkan på klimatet.

Växthuseffekten

Solen strålar mot jorden. En del av solens strålar reflekteras tillbaka ut i rymden, av snö, is, moln och partiklar i luften, utan att de kortvågiga solstrålarna omvandlas till värme. Resten av den inkommande strålningen från solen värmer upp jordytan och i viss mån luften närmast jordytan. En uppvärmd kropp utstrålar värme och därför strålar värme ut från jorden och försvinner ut i rymden. Eftersom värmestrålning är långvågig bromsas den upp på sin väg ut från jorden av vattenånga, koldioxid och andra växthusgaser som finns i luften ovanför markytan. Även vattendropparna i molnen hindrar värmestrålningen på dess väg ut. En del av den värmestrålning som växthusgaserna tar upp, eller som hindras av moln, strålar tillbaka ner mot jorden. Det är det här som kallas växthuseffekten.

Växthuseffekten gör klimatsystemets temperatur jämnare och höjer medeltemperaturen.

För att jordens medeltemperatur ska hållas konstant måste lika mycket värme stråla ut från klimatsystemet som den inkommande strålningen tillför. Strålning handlar om transport av energi. Man kan därför också säga att lika mycket energi måste försvinna ut i rymden som den inkommande solstrålningen för med sig för att den globala medeltemperaturen ska hållas konstant. Tillför solstrålarna mer energi än den som strålar ut höjs jordens medeltemperatur.

Tyndalls experiment

I mitten av 1800-talet hade John Tyndall, forskare från Irland och verksam i London, genom experiment visat att koldioxid absorberar värmestrålning. Mer koldioxid i luften leder då till att utstrålningen av värme bromsas upp. Förändringar i mängden koldioxid i luften (och andra gaser som senare har kommit att kallas växthusgaser) rubbar den balans som finns mellan inkommande och utgående strålning, och det är förklaringen till varför jordens klimat skiftar, menade Tyndall. När andelen växthusgaser i luften ökar stiger den globala medeltemperaturen. Teorin utvecklades sedan av Svante Arrhenius några tiotal år senare. Teorin föll dock mer eller mindre i glömska.

I slutet av 1930-talet kopplade en brittisk ingenjör, Guy Stewart Callendar, ihop de smältande glaciärerna med förbränning av kol och olja, utan att få gehör. Forskare vid den här tiden menade att vattenångan i luften redan absorberar all den värme som strålar ut och som koldioxiden teoretiskt skulle kunna absorbera, alltså hade en ökad koldioxidhalt i praktiken ingen betydelse. Gilbert Plass, kanadensisk fysiker verksam i USA, förändrade den bilden i en serie artiklar under 1956. Han visade att koldioxid absorberar värme som vattenångan inte tar upp. Istället för att stå bakom varandra och täcka samma yta (samma våglängder) täcker koldioxiden delvis en yta som vattenångan inte täcker. Det gör att koldioxiden har betydelse. En fördubbling av koldioxidhalten i luften kommer att ge en temperaturökning på 3,6 grader menade Plass, som förutspådde att den globala temperaturen skulle stiga med 1,2 grader under 1900-talet. Plass fick stöd av andra forskare, men också mothugg. En av kritikerna, meteorologen Fritz Möller, konstaterade följande: *"Koldioxidens påverkan på den långvågiga strålningen tycks uppenbar eftersom dess fysikaliska mekanismer är relativt väl förstådda. Däremot är det mycket svårare att tolka dess meteorologiska betydelse och effekter"*. Han skriver i en vetenskaplig artikel att det finns annat än koldioxid som påverkar strålningsbalansen, balansen mellan inkommande och utgående strålning, exempelvis moln. En liten ökning av mängden moln, som reflekterar den inkommande strålningen, kan neutralisera en ökning av koldioxidhalten, menade Möller. Hans slutsats var att teorin att variationer i koldioxidhalten leder till klimatförändringar är *"mycket diskutabel"*.

Fram till andra världskriget var utsläppen av koldioxid och andra växthusgaser begränsade och ökningen av koldioxidhalten i luften var liten. Under årtiondet efter andra världskriget böjs den kurva som visar koldioxidhalten i luften tydligt uppåt. Det var vid den här tiden som det skedde en stark ekonomisk utveckling i framförallt Nordamerika, Europa och Japan. Konsumtionen och därmed också industriproduktionen växte och bilen gjorde sitt segertåg. Användningen av fossila bränslen ökade kraftigt. Forna östblockets industri bidrog också till att utsläppen av koldioxid stack iväg uppåt. Samtidigt som koldioxidutsläppen tog fart och Plass satte fokus på växthusgaserna, kom allt fler tecken på att uppvärmningen hade stannat av.

När vi kommer in i 1960-talet är ännu en klimatförändring på gång. Den här gången handlar det om en global avkylning.

Det skedde en snabb och global uppvärmning under 1900-talets första hälft. Glaciärer smälte och ekosystem förändrades.

Under perioden inträffade en rad extrema väderhändelser, betydligt extremare än de som vi upplevt under 2000-talet: Det globala temperaturrekordet, den stora översvämningen i Kina 1931, den globala torkan 1934, Dust Bowl och 25 grader under den antarktiska vintern för att nämna några.

2 Global avkylning

”What mankind needs is a war against cold, rather than a cold war”
Petr Mikhailovich Borisov

Ny istid på gång

I oktober 1955 kunde The New York Times rapportera att glaciärerna i nordvästra USA hade börjat växa för första gången på 100 år. På några år förändrades berättelsen om klimatet. Den som hade handlat om smältande glaciärer och dränkta kuststäder fick nu ett helt nytt innehåll. Det började talas om avkylning och kommande istid. När växthusgaserna under första delen av 1900-talet endast ökade marginellt skedde en snabb uppvärmning. När utsläppskurvan böjdes brant uppåt under 1950- och 1960-talen accelererade inte uppvärmningen, vilket hade legat nära till hands att misstänka. Istället blev det allt kallare.

Den 30 januari 1961 rapporterade The New York Times att klimatspecialister från en rad länder varit samlade och de var överens om att det håller på att bli kallare. Orsaken var man dock oense om. Var det på grund av solen, industrirök eller förändring i jordens bana runt solen? Tre år senare samlades ett 40-tal forskare från en rad länder till ett möte i Aspen, USA. De kom fram till samma slutsats. Efter lilla istiden, som enligt de församlade forskarna varade mellan 1550–1850, blev det varmare. Temperaturen steg fram till 1940-talet och sen dess har det blivit kallare.

The Boston Globe hade den 16 april 1970 rubriken ”Scientist predicts a new ice age by 21st century”. Orsaken var utsläppen av partiklar i luften som reflekterade solens strålar.

Den 18 juli 1970 berättade The New York Times att såväl USA som Sovjetunionen var i färd med att organisera storskaliga undersökningar för att klargöra varför Arktis klimat blivit frostigare, varför isen i delar av Arktis blivit olycksbådande tjock och om utbredningen av istäcket kunde bidra till en ny istid. Ett stort antal bemannade och obemannade mätstationer skulle placeras ut på packisen. Atomubåtar, flygplan och satelliter skulle också användas i projektet. Tidningen skrev att det i framtiden skulle behövas dubbelt så starka isbrytare som dagens atomdrivna för att kunna bemästra isförhållandena norr om den sovjetiska kusten.

I början av 1972 hölls en klimatkonferens, The Present Interglacial, How and When Will it End?, vid Browns universitet i USA där 42 av USA:s och Europas främsta klimatforskare deltog. De menade att avkylningen troligtvis hade naturliga orsaker, men att människans utsläpp av partiklar kan ha bidragit. De fann situationen så alarmerande att de senare skickade ett brev till president Nixon. I brevet varnades för att världen gick mot kyligare tider och att det kunde få katastrofala följder.

Sverige märkte också av klimatförändringarna. 1960-talets vintrar var de kallaste sedan 1800-talet och 1980-talets vintrar de näst kallaste (SMHI). Det allt kyligare klimatet blev också ett återkommande tema i svensk media, framförallt under 1970-talet. Läsarna bjöds på rubriker som ”Ny istid är på väg tror väderforskare” (Göteborgsposten), ”1983 börjar en ny istid” (Expressen), ”Vi går kanske mot en ny istid” (SvD), ”En ny istid är över oss” (DN) och ”Rapport från en ispropp” (DN). Ofta var det brittiska källor som åberopades.

Professor Lamb vid klimatologiska forskningscentret i Storbritannien menade att det som höll på att hända var det största skiftet i världsklimatet på 300 år. Han trodde att förändringarna hade samband med de växande ismassorna runt Nordpolen och den allt sydligare utbredningen av isen. Den extremt stora ismängden i polarhaven 1968 och minskningen av antalet förekommande västvindar sågs som spektakulära manifestationer av ett allt bistrare klimat.

"Rymdsatelliter visar att en ny istid kommer snabbt" var rubriken på en artikel i The Guardian i januari 1974. I artikeln berättas att forskare från Columbia University i New York med hjälp av satellitdata har kunnat visa att de globala snö- och istäckena ökade med 12 procent under perioden 1967 till 1972. Resultaten ligger i linje med annan forskning skriver artikelförfattaren, men att is- och snötäckenas snabba tillväxt ändå förvånar.

Jag har tidigare berättat att Koch- och Framindexen visar att havsisen i norr ökar kraftigt från åren runt 1960 och framåt. En rad studier visar att havsisen norr om Ryssland växer från 1950-talet fram till 1980-talet. Även på den kanadensiska sidan av Norra ishavet blir det mer is under den här tiden. Flera studier om isens utbredning norr om Kanadas fastland tar avstamp i 1968 eftersom det finns bra data från det året och framåt. Mudryck tittade på fyra stora områden. I ett av dessa ökar isens utbredning från 1968 fram till mitten av 1970-talet då utbredningen når en topp. I två av områdena nås toppen först i början av 1990-talet och i ett område märks ingen trend. Gemensamt är att från början/mitten av 1990-talet minskar isens utbredning. Brown och Cote analyserade mätningar av isens tjocklek på fyra platser i norra delen av den arktiska skärgården under perioden 1950–1989 och fann att på två platser ökar isens tjocklek fram till 1980-talet, på en plats vänder den uppåtgående trenden redan under 1970-talet och på en plats syns ingen tydlig trend.

Sedan början på 1970-talet mäts isens utbredning med hjälp av satellit och i de tre första stora rapporterna om klimatförändringar som IPCC, FN:s klimatpanel, presenterade 1990, 1995 och 2001 finns det med grafer som visar att isens utbredning i Arktis ökar under 1970-talet. Mest is är det runt 1979, men även under 1980-talet har

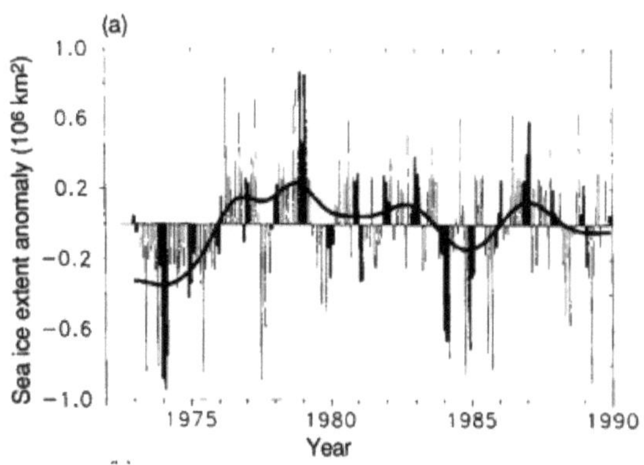

Förändringar i Arktis istäcke enligt IPCC:s rapport 1990. I de senaste rapporterna från IPCC har man valt 1979 som startår för att beskriva havsisens utveckling i Arktis.

havsisen stor utbredning i norr. Satellitmätningarna börjar med andra ord i slutet av den period då isen växer till.

1974 vittnade Reid Bryson inför senaten i USA. Han var chef för institutet för miljöstudier vid Wisconsinuniversitetet och en av världens ledande klimatforskare. Hans budskap var att klimatet förändras åt ett icke önskvärt håll. En halv miljard människor kan komma att dö av svält innan århundradet tar slut. Polarvindarna har expanderat och det har påverkat vindarna över hela världen. Exempelvis har de vindar som för med sig monsunregnen ändrats. Vädret har blivit mer extremt med torka och översvämningar och värre blir det, berättade Bryson. Isen växer till sig runt polerna. Temperaturen i atmosfären har sjunkit med över 1 grad globalt sedan slutet av 1940-talet. Boven, menade Bryson, är det moderna jordbruket, som gör att fler partiklar hamnar i atmosfären. Partiklar som reflekterar en del av den inkommande solstrålningen.

En extrem väderhändelse, "The Super Outbreak of April 3-4", inträffade 1974 i USA. På ett dygn drabbades landet av 148 tornados, 333 personer omkom, fler än 6 000 skadades och åtskilliga tusen förlorade sina hem (NOAA).

"En ny istid?" var rubriken i en artikel i Time den 24 juni 1974 och den börjar så här: *"I Afrika fortsätter torkan för sjätte året i följd och på ett fruktansvärt sätt adderar den antalet svältoffer. De re-*

kordstora regnmängderna i delar av USA, Pakistan och Japan under 1972 orsakade de värsta översvämningarna på flera hundra år." Det berättas vidare att under de senaste 30 åren har den globala temperaturen sjunkit med 1,5 grader och att ingen vändning är i sikte. Ett exempel på det allt kyligare klimatet är att Baffin Island, norr om Kanada, nu har snö året om. Nyligen hade somrarna varit snöfria.

I november 1974 visade BBC programmet Vädermaskinen, en dokumentär om klimatet. Med utgångspunkt från programmet och en artikel i tidskriften Nature skrev Svenska Dagbladet följande: *"Istid hotar oss. I Norden kan vi plötsligt bli "blitzade" av enorma snömassor som begraver Nordeuropa under ett allt tjockare täcke av is. De moderna istidsforskarna har gjort nya rön som visar att vi inte alls går säkra. Nedisningen kan gå mycket snabbt. Hotet om nya istider kan jämställas med vätebomber med massdöd för mänskligheten. Snö-blitzar under en kall sommar kan frysa ner stora områden och bygga upp väldiga ismängder på slätter likaväl som i bergstrakter.*"The Guardian illustrerade den 20 november 1974 de kommande vargavintrarna med en teckning föreställande vargar framför parlamentsbyggnaden i London.

Under 1975 kom en rad artiklar i tidningar och tidskrifter som Chicago Tribune, Newsweek och The New York Times med rubriker som "Ice age coming? Chilling thought for humanity", "The cooling world" och "B-r-r-r-r: New Ice Age on way soon?".

Under det senaste årtiondet har packisen runt Island blivit ett problem för sjöfarten. För första gången det här århundradet har fartyg på väg till Island fastnat i drivisen. Bältdjuren i den amerikanska västern är på reträtt söderut. Andra värmeälskande djur följer samma mönster. En del forskare menar att vi är på väg mot en ny lilla istid då Themsen ibland frös så att Londonborna kunde grilla oxar på isen och isbåtar seglade på Hudsonfloden nästan ända ner till New York. Allt enligt Newsweek.

Science News hade den 1 mars 1975 en artikel med rubriken "Climate Change: Chilling Possibilities". Artikeln byggde på en intervju som Science gjort med C. C. Wallen, som var chef för the Special Environmental Applications Division, World Meteorological Organization (WMO). Enligt WMO hade avkylningen sedan 1940 talet varit *"large enough"* och *"consistent enough"* och det var inte troligt att det skulle ske en återgång till det varmare klimat som rådde i början på 1900-talet, åtminstone inte i närtid. Avkylningen innebar också ett extremare klimat.

De olika tidningarna berättade ungefär samma historia. Från 1885 och fram till 1940-talet steg den globala medeltemperaturen. Det varma klimatet under första delen av 1900-talet hade varit exceptionellt gynnsamt för det globala jordbruket. Det mest gynnsamma på tusen år och en viktig anledning till att jordens befolkning hade fördubblats. Sedan 1940-talet hade dock temperaturen sjunkit. På norra halvklotet med mellan 0,5 och 1 grad. Uppskattningarna skiljde sig något åt. Framförallt var det i norr som temperaturen åkt berg- och dalbana. Avkylningen hade lett till mer extremt väder, som torka, översvämningar och långa köldknäppar.

Översvämningar i Bangladesh. Förödande torka i Västafrika. Saharas sandområden breder ut sig. Dåliga skördar i Ryssland. I England har bönderna märkt hur växtsäsongen minskat med två veckor sedan 1950. De västliga vindarna i norra Europa minskar. Det cirkulära rörelsemönstret i övre atmosfären håller på att förändras. Översvämningar i Mellanöstern och Nordafrika. Monsunbältet har dragit söderut. Indien drabbas omväxlande av översvämningar och torkperioder. Väderhändelser som pekar på ett allvarligt och växande problem, nämligen ett väder som inte längre följer gamla mönster. Det var en dyster bild som målades upp under 1970-talets första hälft. Hela klimatsystemet höll på att förändras.

Global dimma

Även om teorierna om varför det blev kallare var många var forskarna nu medvetna om att människan kan påverka klimatet på olika sätt, både i uppvärmande och i avkylande riktning.

Utsläpp av koldioxid värmer, medan utsläpp av partiklar har en avkylande effekt, eftersom partiklar kan reflektera en del av den inkommande solstrålningen. Allra effektivast att stänga ute de värmande solstrålarna är svavelpartiklar som kommer från eldning av kol och olja, men som också sprids vid vulkanutbrott. Dr S.I. Rasool och S.H. Schneider vid NASA konstaterar i en studie publicerad 1971 att klimatpåverkan från såväl partiklar som koldioxid har kunnat beräknas med hjälp av modeller, simulerade på datorer. Modellerna kom fram till att en fördubbling av koldioxidhalten i luften borde leda till en temperaturökning på 0,8 grader. Om koldioxidhalten fortsatte att öka skulle dock dess påverkan inte öka i samma grad. Till slut skulle en fortsatt ökning av koldioxidhalten inte längre få någon effekt på temperaturen. Temperaturökningen skulle inte överstiga 2,5 grader även om koldioxidhalten blev tio gånger högre. För partiklarnas del hade datorberäkningarna kommit fram till en betydligt snabbare och större påverkan. Fyra gånger fler partiklar skulle sänka temperaturen med 3,5 grader. En så stor global avkylning är antagligen tillräcklig för att starta en process som leder till en ny istid, enligt Rasool och Schneider.

Ökningen av partiklar i luften som reflekterar bort solljus kan mycket väl förklara sänkningen av temperaturen på 0,5 grader som skett sedan 1940-talet. Det skriver Pierre Welander, som då var biträdande professor i oceanografi i Göteborg, i DN den 20 maj 1970. Temperaturen sjunker med en grad för varje procent solljus som reflekteras bort. Något som kan öka temperaturskillnaderna mellan pol och ekvator, vilket i sin tur kan ge starkare stormar över Sverige. Han pekar på att nedsmutsningen av luften är av två slag, dels partiklar och dels *”utsläpp av kolsyra”*. Båda ger, enligt teoretiska beräkningar, effekt på strålningsbalansen. Partiklarna reflekterar solljus och kyler, medan kolsyra skapar en *”drivhuseffekt”* som värmer. Welander redogör med andra ord för det som styr den globala medeltemperaturen, balansen mellan instrålning och utstrålning. Han skriver i artikeln att det är en viktig uppgift för forskningen att klargöra orsakerna till de observerade klimatförändringarna, men att grundforskningen vid universiteten i Sverige är eftersatt. Staten har istället satsat på forskning genom SMHI och Naturvårdsverket, vilket är olyckligt.

Det fanns mätresultat som stödde teorin att det var människans utsläpp som var en huvudorsak till avkylningen. Mätresultat visade att damm från exempelvis sovjetiska Centralasien hade ökat kraftigt sedan 1930-talet. Även över Stilla havet uppmättes fler partiklar. Mätningar avslöjade också att den inkommande solstrålningen minskade. Det låg nära till hands att dra slutsatsen att avkylningen berodde på luftföroreningar orsakade av människan. Fenomenet kom att kallas ”global dimming”.

Temperaturkurva som Matterhorn

National Academy of Science (NAS), USA, kom 1975 med rapporten, Understanding Climate Change: A Program for Action. Ett stort antal av USA:s ledande klimatforskare hade varit med och arbetat fram rapporten. NOAA hade bidragit med flera forskare, bland andra Syukuro Manabe, ett namn jag återkommer till.

I rapporten berättas att klimatet har varierat under historisk tid. Såväl den medeltida värmeperioden som lilla istiden beskrivs. Rapporten slår fast att det skedde en global uppvärmning från 1880-talet till 1940-talet och sen en avkylning. I rapporten hänvisas bland annat till Starr och Oort 1973 som kom fram till att det blev 0,6 grader kallare på norra halvklotet mellan 1958 och 1963. NAS presenterar också en temperaturkurva som påminner om berget Matterhorn. En spets runt 1940 och branta sluttningar på båda sidor. Kurvan visar att det var närmare 0,8 grader varmare på norra halvklotet runt 1940 än på 1970-talet.

NAS skriver att jordens klimat alltid har förändrats och att den avkylning som pågår mycket väl kan vara ett steg mot en ny istid. NAS flaggar för att det kan bli mycket kallare, *”serious worldwide cooling”*, inom en 100-årsperiod, men tar också upp att människan påverkar klimatet, dels genom partiklarna som kyler och dels genom utsläppen av koldioxid som värmer, vilket gör att klimatet kan ta andra vägar, men att i dagsläget har partiklar och koldioxid ingen dominerande roll. NAS tar också upp en rad andra faktorer som kan påverka klimatet, som avskogning, allt fler dammar som kan öka avdunstningen, urbaniseringen, utsläpp från flygplan och spillvärme från kärnkraften. Spillvärmen har i nuläget liten betydelse, men kan få stor betydelse när vi kommer fram till mitten av 2000-talet, enligt NAS.

Det som NAS framförallt pekar på i sin rapport är dock bristen på data och bristen på kunskap om klimatsystemet. NAS hoppas på att en ny generation av atmosfärforskare ska öka kunskapen med hjälp av nya "verktyg" som datorer, numeriska modeller och satelliter. Rapporten slutar med meningen: *"Again, the clear need is for greatly increased research."*

Det publicerades ett antal studier som handlade om temperaturutvecklingen på norra halvklotet och de flesta hade samma budskap som temperaturkurvan från NAS. En uppvärmning på 0,6–0,8 grader från slutet av 1800-talet till början av 1940-talet, därefter en avkylning. Mitchell kom till slutsatsen att det skett en global uppvärmning under första delen av 1900-talet på ungefär 0,6 grader, och en global avkylning på 0,3 grader från 1940-talet och framåt. Mitchell använde samma metod som Willet men korrigerade för att rutorna är större närmare ekvatorn. Mitchell menade därför att Willet gett för stor tyngd till mätstationerna närmast polerna.

Det skedde en snabb avkylning runt 1960 enligt den temperaturkurva för åren 1957–1972 som Yamamoto presenterade.

En global avkylning var också något som exempelvis Cimorelli och House och Flohn utgick från i sina studier. Cimorelli och House menade att partiklarna var orsaken medan Flohn ansåg att avkylningen berodde på naturliga svängningar i klimatet.

Angell och Korshover från NOAA publicerade 1978 en studie där de visar en att den globala temperaturen hade sjunkit med 0,6 grader sedan 1960. Framförallt sjönk temperaturen under första delen av 1960-talet och en orsak, enligt artikelförfattarna, var vulkanen Agung på Bali i Indonesien. Agung hade ett kraftigt utbrott 1963 och 1964 blev ett kallt år. Angell och Korshover baserade sina temperaturkurvor på ett nätverk bestående av 63 radiosondstationer (väderballonger) väl spridda runt om i världen, från Antarktis i söder till Arktis i norr. De kallaste åren var 1964 och 1976. Det gällde såväl marktemperaturer som temperaturerna i den nedre delen av atmosfären. Temperaturkurvorna i artikeln sträcker sig en bit in på 1977 och visar att 1977 tycks bli ett varmare år än 1976, vilket det också blev. Den globala temperaturen hade varit nere och vänt, men det visste man inte då. Angell och Korshover uppdaterade sin studie 1983 och i den nya studien har trenden vänt och temperaturen är på väg upp. Temperaturkurvorna i studien visar att den största avkylningen under åren från slutet av 1950-talet fram till mitten av 1970-talet skedde på södra halvklotet. Enligt de flesta andra studier skedde den största avkylningen på norra halvklotet.

Det skiljer lite mellan sifforna i de olika forskarnas temperaturkurvor, men vi kan nog utgå från att trenderna stämmer. De uppmätta temperaturerna och naturens termometrar ger samma bild. Det skedde en global avkylning från mitten av 1900-talet.

Vulkanutbrott, människans utsläpp av partiklar och naturliga klimatsvängningar var de dominerande förklaringarna till avkylningen.

Avkylning ökar risken för torka

Under 1970-talet kopplade forskarna samman ett kallare klimat med ökad risk för torka. De tyckte sig också se bevis, framförallt då i Sahel, området söder om Sahara. Från 1968 till 1973 uteblev regnen så gott som helt, från Atlantkusten till Afrikas horn. När klimatet blir kallare blir vädret mer nyckfullt, menade forskare från Japan, Europa och USA som i januari 1974 var samlade till ett möte. De föreslog att sex miljoner människor skulle evakueras från Sahelregionen i Afrika för att fly undan torkan. Sex miljoner motsvarade ca 75% av Nigers och Tchads samlade befolkning i början av 1970-talet. Idag bor det 20 miljoner enbart i Niger.

NOAA rapporterade 1974 om sex års torka i länderna söder om Sahara och räknade upp Tchad, Gambia, Mali, Mauretanien, Niger, Senegal och Övre Volta (Burkina Faso). En torka som enligt NOAA var på väg att sprida sig till Etiopien, Egypten, Kenya, Nigeria, Tanzania m.fl. länder. NOAA varnade också för att avkylningen skulle leda till fler torkperioder i exempelvis Indien. Fram tills uppvärmningen tog fart i slutet av 1800-talet drabbades Indien av svår torka ungefär vart fjärde år. Under 1900-talets första hälft, då klimatet var varmare, inträffade torkperioder i genomsnitt vart 18:e år och nu fanns farhågor, enligt NOAA, om en återgång till ett kallare och mer nederbördsfattigt klimat (NOAA Magazine October 1974).

Under tre decennier, från 1960-talet och framåt, drabbades området söder om Sahara av återkommande torkkatastrofer. Den torka som drabbade Etiopien och Sudan 1983–1985 krävde minst 500 000 människors liv, enligt CRED, Centre for Research on the Epidemiology of Disasters. FN har uppskattat att det handlade om 2 miljoner. En förklaring till att siffrorna skiljer sig åt är att det är svårt att bedöma vad som kan tillskrivas torka och vad som kan tillskrivas konflikter i området.

Den svält som torkan orsakade i Etiopien och Sudan fick stor uppmärksamhet. TV-bilder berörde människor runt om i världen. Inför julen 1984 spelade ett antal av Storbritanniens och Irlands mest kända musiker, som Paul McCartney, Bono, George Michael, Boy George, Phil Collins, Bob Geldof, Sting m.fl., in Do they know it's Christmas?. Intäkterna gick till de svältdrabbade. Band Aid som projektet kallades följdes upp sommaren 1985 med Live Aid, två konserter, en i London och en i Philadelphia, USA. Listan på artister som uppträdde på de två scenerna var lång och innehöll de flesta av den tidens stora, som Bob Dylan, Queen, Mick Jagger, Neil Young och Santana. Livesändningen från konserterna sågs uppskattningsvis av närmare en halv miljard människor i 60 länder.

Matbrist och kärnvapenkrig

Det som mest oroade med klimatförändringarna (avkylningen) var att maten inte skulle räcka till. Ett kallare och ett mer extremt väder skulle leda till matbrist och social oro runt om i världen.

I augusti 1974 kom CIA med en rapport som målade upp en dyster framtidsbild. CIA skriver: *"Ett antal meteorologiska experter tror på en återgång till det kallare klimat som rådde på 1800-talet. Att det abnormt goda väder som rådde mellan 1930 och 1960 nu är slut. En övergång till kallare väder betyder också ett mer våldsamt väder, med frostnätter när det borde vara varmt, värmeböljor, stormar och översvämningar. Det blir också mer regn i vissa områden och mindre i andra. Det är risk för att monsunregnen ibland uteblir i södra Kina, Indien och Västafrika. Europa kommer att få ett kallare och hårdare klimat."* En del av CIA:s rapport handlar om de konsekvenser det kallare klimatet skulle få på produktionen av mat. Växtsäsongen skulle komma att bli kortare i spannmålsproducerande länder som Sovjet och Kanada. I USA och Argentina skulle odlingsområden flyttas söder- respektive norrut.

Minskad växtsäsong i länder som Kanada, Ryssland och delar av Kina, samtidigt som monsunen uteblir, leder till minskad matproduktion i världen och därmed högre matpriser, skriver CIA. Många länder i tredje världen kommer att bli mer beroende av matimport från USA. Även länder som Kina, Sovjet och länder i södra Asien kommer att bli tvungna att importera spannmål. Om avkylningen blir markerad och håller i sig kommer det att bli matbrist i världen. Resultatet blir ökad dödlighet av svält och politisk och ekonomisk instabilitet i de flesta fattiga länder. USA kommer att öka sin dominans när det gäller spannmål. Om skörden blir normal kommer USA till stor del kunna exportera tillräckligt med mat till övriga världen, men om skörden slår fel i USA kan konsekvenserna bli stora folkomflyttningar, där våld används som medel för att nå målen. Det är heller inte otänkbart att kärnvapen kan komma att användas i utpressningssyfte. *"Migration backed by force would become a very live issue. Nuclear blackmail is not inconceivable"*, enligt CIA:s rapport.

The New York Times berättade i augusti 1974 att ett antal klimatexperter haft ett möte i Bonn i Västtyskland och enhälligt förklarat att klimatförändringarna är ett stort hot mot det globala jordbruket och kan leda till massvält.

I den ovan nämnda NOAA Magazine October 1974 varnades för en global livsmedelskris på grund av avkylningen och torkan. Temperaturen på norra halvklotet har sjunkit med en halv grad, växtsäsongen i England är nu två veckor kortare än på 1940-talet och på Island har höskörden minskat med 25 procent. Om det är en temporär trend, som vissa forskare tror, eller om det är början till en ny lilla istid vet vi inte, och vi kanske aldrig får veta, enligt artikeln.

Om det blir som pessimisterna tror blir förändringarna stora och hungersnöden kan bli katastrofal. I Afrika, Indien och stora delar av Sydostasien kan undernäring och svält bli mångdubbelt värre än idag, skrev Chicago Tribune 1975. The Canberra Times gjorde följande sammanfattning i juli 1976: *"Den nya klimateran utlovar hungersnöd och svält till många av jordens områden. Kina och Sovjet bland många andra nordliga länder kommer att ha svårt att mätta sin befolkning. Indien kommer att få torka och kan på sin höjd föda tre fjärdedelar av sin befolkning."*

Brown konstaterade i en studie från 1976 att växtsäsongen i USA:s majsbälte hade minskat med 27 dagar under de senaste 30 åren.

Stewart och Glantz menade att den gröna revolutionens optimism tog slut runt 1970, när torkan slog hårt mot matproduktionen i Sovjetunionen, Kina, Centralamerika, Sahel, östra Afrika och Australien.

Många forskare tyckte att politikerna måste agera, framförallt vidta åtgärder för att trygga livsmedelsförsörjningen.

"Det finns få tecken på att ländernas ledare ens är beredda att vidta en så enkel åtgärd som att lagra mat. Ju längre politikerna dröjer, desto svårare blir det att klara av klimatförändringarna när de väl blir grym verklighet", skrev Newsweek i april 1975.

Damm över Berings sund

Det framfördes en rad mer eller mindre fantasifulla förslag om hur klimatet i norr skulle mildras. Ett gick ut på att lägga en tunn hinna av alkohol på norra delarna av Golfströmmen. Alkoholen skulle hindra det varma vattnet, som golfströmmen för med sig, att avdunsta. Därmed skulle havsvattnet i Arktiska oceanen bli varmare och isens utbredning hindras. Ett annat förslag gick ut på att sota ner det arktiska istäcket. Vit snö och is reflekterar mer av de inkommande solstrålarna. När snö och is blir mindre vit absorberas mer värme. Redan 1970 framfördes förslag om att sprida ut kolstoff över havsisen i norr. Ett tredje förslag var att leda om några av de stora ryska floderna som mynnar ut i Arktiska oceanen. Om floderna istället rann söderut skulle havsvattnet i Arktis bli mer salt och istäcket skulle därmed minska. Tanken var också att kunna använda flodvattnet till bevattning. I sovjetiska ögon skulle man slå två flugor i en smäll. En rysk akademiker vid namn Petr Mikhailovich Borisov propagerade under många år för att det skulle byggas en damm över Berings sund. Den skulle vara 8 mil lång, gå ner till 70 meters djup och förankras i havsbottnen. Planen var att pumpa vatten över dammen, från Arktiska oceanen och ut i Berings hav och Stilla havet. På så sätt skulle ytlagret där sötvatten från floderna spätt ut saltvatten reduceras och lämna plats för salt vatten från Atlanten, med minskad isläggning som resultat. Pumparna skulle drivas av kärnkraftverk. Borisov myntade devisen: *"What mankind needs is a war against cold, rather than a cold war"*.

Inför en konferens i Vladivostok i november 1974, där såväl sovjetiska ledare som USA:s president, Gerald Ford, skulle delta, spekulerades det i media om frågan om en damm över Berings sund skulle komma upp på dagordningen. "Russ-US may dam Bering Sea" var exempelvis rubriken i Ukiah Daily Journal den 20 november. Enligt medieuppgifter hade USA och Sovjet diskuterat ett sådant bygge under ett par års tid i syfte att förhindra ett allt kallare klimat.

Idén om en storskalig förändring av klimatet var något nytt, men i liten skala hade man experimenterat med att försöka förändra klimatet sedan 1946, då Vincent Schaefer och Irving Langmuir upptäckte att man kan så "kondensationsgroddar" i moln med "torris" för att på så sätt starta en process som leder till regn eller snö.

En del av de förslag till åtgärder som idag föreslås för att minska effekterna av en global uppvärmning är lika fantasifulla som de förslag som då framfördes för att mildra kylan. En holländsk forskare har exempelvis föreslagit att Yukonfloden ska ledas om, så att den rinner ut i Norra ishavet, istället för Stilla havet. På så sätt tillförs mer sötvatten till Norra ishavet och därmed underlättas isläggningen.

Det fanns de som redan på 1970-talet föreslog åtgärder för att minska en kommande global uppvärmning. Mikhail Budyko, sovjetisk forskare, var en av dem som hävdade att avkylningen var av tillfällig art och att den skulle följas av uppvärmning orsakad av utsläppen av växthusgaser. Budyko ville hindra uppvärmningen genom att sprida svavelpartiklar i stratosfären, en "filt" av partiklar som skulle reflektera inkommande solstrålning och därmed kyla jorden.

Vändningen

1977 blev, som nämnts, betydligt varmare än 1976. Den globala medeltemperaturen tog ett skutt uppåt.

Även i den vetenskapliga klimatdebatten skedde en svängning, eller åtminstone en utjämning, i slutet av 1970-talet. Växthuseffektteorin tog större plats. En del forskare bytte snabbt åsikt, från att ha varnat för en kommande katastrof på grund av kallare klimat, till att förutspå hotande havsytehöjningar på grund av uppvärmning. Stephen Schneider, tidigare nämnd och i mitten av 1970-talet klimatforskare vid National Center for Atmospheric Research i Boulder (Colorado), är ett exempel. 1975 höll han ett föredrag vid ett möte anordnat av American Association for the Advancement of Science. Schneider sa då att om det kalla klimatet skulle fortsätta att tära på de globala spannmålsreserverna skulle det leda till politiska spänningar mellan länder som har tillräckligt med mat och de som inte har. Spänningar som skulle få det arabiska oljeembargot att framstå som tamt i jämförelse. Han förespråkade därför en ”world food security plan”. Annars fanns risk för terrorism och utpressning med hjälp av kärnvapen, enligt Schneider.

1976 kom Schneider med boken "The Genesis Strategy: Climate and Global Survival", i vilken berättas att perioden 1930 till 1960 var mycket gynnsam för det globala jordbruket och nu kommer det att bli kallare. Han varnar för hungersnöd och föreslår att USA ska bygga upp stora förråd av spannmål. Han beskriver också i boken hur han 1974 försökt varna Vita huset, men talat för döva öron. Framtidsutsikterna är inte alls goda. Det kommer att bli kallt, bli missväxt och i vissa områden på jorden svält. Det är en fråga om statistik, skriver Schneider. Han tar också upp att utsläppen av koldioxid kan komma att värma upp jorden. Det nämns mer i förbigående och är inte bokens huvudtema.

Två år senare, vid ett nytt föredrag inför American Association for the Advancement of Science, berättade Schneider att Västantarktis kan komma att smälta på grund av den av människan orsakade globala uppvärmningen. En process som kan ta sin början innan detta århundrade är slut. Det kan leda till att havsytan höjs med mellan 5 och 8 meter. Något som kan komma få dramatiska effekter på den amerikanska kustlinjen.

Alla var dock inte lika snabba att ändra åsikt. Snarare präglades debatten under andra delen av 1970-talet av osäkerhet. National Geographic hade i november 1976 en artikel med rubriken ’What’s happening to our climate?”, där det konstateras att Alaskas glaciärer växer och att de flesta forskarna menar att det är ett tecken på en global avkylning. I artikeln poängteras dock den osäkerhet som råder om det framtida klimatet. Blir det varmare eller kallare?

Sydsvenska Dagbladet hade den 8 november 1977 en artikel med rubriken ’Vi går mot en ny istid”. I artikeln berättas att för 5 000 år sedan växte ek i Jämtland och hassel i Norrland. I våtmarkerna levde kärrsköldpaddan som idag inte finns norr om de mellersta delarna av Tyskland. I artikeln sägs också att satellitbilder visar att snö och istäcken växer på norra halvklotet och att den solenergi som jordytan mottar har minskat med 8 procent. Vi lär vara på väg mot en ny istid, men, skriver artikelförfattaren, det har tillkommit en faktor som påverkar klimatet, människan, som bidrar med två mekanismer, en som kyler och en som värmer. Den första beror på stoft- och dammföroreningar som människan släpper ut i luften och som hindrar solens strålar. Den andra är drivhuseffekten som stänger inne solstrålningen. Om någon av de två effekterna tar överhand vet man inte, eller om de balanserar varandra. Men om det börjar gå åt fel håll kan det gå snabbt. Stora delar av världen har tidigare upplevt temperaturras på 4–6 grader inom 100 år.

I en artikel i Nature 1977, presenterades en rapport framtagen av tyska, japanska och amerikanska klimatforskare där det konstateras att det i dagsläget inte går att skönja slutet på trenden mot ett kallare klimat, åtminstone inte på norra halvklotet. Samma år hade National Geographic en ny artikel om klimatet, med rubriken ”The Year the Weather Went Wild”. Det ”vilda väder” som varit det senaste året i USA och globalt under senaste årtiondet skylldes på avkylningen av norra halvklotet och speciellt då i Arktis sedan 1940-talet; *”a large body of experts believe it relates to a* *gradual cooling of the Northern Hemisphere, particularly in the Arctic, since 1940".*

Avkylningen har lett till förändringar i jetströmmarna, enligt experterna som artikeln refererade till. Jetströmmar är kraftiga luftströmmar med vindriktning från väst till öst som finns på hög höjd. De håller kvar polarvirveln, den kalla luften, i ett område runt Nordpolen. Det kalllare klimatet har lett till att jetströmmarna tar ut svängarna både norrut och söderut, slingrar sig mer än tidigare, vilket då leder till att kall luft sprider sig söderut och att vädertyper låser sig. Det är förklaringen till den ovanligt kalla vintern 1976/1977 i östra USA och den ihållande torkan i Kalifornien.

1978 kom boken "Klimathotet" skriven av John Gribbin, som då kallades ”en av världens mest kända klimatforskare". Gribbins ”klimathot" var att klimatet skulle återgå till det som rådde under lilla istiden, med hårda vindar, somrar med missväxt, hungersnöd, massutvandring, social och politisk oro. Uppvärmningen under första delen av 1900-talet var abnorm. Vi går mot en ny istid och inte en uppvärmning. Drivhuseffekten kan ge en viss uppvärmning men kommer inte att kompensera. 1970-talet har redan bjudit på några hårda vintrar och onormal torka. För tusen år sedan drabbades de delar i USA där det odlas mest spannmål av en torkperiod som varade i över 200 år och det kan hända igen, enligt boken.

Även i slutet av 1970-talet var det ganska gott om artiklar som talade om fortsatt avkylning. I januari 1978 hade The New York Times en artikel där det berättas att klimatexperter inte kan se något slut på avkylningen. Göteborgs Handels- och Sjöfartstidning hade den 2 mars 1979 en artikel med rubriken 'FN-förberedelser för nästa istid", som handlade om en nyligen hållen FN-konferens om klimatet. Artikeln illustrerades med en teckning där stora delar av stadshuset i Stockholm var täckt av snö och is.

Så sent som den 25 november 1981 hade Chicago Tribune en artikel där det sägs att den globala avkylningen kan leda till tragedier för mänskligheten.

Antarktis gick sin egen väg

Det fanns ett område på jorden där det blev varmare under 1960-talet och första delen av 1970-talet. Antarktis gick nämligen sin egen väg och var det stora undantaget. Under det geofysiska året 1957 riktades fokus mot Antarktis och ett antal mätstationer placerades ut, vilket gör att från det året finns ett underlag för en temperaturkurva som bygger på mätresultat. Ett antal studier visar att mellan 1957 och mitten av 1970-talet steg temperaturen i Antarktis med drygt en halv grad. På 1970-talet kom varningar om att delar av Antarktis väldiga istäcke var på väg ut i havet. *”Vi ser hur västra istäcket är på väg ut. Det uppför sig helt annorlunda än det östra. Det har ingenting med klimatet att göra utan det handlar om dynamiken hos instabil is"*, rapporterade Dr Richard Cameron, NSF program manager for glaciology, i januari 1977.

Klimathotet

Klimathotet var i allra högsta grad levande under 1970-talet. Det var i och för sig inget nytt. På 1930-talet fruktade man att smältande polarisar skulle lägga Manhattan under vatten, men 1970-talet var det årtionde då klimathotet på allvar tog plats i samhällsdebatten och det målades i grälla färger. I dagens debatt har det sagts att talet om att en istid var på gång är en myt. Forskarna trodde aldrig på det och myten bygger på några enstaka tidningsartiklar under 1970-talet.

Den som går igenom forskningsläget och vad media berättar finner att talet om en avkylning inte begränsas till enstaka artiklar. Även om inte forskarna trodde att en ny istid väntade bakom hörnet, fanns det en verklighet som forskarna måste förhålla sig till. Alla temperaturkurvor som publicerades visade på avkylning.

Isarna växte till i norr, växtsäsongen på norra halvklotet blev kortare, ekosystemen förändrades och vädret upplevdes som mer extremt. Det fanns ingen diskussion under 1960- och 1970-talen om hur trenden såg ut. Det blev kallare. Något som gjorde avtryck i en lång rad intervjuer, rapporter och vetenskapliga artiklar, för att inte tala om alla rubriker och artiklar i media. De var många och de gav alla samma bild. NOAA, CIA, WMO och otaliga forskarkonferenser hade samma uppfattning.

Det är sant att talet om istid framförallt fanns i medias rubriker och i bildmontage som tidningarna publicerade. Svenska Dagbladet hade, precis som Sydsvenskan, en bild där stadshuset i Stockholm var så gott som helt täckt av snö och is och den 24 november 1974 hade tidningen en bild med vargar i ett kommande is- och snölandskap. Vargarna syntes framför en skylt med texten Södertälje. Den senare profetian har slagit in även om det inte beror på ett kallare klimat.

Bilderna av ylande vargar i London och Södertälje och ett snötäckt stadshus i Stockholm visar hur samtiden uppfattade klimatförändringarna. Vädret är inte som förr. En förändring är på gång och katastrofen väntar runt hörnet.

Det uppvärmningshot som upplevdes under början av seklet omvärderades helt under 1960- och 1970-talen. Den varma perioden framstod i backspegeln som en mycket gynnsam period för världens matproduktion och därmed för mänskligheten. Man drog också paralleller till andra historiska perioder med varmt klimat som varit gynnsamt för jordbruket. Egypten och Romarriket var exempel som lyftes fram.

Klimathotet handlade inte bara om temperatur, utan också om nederbörd och vind. Forskarna kopplade ihop de fallande temperaturerna med extremväder som torka, skyfall och risk för fler stormar när temperaturskillnaderna mellan norr och söder ökade.

Förändringar i jetströmmarna, låsta väderförhållanden och extremväder. Det mesta när det gällde väder skylldes på den globala avkylningen.

Man började också uppmärksamma de lokala och regionala klimatförändringar som urbaniseringen fört med sig. I första hand det som kallas värmeöar (Urban Heat Island, UHI). Betong och asfalt suger åt sig solens strålar och gör staden varmare än omgivande landsbygd. Avsaknaden av grönområden bidrar också. På vintern läcker värme från byggnader och industriprocesser av olika slag. En siffra som då nämndes var att det skiljer fyra grader under sommaren och två på vintern mellan stad och omgivande landsbygd. Runt de större städerna sågs också en ökning av såväl hagelbyar som åskoväder. Om urbaniseringen fortsätter så är det troligt att det kommer att få stora negativa konsekvenser var en slutsats som drogs.

Klimathotet satte klimatforskningen i fokus på ett helt annat sätt än tidigare. Denna fick därför större betydelse och klimatforskarna var inte sena att kräva mer pengar eftersom kunskap saknades. Något som bland annat framgår av National Academy of Science rapport (se ovan).

Det är sant att ett antal forskare påpekade att människans utsläpp av växthusgaser bör ha en värmande effekt och att trenden mot ett kallare klimat mycket väl kan vända. Jag har nämnt Mikhail Budyko. Men att beskriva avkylningen under 1960- och 1970-talen som en myt är att skriva om historien så att den passar dagens berättelse, och det är inget som gynnar forskningen.

Klimathotet tappade sin aktualitet under 1980-talets första hälft och de svarta rubrikerna lyste med sin frånvaro, men under decenniets sista år blev klimathotet åter aktuellt. Pendeln hade nu svängt. Expressen kunde i oktober 1988 berätta om ”värmehotet”. Haven kommer att stiga med 1–2 meter på 50 år. Östersjön rinner in i Mälaren. En teckning visar hur endast den översta delen av Globen, toppen av stadshuset och övre delen av Kaknästornet syns i det för övrigt helt översvämmade Stockholm.

CIA varnade för att den globala avkylningen kunde leda till kärnvapenkonflikter.

Politikerna anklagades för passivitet och idéerna om hur avkylningen skulle lindras var många, exempelvis genom att sota ner Arktis.

Man mindes "de goda åren" under 1900-talets första hälft. Vädret var bättre förr är för övrigt ett återkommande tema när det gäller klimatet.

Mötet i Woods Hole

Datorerna hade visat sig vara ett utmärkt hjälpmedel för att göra väderprognoser. Jordens yta delades in i rutor, eller snarare kuber. För varje kub tog man fram en rad uppgifter som vindhastighet, lufttryck, luftfuktighet, temperatur med mera. Genom att utgå från mätresultaten i en viss ruta/kub kunde en prognos göras för vad som skulle kunna tänkas hända i en angränsande kub de kommande timmarna eller dagarna. Det krävs dock ett mycket stort antal sådana kuber om prognosen ska vara meningsfull. När datorerna kom och ett stort antal uträkningar på allt mindre kuber kunde göras och dessutom på kort tid förbättrades prognoserna.

Jule Charney var först med att använda datorer för att göra väderprognoser. Det skedde redan i början av 1950-talet. Charney blev senare professor i meteorologi vid Massachusetts Institute of Technology (MIT) i Boston och en av frontfigurerna i försöken att konstruera klimatmodeller. Genom att bygga klimatmodeller efter vädermodellernas mönster hoppades forskarna kunna ge en bild av det framtida klimatet. Även om Charney var ledande när det gällde klimatmodeller är det tveksamt om han var övertygad om modellernas möjligheter. Charney citerades i Lakeland Ledger (Florida, USA) den 29 december 1974: *"Jag tror inte vi kan förutse klimatet nu och jag skulle inte lita på någon som säger att han kan. Atmosfären är för komplex för att det ska gå att med vag statistik förutse klimatet. Man kan alltid peka på en fysikalisk mekanism som orsakar det ena eller det andra, men när man sammanför alla blir det alltför komplicerat. Den som tror att han kan säga något om vädret mer än ett par dagar framåt praktiserar "necromancy"* (spå med hjälp av andeväsen – min kommentar)."

Trots tveksamheter när det gällde klimatmodellernas möjligheter och trots att de första modellerna byggde på få och enkla sammanhang gjorde de redan från början avtryck i forskningsdebatten. Den 23 juli 1979 träffades nio forskare till ett möte i Woods Hole i Massachusetts. Syftet var att försöka komma fram till vilken effekt en fördubblad koldioxidhalt i atmosfären skulle få för den globala medeltemperaturen. Bland de nio fanns Bert Bolin från Stockholms universitet. Ordförande för gruppen, Ad Hoc Study Group on Carbon Dioxide and Climate, var Jule Charney. Mötet ledde till en rapport på 19 sidor.

Det fanns inte så mycket forskningsunderlag att utgå från. Endast två klimatmodellserier var tillgängliga. Sammanlagt rörde det sig om fem modellstudier. Två var gjorda av James Hansen, Goddard Institute for Space Studies (GISS). GISS är en del av NASA. Tre av modellstudierna var framtagna av Syukuro Manabe vid NOAA. Bara en av de fem modellstudierna hade publicerats vetenskapligt.

Klimatmodellerna byggde på förutsättningen att växthusgaserna styr den globala temperaturen och att en fördubblad koldioxidhalt, allt annat lika, ger en temperaturhöjning på 1 grad. När det blir varmare avdunstar mer vatten och därmed blir det mer vattenånga i luften. Vattenånga är en växthusgas och mer vattenånga skulle förstärka växthuseffekten. Manabes modellstudier visade att temperaturen skulle öka med ungefär 2 grader vid en fördubblad koldioxidhalt. Hansens visade på en ökning med 3,5 grader. Gruppen tog då 2 grader som lägre gräns, 3,5 grader som övre, sen ökade man på med en felmarginal i båda riktningarna. En halv grad nedåt och en grad uppåt. Gruppen konstaterade: *"1.0 C appears to be more reasonable on the high side."* Slutsatsen blev att en fördubbling av koldioxidhalten leder till en temperaturökning på mellan 1,5 och 4,5 grader och att det mest troliga värdet ligger nära 3 grader.

Ett par år senare beklagade sig Hansen över avkylningen från 1940-talet och framåt, eftersom den gjorde det svårt för växthuseffektteorin att få genomslag. *"The major difficulty in accepting this theory has been the absence of observed warming coincident with the historic C02 increase. In fact, the temperature in the Northern Hemisphere decreased by about 0,5 C between 1940 and 1970, a time of rapid CO2 buildup"*, skriver Hansen i en studie från 1981. Den globala avkylningen mellan 1940 och 1970 beräknade Hansen till 0,3 grader.

Havens klimatsystem

Jag berättade tidigare hur norra Atlantens ekosystem förändrades i takt med att klimatet blev varmare under första delen av 1900-talet. Hur sälarna försvann från Grönlands kuster och hur torsken vandrade norrut. Under andra delen av 1900-talet skedde det motsatta. Kallvattenarterna drog sig söderut. Det skedde en förändring i hela norra Atlanten.

Norge har haft god koll på fisket i Arktis. I en rapport som handlar om hur temperaturen i vattnet påverkar torsk- och loddabestånden i

Barents hav berättas att vattentemperaturen har stor betydelse för torskens föryngring (Harald Loeng). Under varma år är chansen för lyckad föryngring många gånger större än under kalla år. Från och med 1930-talet finns det relativt bra mätningar av vattentemperaturerna och under åren 1977–1982 var Barents hav kallare än under någon annan period sedan 1930-talet. Något som ledde till rekordlåg föryngring. Även i övriga åldersklasser var antalet torskfiskar litet. Torsken mer eller mindre försvann från området. När vattnet så småningom blev varmare kom torsken tillbaka. Loddan håller sig långt norrut i Barents hav varma år och i sydväst kalla år, enligt Loengs studie.

Norska havsforskningsinstitutet berättar i en rapport från 2006 om hur sillbeståndet i norra Atlanten kollapsade under slutet av 1960-talet. Det skedde samtidigt som vattentemperaturerna blev avsevärt kallare i området där den vårlekande sillen hittar sin föda, bankarna norr om Island. Det kallare vattnet ledde till att zooplankton försvann från området och när maten inte fanns där, försvann sillen. Nu är också överfiskning en viktig orsak till sillbeståndets kollaps, skriver havsforskningsinstitutet i sin rapport.

Att norra Atlanten blev kallare under andra hälften av 1900-talet märktes också utanför Kanadas östkust. Efter det att Titanic seglade på ett isberg vid Grand Banks utanför Newfoundland har Kanada samlat in uppgifter om antalet större isberg som driver söderut längs Labrador och Newfoundland på den kanadensiska östkusten. Isbergen kommer från kalvande glaciärer på västra Grönland och de arktiska öarna i nordöstra delen av Kanada. Under varmare perioder är det mer is som bryts loss från glaciärerna och flyter ut i havet. Syftet med att ha koll på isbergen har inte haft något med klimatstudier att göra utan syftet har varit att förbättra sjöfartens säkerhet. En sammanställning visar att det var betydligt fler större isberg som drev söderut under första delen av 1900-talet än under andra delen. Isbergen som driver förbi Kanadas östkust vittnar med andra ord om en avkylning under andra delen av 1900-talet.

En studie av vattentemperaturerna i havet utanför Newfoundland som sträcker sig fram till början av 1990-talet visar samma resultat. Vattentemperaturerna steg kraftigt från 1920-talet till 1940. Den varma perioden varar till slutet av 1950-talet och därefter faller havstemperaturerna (Newell). En avkylning som varar fram till 1990-talet.

Även utanför Kanadas atlantkust märktes att det allt kallare vattnet påverkade ekosystemen. I februari 1992 låg de kanadensiska fisketrålarna som vanligt ute vid Grand Banks (Newfoundlandbankarna) och fiskade torsk. Havet utanför Newfoundland var en gång världshavens torskrikaste område. *"Idag stod torsken så tätt i viken att det var med svårighet vi kunde ro in till land"*, skrev en engelsk skeppare som besökte ön i början av 1600-talet. Den rika tillgången på torsk lockade fiskebåtar under århundraden. Men i februari 1992 var havet så gott som tomt och den torsk som trots allt fångades var så liten att den inte ens gick att filea. Det var meningslöst att fortsätta och hela fiskeflottan gick tillbaka in i hamn. Två veckor senare meddelade den kanadensiska fiskerimyndigheten att vinterfisket var inställt och några månader senare, i juli 1992, förbjöds allt torskfiske utanför den kanadensiska östkusten. Världens bästa torskfiske hade kollapsat.

Jag var där ett par år senare och gjorde ett längre radioprogram om vad som hänt och orsakerna till att torsken försvann (När havets folk började sjunga, P1). Det korta svaret var överfiskning. Det var den absolut viktigaste orsaken, men klimatförändringar fördes fram som en bidragande orsak. Havet utanför Newfoundland hade blivit kallare och de fiskarter som ville ha varmare vatten försvann. *"Havssulorna ändrade diet runt 1990"*, berättade Bill Montevecchi, professor vid universitetet i St. John´s, i programmet. Havssula är en stor havsfågel som bara besöker land i samband med häckning och den häckar i stora kolonier på klippbranter vid havet. Det är ett skådespel att se havssulor dyka efter föda. Från hög höjd störtar de som kamikazepiloter mot vattenytan och försvinner ner i djupet.

Montevecchi fortsatte: *"De slutade äta makrill och andra arter som trivs i lite varmare vatten, och istället gick de över till mer utpräglade kallvattensarter och havssulorna äter det som finns, alltså hände någonting med havet, och förändringen kom snabbt. Det sker hela tiden förändringar i naturen. Förändringar som vi inte kan förklara och ibland inte ens märker. Men det betyder inte att*

Koloni med havssulor på Newfoundlands östra kust.

torskens försvinnande kan skyllas på kallare vatten. I det fallet går det inte att bortse från överfiskningen. Sambandet mellan det hårda fisket och torskens försvinnande är alltför tydligt. Men klimatförändringen kan ha bidragit och helt säkert är att ju hårdare tryck det är på en art, ju mer vi exploaterar den, desto känsligare är den för förändringar i miljön. Därför måste vi ha marginaler, stora marginaler.

Flera studier har berört klimatförändringar och förändringar i norra Atlantens ekosystem. Drinkwater har studerat hur det marina ekosystemet reagerade på avkylningen och den påföljande kalla perioden i norra Atlanten under andra delen av 1900-talet. I studien konstateras att havsisen bredde ut sig och att såväl vatten- som lufttemperaturerna var kallare än normalt. Något som bland annat ledde till förändringar i zooplanktonens utbredning och produktion. Många fiskarter drog sig söderut och arter som trivs i mer tempererade vatten försvann. Stora fiskbestånd, som den atlantiska torsken utanför Grönland, Labrador och norra Newfoundland minskade så kraftigt att det kommersiella fisket kollapsade. Detsamma gällde för den norska vårlekande sillen. I båda fallen berodde kollapsen på ett alltför hårt fiske i kombination med ett kallare klimat som påverkade arternas fortplantning, skriver Drinkwater. Längre söderut, som i Nordsjön, ökade istället såväl torskstammen som andra arter som trivs i kallare vatten. I Engelska kanalen trängde kallvattenarter ut varmvattenarter.

Under 1990-talet blev det varmare och då skedde en återgång till det marina liv som var under de varma årtiondena från 1930 till 1960. Det finns dock några undantag, enligt studien. Torsken utanför Grönland, Labrador och norra Newfoundland har inte återhämtat sig.

Förändringar i havsisens utbredning, Grönlands temperatur, isbergens storlek, havssulors matvanor, förekomsten av zooplankton, sälar, sill och torsk ger tillsammans en bra bild av klimatförändringarna i norra Atlanten under de senaste dryga 100 åren. En bild som berättar om uppvärmning, avkylning och under 1990-talet åter uppvärmning. Växlingarna mellan kalla och varma faser har fått namnet Atlantic Multidecadal Oscillation (AMO) och jag har nämnt det tidigare.

Stilla havets motsvarighet till AMO är Pacific Decadal Oscillation. Precis som AMO växlar PDO mellan varma och kalla faser, där varje fas vanligtvis varar mellan 20 och 30 år. Varma faser kännetecknas av att ytvattnet utanför de norra delarna av Amerikas kust, från Alaska till ekvatorn, är varmt. Ett varmt ytvatten som har formen av en hästsko som delvis omsluter ett område med kallt vatten. Under kalla faser sker det motsatta.

Det var laxen som ledde till att PDO identifierades. Det skedde i slutet av 1990-talet när forskare kunde koppla tillgång på lax längs Nordamerikas kust med PDO:s olika faser. Det finns mer lax när den kalla fasen råder. Sardiner och ansjovis är annars de fiskarter som tydligast följer klimatsystemets svängningar. Sardiner dominerar längs Amerikas västkust under varma perioder och ansjovis under kalla.

PDO var inne i en varm fas under 1920, 1930- och början av 1940-talet. Den följdes av en kall fas som varade till 1976. Under kalla faser är La Niña-episoderna betydligt fler och starkare än El Niño-episoderna och tvärtom under varma faser.

Samtidigt som PDO åter gick in i en varm period 1976/1977 vände den globala medeltemperaturen uppåt. Det var ingen tillfällighet. Den globala medeltemperaturen tycks följa PDO:s växlingar.

Än tydligare är kopplingen till Alaskas temperatur. 1976/1977 tog temperaturen i Alaska ett jätteskutt uppåt, för att sedan sjunka något fram till 2013/2014. Medeltemperaturen under 2013 var dock betydligt högre än under 1975. Arctic Climate Research Center i Alaska skriver följande om temperaturutvecklingen i Alaska: *"Utvecklingen är icke-linjär, men om ökningen av växthusgaser hade varit orsaken borde temperaturökningen varit linjär"* (oktober 2019). Man konstaterar också att det är Pacific Decadal Oscillation som styr temperaturutvecklingen i Alaska. Klimatet i Alaska styrs med andra ord till stor del av Stilla havet, medan exempelvis Grönlands temperatur tycks bestämmas av Atlanten.

Sjunkande temperaturer i Alaska fram till 2013/2014 var också något som fåglarna märkte av. Nästan så långt västerut som det går att komma i Alaska och därmed Nordamerika ligger Nome. Forskare stakade ut ett område på tundran två mil utanför Nome. Sen studerade de när tre fågelarter i området la sina ägg. Det handlade om tundrasnäppa, sandsnäppa och smalnäbbad simsnäppa. Sammanlagt bevakades 1 378 bon och man jämförde äggläggningsdatum under perioden 1993–1996 med äggläggningsdatum under perioden 2010–2014. Fåglarna lade sina ägg fem dagar senare på 2010-talet jämfört med 1990-talet. De lägre temperaturerna under 2010-talet gjorde det svårare för fåglarna att skaffa mat och svårare att hitta snöfri mark för bona tidigt under häckningsperioden (Kwon).

Såväl AMO som PDO identifierades under 1990-talet och sedan dess har forskarna kunnat koppla ihop klimatsystemen med klimatförändringar och klimathändelser, såväl i nutid som i förfluten tid. Ett exempel är att när AMO är i varm/positiv fas riskerar Nordamerika att drabbas av torka medan Sahel, området söder om Sahara, får mer regn än normalt. Den så gott som sammanhängande torkperioden från slutet av 1920-talet till mitten av 1960-talet i Nordamerika sammanfaller med en varm fas. Under kalla faser sker det omvända, och vi vet att Sahel-området drabbades svårt av torka från 1960-talet och några årtionden framåt.

AMO och PDO följer varandra ganska väl under 1900-talets första 70 år, varm fas som följs av en kall fas i mitten av 1900-talet, men medan PDO slår om till en varm fas 1976/1977 dröjer det ytterligare ungefär 20 år innan AMO gör detsamma.

De stora oceanerna växlar mellan kalla och varma perioder.

Växlingarna har stor påverkan på såväl havens e kosystem som det regionala och globala klimatet.

Stilla havet slog om till varm fas 1976 och det påverkade den globala temperaturen.

Norra Atlanten har skiftat fas tre gånger under de senaste 100 åren, och varje gång har havets ekosystem förändrats.

Oceanernas temperaturer

Mätningar av ytvattnet representerar havens del i den globala temperaturkurvan. Eftersom 70 procent av jordens yta är hav är det till stor

del havstemperaturerna som bestämmer den globala medeltemperaturen. De två temperaturkurvor för havens ytvattentemperatur som presenteras i IPCC-rapporten 2013 visar att haven blir kallare i slutet av 1800-talet och början på 1900-talet. Runt år 1910 vänder det uppåt och temperaturen stiger snabbt, fram till början av 1940-talet. En temperaturtopp under de första åren av 1940-talet följs av en svag avkylning och därefter en platå till mitten av 1970-talet. Därefter stiger temperaturen, framförallt under 1990-talet.
Den kraftiga uppvärmningen fram till 1940-talet känner vi igen från Arktis, från Antarktis, från Norrlands vintertemperaturer, från temperaturkurvor baserade på proxydata som trädens årsringar, från förändringar i ekosystemen, från berättelser, tidningsartiklar och glaciärernas avsmältning. Havstemperaturerna bekräftar och understryker den globala uppvärmning som ägde rum fram till början av 1940-talet. Avkylningen från början av 1940-talet fram till mitten av 1970-talet är inte lika tydlig i de uppmätta havstemperaturerna som i den övriga "klimatberättelsen". Det är ingen större överraskning. Om den kraft som värmer minskar i styrka svarar landtemperaturerna direkt, medan haven är mycket trögare att följa efter. Det kan till och med vara så att haven fortsätter att bli varmare även om kraften att värma minskar något. Solen står som högst i juni, men det är ofta varmare i haven längs de svenska kusterna lite senare på sommaren. Även om de uppmätta globala havstemperaturerna inte visar någon större avkylning så blev delar av världshaven kallare efter mitten av 1900-talet. Det har ekosystemen berättat. De globala havstemperaturerna vänder uppåt i och med PDO:s skifte 1976/1977 och när också AMO slår om under 1990-talet och det sker en uppvärmning även i norra Atlanten stiger de globala havstemperaturerna kraftig under några år.

Även om de två versionerna av havstemperaturerna i IPCC-rapporten ligger nära varandra behöver det inte betyda att de speglar de verkliga temperaturförändringarna. Kurvorna är dessutom båda från samma källa, Hadley Centre vid brittiska klimat- och vädertjänsten. Det är omöjligt att skapa en temperaturkurva för haven

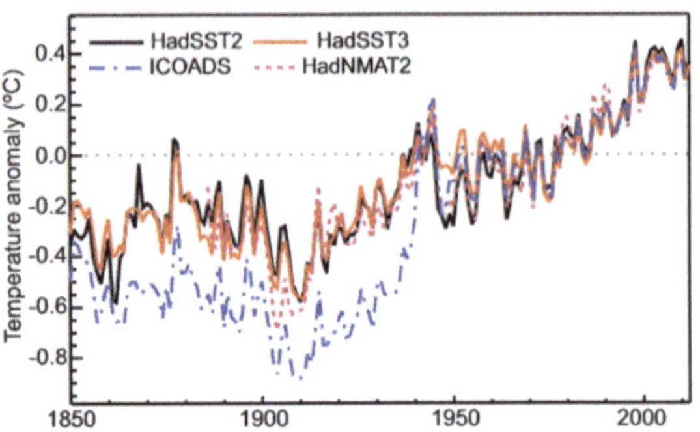

De globala havstemperaturerna 1850–2011. Den blå streckade kurvan är de uppmätta värdena. De har justerats upp under perioden fram till andra världskriget. Brun och svart kurva är två olika versioner av brittiska klimat- och vädertjänstens globala havstemperaturkurva (HadSST2 och 3). På båtarna har också nattemperaturerna mätts. Det är den bruna streckade linjen. De ligger ganska nära de justerade värdena, men visar en något kraftigare uppvärmning fram till andra världskriget. Figuren är hämtad från IPCC 2013, se källförteckning.

och hävda att den är sann. Felkällorna är alltför många. Fram till slutet av 1970-talet skedde all temperaturmätning av ytvattnet från båtar, i första hand från handelsfartyg. Även sedan dess har fartygen spelat en viktig roll. Handelsfartygens rutter är inte och har inte varit jämnt utspridda över världshaven. Det gör att temperaturen har mätts sparsamt i stora delar av haven och så gott som aldrig i andra delar. Längs rutterna mellan Europa och Nordamerika finns det däremot ganska god täckning. Mätningarna har till stor del gjorts av sjömän i handelsflottan. De har inte varit experter och de har inte alltid haft de bästa termometrar eller följt rutinerna för avläsning på ett optimalt sätt.

Den så gott som totalt dominerande mätmetoden fram till andra världskriget var att vatten hissades upp på däck med hjälp av ett kärl och därefter mättes temperaturen. Problemet med den metoden är att en liten del av vattnet hinner avdunsta innan proceduren är klar. Det gör att vattnet i kärlet avkyls eftersom det går åt energi till avdunstningen. Det är samma princip som när man kommer upp från badet och det känns lite kallt innan man blivit torr. Hur stor skillnaden var mellan den uppmätta temperaturen och den verkliga temperaturen berodde på hur mycket av vattnet som hann avdunsta. Det berodde i sin tur på hur snabb sjömannen var på att hissa och mäta, fartygets fart, om sjömannen stod i lä och vilken typ av kärl som användes. Träkärl som användes under 1800-talet och en bit in på 1900-talet isolerade mer än de tygkärl som sedan kom att användas. Genom att utgå från uppskattade värden när det gäller fartygets fart, tiden det tog att mäta, etc. har man beräknat hur stor avdunstning som skedde och därefter justerat mätresultaten uppåt. Man har bland annat provmätt med kärl och tagit tiden.

I och med andra världskriget började en annan metod att användas. Fartygens maskiner behöver kylas och det görs med hjälp av havsvatten. På vägen in till maskinrummet kan vattentemperaturen mätas. Den metoden användes i viss utsträckning redan före andra världskriget på fartyg från USA, men metoden slog igenom under andra världskriget. Då slutade man nästan helt att mäta vattentemperaturen från däck eftersom det var riskabelt. Temperaturuppgifterna för krigsåren kommer därför i hög grad från mätningar i det kylvatten som togs in till maskinrummet. Även här finns ett metodproblem. Vattnet hinner värmas upp på sin väg in till maskinrummet. Det är en orsak, tror en del forskare, till varför mätresultaten gjorde ett skutt uppåt under början av 1940-talet. Det är framförallt märkbart under de år USA deltog i kriget. De amerikanska båtarna mätte regelmässigt kylvattnet och de båtarna stod för en stor del av de rapporterade värdena. Efter kriget lade USA delar av sin flotta i malpåse och britterna började mäta med kärl igen. Då sjönk de uppmätta ytvattentemperaturerna. I efterhand har därför den topp i vattentemperaturerna som finns i rådata till en del tillskrivits förändringarna i mätmetoder.

Efter andra världskriget har mätningar skett både med kärl och i kylvattnet. En del mätningar har då visat för låga värden och andra för höga. Om man lägger ihop mätningarna bör medelvärdet ganska väl spegla den globala havsytetemperaturen. Några större justeringar av mätresultaten efter andra världskriget har därför inte gjorts.

I slutet av 1970-talet kom en tredje metod att användas för att mäta havens ytvattentemperaturer, nämligen bojar. Dels bojar som driver och dels sådana som är förankrade.

Det senaste tillskottet när det gäller att mäta ytvattentemperatur och värmemängd i haven är Argo-bojarna, som började sjösättas runt år 2000. Argo-systemet anses ge de mest trovärdiga värdena. Därmed inte sagt att Argo-bojarna ger korrekt information om havens temperatur. Även om det nu finns närmare 4 000 Argo-bojar utspridda så mäter de bara punkter i de stora världshaven. Bojarna sjunker till 2 000 meters djup, stiger upp till ytan, skickar iväg information via satellit, driver iväg 1 000 meter, sjunker och sen upp igen för att skicka ny information. När de första mer heltäckande mätresultaten från Argo-bojarna hade samlats in och analyserats upptäckte Josh Willis från NASA, som analyserade mätresultaten, att världshavens temperatur hade sjunkit mellan år 2003 och år 2005. Han publicerade sina rön i en vetenskaplig artikel och fick mothugg, inte minst från kollegor inom NASA.

"Alla sa att jag hade fel", berättar Willis på NASA:s hemsida och fortsätter: *"En kväll i februari när jag förberedde ett föredrag om att haven blir kallare och jag satt och tittade på siffrorna såg jag att nästan hela Atlanten hade avkylts. Framförallt Atlantens tropiska och södra delar. Jag tänkte att det här måste vara fel. Det var några bojar som visade fel, inte hela systemet, och efter korrigering så hade Atlanten blivit varmare."* Det har funnits lite olika versioner av Willis berättelse på NASA:s hemsida under åren, men i stort är berättelsen densamma. Det är möjligt att justeringarna som Willis gjorde var ett steg i rätt riktning, men exemplet visar att även de modernaste sätten att mäta vilar på ostadig grund.

Flera experter har menat att de justeringar uppåt som gjorts av mätresultaten före andra världskriget är för stora. När forskarna rekonstruerade hur mätningarna gått till gjordes det sakta och noggrant, medan sjömännen skyndade sig när de mätte. Avdunstningen har varit mindre än vad som beräknats, enligt de med kunskap om livet ombord. Temperaturökningen i haven fram till andra världskriget kan med andra ord ha varit större än de justerade kurvorna visar. Likaså har ett antal experter menat att temperaturtoppen i början av 1940-talet är verklig och inte en följd av krigets rutiner. De uppmätta landtemperaturerna visar en lika tydlig topp och i naturens arkiv, som trädens årsringar, är toppen än tydligare.

Den globala temperaturkurva som IPCC presenterar i rapporten 2013 och som också inkluderar landtemperaturerna ser ut på samma sätt som havstemperaturerna. Uppvärmningen i slutet av 1900-talet blir dock något starkare när landtemperaturerna inkluderas.

Satellitmätningar

Satelliter kan mäta temperaturen närmast jordytan men också högt upp i luftlagren och de täcker in så gott som hela jordytan. Satellitmätningarna visar att temperaturen i luftlagren allra närmast jordytan är mer eller mindre oförändrad från 1979/1980, då mätningarna började, fram till mitten av 1990-talet. Från mitten av 1990-talet till början av 2000-talet stiger temperaturen till en högre nivå, därefter en platå som sträcker sig fram till 2014. Så långt stämmer satellitmätningarna med havstemperaturerna som de presenterades i IPCC-rapporten 2013. Under 2015 sker en snabb ökning av den globala medeltemperaturen och sedan dess har det varit flera varma år. El Niño- och La Niña-händelser avspeglas i temperaturkurvan. Under El Niño-år stiger temperaturen och när La Niña råder sjunker den. Det har varit två temperaturtoppar under perioden från 1979 och framåt, nämligen 1998 och 2015/2016, och de sammanfaller med Super-El Niños, extra starka El Niños. En El Niño var på gång redan hösten 2014 men avbröts tillfälligt av vindarna. Ytvattnet i området hann dock värms upp, vilket bidrog till att 2015/2016 års El Niño blev exceptionellt stark. Det är både den starkaste och längsta El Niñon som mätts upp. Den varade i 19 månader, vilket är ett halvår längre än Super-El Niñon 1997/1998. Även under delar av 2018/19 och 2020 har El Niño visat sig.

Det är mycket god överensstämmelse mellan El Niño-år och höga globala temperaturer. En stor del av de kortvariga temperatursvängningarna sedan satellitmätningarna började 1979 kan med andra ord förklaras med El Niño och La Niña. Det som inte förklaras är ”trappsteget”. 2000-talet har varit betydligt varmare än 1980-talet och första delen av 1990-talet. Temperaturökningen under andra delen av

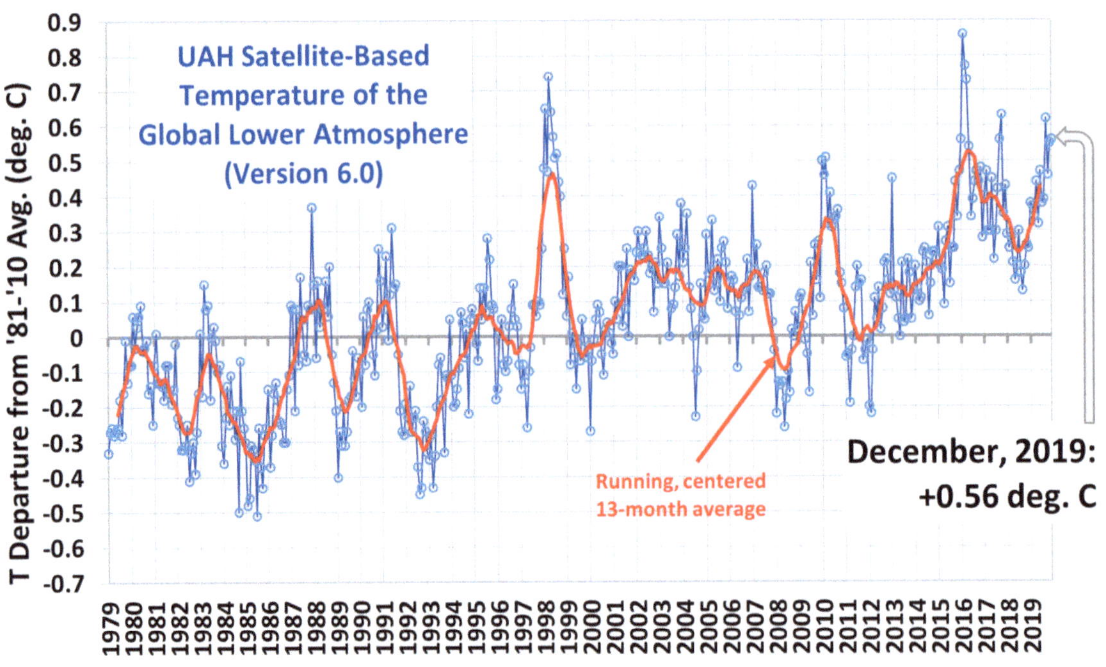

Temperaturerna i luften närmast jordytan 1979-2019. UAH:s kurva fram till och med december 2019. University of Alabama i Huntsville USA (UAH) är ett av två institut som tar fram globala temperaturkurvor som bygger på satellitmätningar.

1990-talet, ”trappsteget”, är gemensamt för alla temperaturkurvor, sådana som bygger på satellitmätningar, på mätningar vid jordytan och de som kan härledas från naturens arkiv. Vi kan med säkerhet säga att vi haft en global uppvärmning från åren runt 1990 till början av 2000-talet.

De anonyma El Niños

Under 1980-talet och början av 1990-talet inträffade tre starka El Niños. Den första, 1982/1983, var till och med en Super-El Niño. Den syns dock inte i temperaturkurvan. 1987/1988 kom den andra och den varade länge, 18 månader. Ändå gör den ett svagt avtryck i temperaturkurvan. Den tredje slog till 1991/1992. Trots att den räknas som stark sjönk den globala medeltemperaturen under några år. Vad är förklaringen till att tre starka El Niños förblev anonyma? Varför syns de inte i temperaturkurvan, medan senare El Niños sticker ut?

Den förklaring som ligger närmast till hands är partiklarna. Det var under 1980-talet som den reflekterande ”filten” var som tjockast. Det var då som svavelpartiklarna som hindrade instrålningen var som flest. Forna östblocket, med sin energiineffektiva industri och dålig rening, var en gigantisk utsläppare. Det beräknas exempelvis att nickeltillverkningen i den nordsibiriska staden Norilsk hade mer utsläpp av svavel än de samlade utsläppen från Italien.

Dessutom inträffade flera stora vulkanutbrott. Mount Saint Helens, en vulkan i staten Washington i nordvästra USA, hade den 18 maj 1980 ett stort utbrott och aska spreds över elva delstater. Betydligt större klimatpåverkan hade dock El Chichon i Mexiko som hade sitt utbrott 1982 och spred enorma mängder svavelgas i atmosfären. Svavelgas som omvandlades till svavelpartiklar i atmosfären. Det var El Chichons utbrott som neutraliserade Super-El Niñon 1982/1983.

Det största vulkanutbrottet skedde 1991 i Indonesien då Pinatubos utsläpp av svavel och partiklar sänkte den globala medeltemperaturen under ett par år, trots den samtida starka El Niñon. Pinatubos utbrott var det största av de tre, men El Chichon hade samma avkylande effekt på grund av den stora mängden svavel som skickades upp i atmosfären. De tre utbrotten räknas bland de största vulkanutbrotten under 1900-talet. De enorma vulkanutbrotten tillsammans med rekordstora svavelutsläpp från förbränning av kol och olja gjorde verklighet av Budykos ”filt” och tryckte ner temperaturen ordentligt under 1980-talet. Den uppvärmning som var på gång under slutet av 1970-talet kom av sig.

Växthusgaserna vinner eller…

Under 1990-talet steg temperaturen och en förklaring som låg nära till hands var att partiklarnas avkylande kraft inte längre kunde stå emot när koldioxidhalten i luften fortsatte att öka. Partiklar som kyler är inte långlivade i atmosfären, eftersom partiklar regnar eller faller ner till marken efter relativt kort tid. I vissa fall dagar. Effekten av stora vulkanutbrott som skickar upp mängder av partiklar högt upp i atmosfären klingar av efter ett par år.

Växthusgaser stannar däremot kvar i luften i många år. Hur många råder det delade meningar om, men den forskning som lyfter fram växthuseffekten menar att det handlar om hundratals år. Det gör att mängden växthusgaser i luften hela tiden byggs på. Koldioxidhalten ökar. Det var därför logiskt att tänka sig att växthusgaserna skulle vinna i kampen mot partiklarna, även om utsläppen av partiklar inte minskade. När temperaturen steg under 1990-talet och förblev hög in på 2000-talet blev det allt svårare att bortse från växthusgasernas betydelse. Havens stora klimatsystem, PDO och AMO, hade visserligen nyligen identifierats, men hade ännu inte tagit någon stor plats inom klimatforskningen.

Det som också kom i skymundan var att trenden mot allt fler partiklar i luften hade vänt. 1990-talet kom med helt nya förutsättningar. Svavelrening blev allt mer förekommande och tekniken att rena allt bättre. Dessutom kollapsade östblockets oerhört ineffektiva och smutsiga industri. En tredje faktor var att de stora vulkanutbrotten lyste med sin frånvaro. Pinatubos utbrott 1991 blev det sista i raden av riktigt stora utbrott. Luften blev renare men det skulle inte uppmärksammas förrän en bit in på 2000-talet.

Kommentar

Under 1900-talet beskriver vetenskapliga artiklar, forskare, mätresultat och media såväl det samtida klimatet som gårdagens klimat på ett likartat sätt. Därmed inte sagt att bilden av hur klimatet förändrades under århundradet var med sanningen helt överensstämmande och heller inte att forskarna alltid var överens om orsaker eller framtida klimatförändringar, men 1900-talets klimathistoria berättad av 1900-talets aktörer formas till en berättelse där delarna passar ihop. Bilderna som media ger kompletterar och beskriver de samtida forskarnas och mätresultatens berättelser.

Under 2000-talet kan det tyckas som om samstämmigheten består, att media, forskare och mätresultat pekar i samma riktning, men det är en illusion. En annan skillnad mellan 1900-talets och 2000-talets klimatberättelse är att under 2000-talet har politikerna klivit upp på scen. De lyste med sin frånvaro under nästan hela 1900-talet. Det var först i och med Tjernobyl som politiker började uttala sig i klimatfrågan (se kapitel nio)

Under 1960- och början av 1970-talet sjönk den globala medeltemperaturen och isarna växte till i norr.

Ekosystemen förändrades.

Flera områden, inte minst Sahel söder om Sahara, drabbades av långvarig och svår torka.

Forskare varnade för missväxt, hunger och social oro.

Media målade klimathotet i grällafärger med rubriker som "Ny istid är på väg tror forskare" och teckningar där Stockholm var täckt av is. 1960-talet och 1980-talet bjöd på de kallaste vintrarna i Sverige sedan 1800-talet.

3 Mätresultat som överraskar

"Klimatmodellerna tycks inte stämma med observationerna, vilket vi sa redan i IPCC-rapporten"
Joyce Penner, en av huvudförfattarna till kapitel nio i IPCC-rapporten 2007

Fler solstrålar som värmer

När luften blev renare under 1990-talet, och filten tunnare, reflekterades allt färre solstrålar tillbaka ut i rymden. Fler av solens strålar kunde leta sig ner till jordytan, mer kortvågig strålning kunde värma havsvatten och smälta isar. Förändringarna av mängden partiklar i luften hade gått från att ha haft en avkylande effekt till en uppvärmande.

Den 6 maj 2005 publicerades två artiklar i den vetenskapliga tidskriften Science som bekräftade att den avkylande filten hade blivit betydligt tunnare. Solens strålar hade fått lättare att värma upp jordytan. De två artiklarna var: Pinker som hade rubriken "Do Satellites detect trends in Surface Solar radiation" och Wild med rubriken "From Dimming to Brightening: Decadal changes in Solar radiation at Earth´s Surface". Båda handlar om att luften hade blivit renare och att instrålningen från solen därför hade ökat kraftigt sedan 1980-talet. När instrålningen ökar tillförs mer energi till klimatsystemet och det blir varmare. Båda tar också upp att instrålningen hade minskat fram till åren runt 1990.

I den senare artikeln utgick författarna från mätningar på marken. Från och med slutet av 1950-talet finns det mätstationer runt om i världen som gör det möjligt att följa instrålningens förändringar. Mätningar från stationer som Barrow i Alaska, Boulder i Colorado, atollen Kwajalein i Stilla Havet, Moskva, Svalbard, Singapore, Samoa, Antarktis, stationer i Australien och Kina, visade alla samma bild. Instrålningen hade ökat. Det fanns dock undantag, som Indien. Wild skriver i artikeln att mätningarna visar att från 1960 och fram till 1990 skedde en minskning av instrålningen med mellan 4 och 6 procent. Därefter en ökning som grundligt kan påverka jordytans klimat; *"profoundly affect surface climate"*.

Den förstnämnda artikeln byggde på satellitmätningar. Den tecknar samma bild, en minskning av instrålningen fram till åren runt 1990. Några år in på 1990-talet vänder trenden och det sker en ökning. Pinker skriver att det var i delar av forna Sovjetunionen som instrålningen hade minskat mest, en minskning med närmare 20 procent.

När Pinker och Wild publicerades 2005 hade den snabba temperaturökningen från mitten av 1990-talet redan tillskrivits växthuseffekten. Uppvärmningen var enbart en följd av ökningen av växthusgaser, enligt de forskare som litade till klimatmodellerna. Den takt uppvärmningen höll från 1990 och fram till de första åren under 2000-talet låg helt i linje med vad klimatmodellerna beräknade med tanke på ökningen av växthusgaser i luften.

Det som de två artiklarna kunde påvisa var att växthusgaserna haft hjälp. En allt renare luft hade lett till att allt färre solstrålar reflekterades tillbaka ut i rymden och att allt fler solstrålar kunde leta sig ner till jordytan. Det gick nu att peka på två krafter som båda borde ha bidragit till den snabba temperaturökningen under 1990-talet, fler växthusgaser i luften som bromsade utstrålningen och renare luft som underlättade instrålningen. Slutsatsen av artiklarna kan bara bli en. Om mer kortvågig solstrålning har stått för en del av uppvärmningen har den förstärkta växthuseffekten inte stått för hela uppvärmningen, vilket klimatmodellerna visade. Vilken av de två krafterna, ökad instrålning eller den förstärkta växthuseffekten, hade bidragit mest till uppvärmningen sedan 1980-talet? Mätresultaten som presenterades i de två artiklarna gav ett tydligt svar på den frågan. Den globala uppvärmningen från åren runt 1990 till början av 2000-talet var till största delen en följd av ökad instrålning. Science-artiklarna gav en förklaring till trappsteget, en förklaring som byggde på mätresultat.

Dagen innan de två Science-artiklarna publicerades kom en kommentar från tidningen Nature, undertecknad av redaktören Quirin Schiermeier. Han skriver: *"Vår planets luft har blivit renare senaste årtiondet eller två årtiondena, något som tillåter mer solsken att nå jordytan. Det här låter som mycket goda nyheter, men forskarna säger att när mer solenergi når jordytan gör det jordytan varmare och det kan förvärra problemen orsakade av den globala uppvärmningen."* Nature hade också med en kommentar från en meteorolog, Andreas Macke från Leibniz Institute of Marine Sciences, Kiel, Tyskland. *"Det står klart att växthuseffekten har maskerats av luftföroreningar"*, löd kommentaren från Macke. Fundera gärna över Natures kommentar! Men om den rör till det, så gå vidare till nästa avsnitt.

IPCC 2007

Science-artiklarna följdes upp i IPCC:s fjärde stora rapport om klimatförändringar som kom 2007. I kapitel 3 berättas om den ökade instrålningen. Avsnittet där ämnet behandlas inleds med formuleringen: *"En viktig förändring sedan förra rapporten är de till synes oväntade stora förändringarna i strålning i de tropiska områdena."* I kapitlet berättas att satellitmätningar visar att den inkommande strålningen har ökat sedan 1980-talet och att också utstrålningen har ökat, dock inte lika mycket. Om uppvärmningen under 1990-talet var en följd fler växthusgaser i luften borde utstrålningen minskat. Det är det teorin går ut på. Med tanke på att instrålningen ökade är det dock naturligt att utstrålningen också ökade. Ökad instrålning ger mer energi till klimatsystemet, vilket leder till att temperaturen höjs och en varmare jord avger mer värme. Författarna till kapitlet konstaterar att förändringarna i instrålningen varit större än förändringarna i strålning på grund av variationer i luftfuktigheten eller mänsklig påverkan, dvs. den av människan förstärkta växthuseffekten. Författarna skriver: *"The changes in SW radiation measured by ERBS Edition 3 Rev 1 are larger than the clear-sky flux changes due to humidity variations (Wong et al., 2000) or anthropogenic radiative forcing (see Chapter 2)."*

Det går bara att tolka det som författarna till kapitel 3 skriver och de siffror som redovisas på ett sätt. Det är den ökade instrålningen som är huvudorsak till den uppvärmningen som sker mellan 1980-talet och de första åren av 2000-talet. Mätresultaten som redovisas i kapitlet täcker in området runt ekvatorn, från 20 N till 20 S, exempelvis från Mexico City i norr till Rio i söder. Eftersom jorden är som tjockast runt ekvatorn handlar det om ungefär halva jordens yta. Det är också det område som tar emot mest energi från solen.

En skillnad mellan kapitel 3 i IPCC-rapporten 2007 och artiklarna i Science är att i kapitel 3 är det förändringar i molnens utbredning som anses vara huvudorsak till ökad instrålning, inte den renare luften. Moln reflekterar också en del av den inkommande strålningen. Den som ligger och solar märker direkt om solen går i moln. Det blir kyligare och när solen åter tittar fram blir det varmare. Molnet som passerade reflekterade en del av solstrålningen tillbaka ut i rymden. Författarna till kapitel 3 menar att det är minskad molnighet som är orsaken till den ökade instrålningen. Om molnens utbredning minskar reflekteras färre av de inkommande solstrålarna. Fler solstrålar värmer då jordytan och klimatsystemet.

Vad händer då när den kortvågiga solinstrålningen ökar i området runt ekvatorn? Ett område som till stor del består av hav. Jo, när fler inkommande strålar träffar havsytan värms vattnet och även vattnet under ytan får del av värmen. Mer värme lagras i haven. Tillskottet av värme stannar då till stor del kvar i haven och det gör att ökningen av utstrålningen blir mindre än ökningen av instrålningen. IPCC skriver i kapitel 3 att den stora minskningen i reflekterad solstrålning och den betydligt mindre förändringen i utåtgående strålning tyder på att det skett en minskning av de låga molnen runt ekvatorn; *"if correct, the large decrease in reflected SW radiation with little change in outgoing LW radiation implies a reduction in tropical low cloud cover over this period"*. Författarna till kapitlet hänvisar också till forskning som visar att den ökade instrålningen stämmer med ökningen av den värmemängd som lagras i haven. När de tropiska haven blir varmare blir resten av planeten också varmare, eftersom värmen transporteras ut mot polerna.

Även i kapitel 9 i 2007 års rapport behandlas den ökade instrålningen och samma sak berättas som i kapitel 3. I kapitel 9 nämns dock två tänkbara orsaker till att instrålningen ökat, färre moln och/eller renare luft.

År 2008, året efter att rapporten presenterats, ringde jag upp Joyce Penner, forskare vid University of Michigan och en av huvudförfattarna till kapitel 9. Intervjun sändes som en del av ett längre program i P1 om mätresultaten i IPCC:s rapport (Vetandets värld, Mätresultaten som utmanar slutsatserna i FN:s klimatrapport). De citerade avsnitten är hämtade från radioprogrammet. Jag frågade henne om hon blev förvånad när hon först såg mätresultaten som pekade på en ökning av den inkommande strålningen. *"Oh ja, absolut"*, svarade Penner och fortsatte: *"Det intressanta är att klimatmodellerna visar en uppvärmning som stämmer med de uppmätta temperaturerna, trots det faktum att det också tillkommer energi från ökad instrålning som bidrar till uppvärmningen."* I modellerna är det växthusgaserna som orsakar all uppvärmning, men mätresultaten visar alltså att även den ökade instrålningen bidragit. Penner sa också: *"Klimatmodellerna tycks inte stämma med observationerna, vilket vi sa redan i IPCC-rapporten."*

Nu uttryckte sig inte författarna till kapitel 9, däribland Penner, så tydligt i rapporten, men det framgick indirekt och det på flera sätt. Förutom siffrorna som visar att instrålningen hade ökat och därmed gett mer energi/värme till klimatsystemet framkommer det i kapitlet att uppvärmningen av atmosfären inte följer det mönster som klimatmodellerna "ritar upp". Vid en förstärkt växthuseffekt ska temperaturökningen, enligt modellerna, vara som störst runt 10 000 meter upp i luften vid ekvatorn, en s.k. "hot spot". En förstärkt växthuseffekts fingeravtryck och ett avgörande bevis för att det är växthusgaserna som ligger bakom uppvärmningen. Men beviset backas inte upp av temperaturmätningarna. Uppvärmningen runt 10 000 meters höjd är mycket marginell och klart mindre än nere vid jordytan.

Till varje rapport presenterar IPCC en Sammanfattning för beslutsfattare. I sammanfattningen 2007 nämns inte den ökade instrålningen utan där konstateras att temperaturökningen sedan 1990 beror på växthusgaserna. Uppvärmningen mellan 1990 och 2005 är 0,2 grader per årtionde och det ligger i linje med klimatmodellernas beräkningar, ett bevis på att modellerna är trovärdiga.

Det var i och med IPCC:s rapport 2007 som det blev tydligt att det budskap som IPCC vill förmedla i sammanfattningen och i pressreleaser och vad som verkligen står i den egentliga rapporten inte behöver sammanfalla. Klimatfrågan är mer än "bara" vetenskap, vilket jag återkommer till.

IPCC 2013

I den femte och senaste stora IPCC-rapporten om klimatförändringar, som presenterades i Stockholm hösten 2013, redovisas såväl den minskade instrålningen fram till 1980-talet som den ökning av instrålningen som skedde därefter. IPCC skriver att det har skett omfattande förändringar i solstrålningen vid markytan, Surface Solar Radiation (SSR), efter 1950. Fram till 1980-talet skedde en minskning (global dimming) som observerats vid många landbaserade mätstationer.

IPCC skriver vidare att satellitmätningar visar samstämmigt på en ökad instrålning (brightening) från mitten av 1980-talet till år 2000, såväl globalt som över haven; *"available satellite-derived products qualitatively agree on a brightening from the mid-1980s to 2000 averaged globally as well as over oceans, on the order of 2 to 3 W m² per decade"*.

Den energi (värme) som solstrålningen för med sig till jordens klimatsystem anges i W/m² (watt per kvadratmeter). Den siffra som nämns i kapitlet är en ökning med 2–3 W/m² och årtionde. Ett energitillskott på 2–3 W/m² och årtionde mellan mitten av 1980-talet fram till år 2000 betyder en ökning på 3–4,5 W/m² för de 15 åren. Det kan jämföras med att IPPC i rapporten beräknar att människans utsläpp av koldioxid från 1750 till 2011 har lett till ett energitillskott på 1,82 W/m². Det energitillskott (värmeökning) som den ökade instrålningen sedan 1980-talet fört med sig är med andra ord betydligt större än det energitillskott som de samlade utsläppen av koldioxid sedan förindustriell tid beräknas ha bidragit med.

IPCC tar i kapitel 2 också upp en rad andra mätresultat som styrker bilden av att instrålningen ökat sedan 1980-talet. Mätresultat som IPCC menar är oberoende bevis för att det skett svängningar i instrålningen som varat i årtionden; *"overall, these proxies provide independent evidence for the existence of large-scale multi-decadal variations in SSR"*.

Ett sådant bevis är att antalet timmar då solen skiner på oss har blivit fler sedan 1980-talet. Mer blå himmel och mer solsken leder till ökad instrålning, och därmed mer energi (värme) till klimatsystemet. IPCC hänvisar bland annat till Wang, som hämtat mätresultat från 1165 mätstationer i bland annat Europa, Iran, Indonesien, Kina, Nordamerika och Chile. Wang menar att ökningen av antalet soltimmar under perioden 1982–2008 beror på förändringar i molnigheten.

En annan studie som IPCC hänvisar till visar att i Sydamerika skiner solen mer under 2000-talet än under slutet av 1900-talet. En studie som hämtat mätresultat från 237 mätstationer runt om i Sydamerika (Raichijk).

IPCC skriver i kapitlet att den ökade instrålningen inte kan förklaras med förändringar i den totala solstrålningen, den strålning som träffar atmosfärens yttersta del (solstrålning ovan moln och partiklar), utan förklaringen måste vara att atmosfären lättare släpper igenom solens strålar. IPCC:s huvudförklaring till den ökade instrålningen är renare luft, samtidigt som man medger att dimming- och brighteningperioderna är märkbara även i områden där luften endast marginellt påverkats av utsläpp av partiklar; *"also notable at remote and rural sites"*.

"Klimatkrafter"

IPCC:s rapport 2013 om klimatförändringar är på drygt 1 100 sidor och innehåller tolv kapitel. De tar vart och ett upp ett specifikt område och de har skrivits av olika författare/forskare. Kapitel 2 heter "Observations: Atmosphere and Surface" och är en genomgång av det som har hänt i klimatsystemet, såväl vid jordytan som i luften. Det kan gälla temperaturer, växthusgaser, instrålning, nederbörd, luftfuktighet, moln, extremväder... listan kan göras lång. Det är från kapitel 2 som jag hämtat resonemanget om dimming och brightening.

Kapitel 8 heter "Anthropogenic and Natural Radiative Forcing". Ett kapitel som handlar om den teori som IPCC bygger sina slutsatser på. En teori som går ut på att det krävs att jordens klimatsystem påverkas av en kraft utifrån, för att den globala medeltemperaturen ska förändras. En kraft, en 'klimatkraft", som kan tillföra mer energi till jordens klimatsystem och därmed höja den globala medeltemperaturen, eller som kan minska den tillförda energimängden och därmed verka avkylande. IPCC kallar de krafterna för "forcing". Krafter som inte tillhör klimatsystemet, men som kan påverka.

IPCC utgår från förindustriell tid (år 1750) i sina beräkningar och sedan dess har två klimatkrafter haft en värmande effekt medan två har haft en avkylande effekt. IPCC räknar människans utsläpp av växthusgaser som en extern kraft som värmt. Förändringar i den totala solstrålningen (solstrålning ovan moln och partiklar) är den andra externa kraften som bidragit till uppvärmningen. Den totala solstrålningen kallas också solarkonstanten, eftersom solstrålning ovan moln och partiklar är mer eller mindre konstant. De siffor som nämns i kapitel 8 är att utsläppen av koldioxid från 1750 fram till 2011 har gett klimatsystemet ett energitillskott på 1,82 W/m². Den sammanlagda siffran för de långlivade växthusgaserna är 2,83 W/m². Ökningen av den totala solstrålningen har lett till en energiökning på 0,05 W/m². Utsläppen av de långlivade växthusgaserna har sedan 1750 bidragit med en energiökning som varit ungefär 60 gånger starkare än det energitillskott den totala solstrålningen tillfört, enligt IPCC:s beräkningar.

Det har blivit fler partiklar i luften sedan 1750 och att mängden partiklar i luften ökat är den kraft som haft störst avkylande effekt. Att partiklarna i luften minskat sedan 1980-talet och att luften blivit renare förändrar inget. Jämfört med 1750, förindustriell tid, är partiklar en avkylande kraft. Den andra kraften som har verkat avkylande är markförändringar, eller rättare sagt förändringar i den yta som täcks av skog. Skog i norr värmer och framförallt är det den mörka barrskogen som suger åt sig den inkommande solstrålningen. Ett obrutet snötäcke reflekterar betydligt mer av de inkommande solstrålarna än exempelvis en granskog.

Under 1800-talet och början av 1900-talet fick skog i norr ge plats åt mer åkermark. Det har lett till att mer av den inkommande solstrålningen reflekteras idag jämfört med före 1750, enligt IPCC. Att skogen växt till i norr under de senaste 30–40 åren är inget som IPCC tar med i beräkningarna. I Sverige har vi mycket mer skog idag, och då framförallt granskog, jämfört med för 50 eller 100 år sedan. Under de senaste 30 åren har det också skett en ökning av skogsarealen i exempelvis Ryssland. Skog runt ekvatorn kyler, men där har inte IPCC räknat med några större förändringar.

Vi kan sammanfatta "kraftteorin" så här: Den enda klimatkraft som kan orsaka en global uppvärmning är en ökning av växthusgaserna i luften. Partiklar från vulkanutbrott och människans aktiviteter har en avkylande effekt eftersom partiklar reflekterar en del av den inkommande solstrålningen, men ökningen av växthusgaser har sedan förindustriell tid varit en mycket starkare kraft än ökningen av partiklar i luften, och därför har det skett en uppvärmning.

I praktiken är det därför växthusgaserna som styr den globala temperaturen och det existerar ett mer eller mindre rätlinjigt samband mellan förändringar i halten växthusgaser och global medeltemperatur. Stora vulkanutbrott kan ha en avkylande effekt under något eller några år, innan effekten klingar av. Notera att förändringar i instrålningen, den solstrålning som tar sig förbi partiklar och moln, inte räknas som en klimatkraft, enligt kraftteorin.

När klimatmodellerna ska beräkna framtidens klimat utgår modellerna från kraftteorin och att klimatsystemet är mer eller mindre rätlinjigt, något förenklat. Temperaturen kommer att stiga i takt med att växthusgaserna ökar.

Beviset

Det går att mäta förändringar i den utåtgående värmestrålningen (outgoing longwave radiation eller OLR), vilket jag nämnt. Det går också att mäta den långvågiga värmestrålning som reflekteras tillbaka ner mot jordytan. Det går med andra ord att mäta förändringar i växthuseffekten, men det är inte bara koldioxid som hindrar/bromsar den utåtgående värmestrålningen. Det gör också moln och vattenånga, och deras bidrag till växthuseffekten är betydligt större, och det går bara att mäta den totala förändringen i den utåtgående värmestrålningen eller i den strålning som reflekteras tillbaka mot jordytan. Det går med andra ord att mäta förändringar i den totala växthuseffekten, men det går inte att mäta hur stor påverkan utsläppen av koldioxid har på temperaturen.

När IPCC hävdar att den globala uppvärmningen beror på människans utsläpp av växthusgaser är det kraftteorin och modellerna IPCC åberopar. Om enbart de naturliga krafterna, förändringar i vulkanaktivitet och den totala solstrålningen (solstrålningen ovan moln och partiklar-min anmärkning) tas med i beräkningarna visar klimatmodellerna ingen uppvärmning sedan mitten av 1900-talet. När kraften från växthusgaserna tas med i beräkningen visar modellerna att det sker en uppvärmning. Eftersom det skett en uppvärmning måste det alltså vara ökningen av växthusgaser i luften som är orsaken. Det är med hjälp av klimatmodellerna som IPCC bevisar växthusgasernas påverkan på klimatet. (IPCC Sammanfattning för beslutsfattare 2013)

Svagt stöd för egen teori

Den globala medeltemperaturen steg kraftigt under första delen av 1900-talet, men fram till 1950-talet var utsläppen av växthusgaser begränsade. Något som är svårt att förklara med hjälp av kraftteorin, vilket också IPCC kommer fram till i rapporten 2013. IPCC skriver på sidan

887 att uppvärmningen under seklets första hälft kan ha berott på interna variationer i klimatsystemet, men också på naturliga krafter som solen och på mänsklig påverkan. Enligt författarna till det aktuella kapitlet är det dock svårt att kvantifiera i vilken utsträckning som de nämnda orsakerna bidragit till uppvärmningen. IPCC har med andra ord ingen bra förklaring till varför temperaturen steg från 1800-talet fram till åren runt 1940, eftersom den kraftiga uppvärmningen inte kan förklaras med de relativt begränsade utsläppen av växthusgaser.

Avkylningen från mitten av 1940-talet och fram till mitten av 1970-talet kan hjälpligen förklaras med att instrålningen minskade när partikelutsläpp från jordbruk, industri och bilar ökade (dimming). Det är alltså en period med avkylning/brist på uppvärmning trots att utsläppen av växthusgaser ökade kraftigt.

Uppvärmningspausen i början av 2000-talet kan IPCC heller inte förklara. IPCC konstaterar på sidan 769 att temperaturen inte ökat under 2000-talet och att uppvärmningspausen inte stämmer med klimatmodellernas beräkningar. Klimatmodellernas temperaturkurvor pekar uppåt, medan de temperaturkurvor som bygger på uppmätta resultat planar ut. Nästan ingen av klimatmodellerna har med uppvärmningspausen, skriver IPCC; *"almost all CMIP5 historical simulations do not reproduce the observed recent warming hiatus"* (s. 772).

I utkastet till rapporten presenterades flera grafer som visade att alla klimatmodeller beräknar en betydligt snabbare uppvärmning sedan 1990 än vad temperaturkurvorna visar, och det är under 2000-talet som modeller och temperaturmätning skiljer sig åt. I den slutliga versionen av rapporten var de graferna borta. I de grafer som finns med i rapporten går det att utläsa att enstaka klimatmodeller har beräknat en temperaturutveckling som ligger i linje med uppvärmningspausen. Enligt den stora majoriteten av modeller borde det dock ha skett en tydlig uppvärmning även under 2000-talets första årtionde, därav formuleringen *"almost all..."*. Den enda period där snabb temperaturökning och en ökning av växthusgaser i luften går något så när hand i hand, och där klimatmodellerna stämmer med temperaturutvecklingen, är under slutet av 1900-talet. Den period då IPCC samtidigt visar att det skett en kraftig ökning av instrålningen, den solstrålning som tar sig förbi partiklar och moln. En ökning som, enligt IPCC i rapporten, har tillfört jordens klimatsystem stora mängder energi, dvs. värme.

Två parallella bilder

Det går att hänvisa till IPCC oavsett om man vill visa att det är ökad instrålning eller utsläppen av växthusgaser som är huvudorsak/orsak till uppvärmningen sedan 1980-talet, den period då vi haft den kraftigaste ökningen av växthusgaser i luften.

I rapporterna 2007 och 2013 framgår det att instrålningen ökat sedan 1980-talet, något som tillfört mer energi/värme till klimatsystemet. Ett energitillskott som är betydligt större än det energitillskott som växthusgaserna beräknas ha tillfört. I rapporten 2013 förklarar IPCC att den ökade instrålningen inte kan förklaras med förändringar i den totala solstrålningen utan orsaken måste vara att atmosfären lättare släpper igenom strålarna.

I den andra bilden som IPCC för fram, den bild som presenteras i sammanfattningarna, finns bara en orsak till uppvärmningen sedan 1980-talet, människans utsläpp av växthusgaser. IPCC skriver i Sammanfattning för beslutsfattare 2013 att det är hög trovärdighet i påståendet att förändringar i den totala solstrålningen inte har bidragit till uppvärmningen under perioden 1986 till 2008.

Det kan tyckas märkligt att den första bilden, den ökade instrålningen, inte finns med i IPCC:s sammanfattningar. Mätresultaten är tydliga och det råder stor enighet i forskarvärlden att vi sedan 1980-talet haft en period med brightening, och innan dess en period med dimming. Det är svårt att förklara den avkylning/brist på uppvärmning som skedde fram till åren runt 1980, utan att väga in minskad instrålning (dimming) som en bidragande orsak, något som också forskarna har gjort och gör. Om det sen sker en brightening (ökad instrålning) ligger det nära tillhands att anta att den ökade instrålningen varit en faktor som bidragit till uppvärmningen sedan 1980-talet.

Mer sol i Sverige

Även i Sverige har instrålningen ökat. SMHI presenterar siffrorna på sin hemsida. De finns redovisade under rubriken ”Klimatindikator - globalstrålning”. Globalstrålning är den direkta solstrålningen på jordytan plus den indirekta, den solstrålning som först träffar partiklar eller moln och som sen reflekteras ner mot jordytan. Mätningarna började 1983 och i den analys som SMHI gör används mätresultat från åtta mätstationer; Kiruna, Luleå, Umeå, Östersund, Karlstad, Stockholm, Visby och Lund. Från 1980-talet fram till 2005 var ökningen nästan 8 procent. Sedan dess har den legat kvar på den högre nivån, och till och med ökat något under de senaste åren.

Under 2018 nådde den inkommande strålningen rekordnivåer. *”Högtrycksblockeringar över Skandinavien gav mycket soligt väder under framförallt maj och juli 2018 vilket bäddade för topprekord av globalstrålning över Sverige”*, skriver SMHI på sin hemsida. Även under 2019 var instrålningen hög.

De två viktigaste faktorerna som påverkar globalstrålningen, enligt SMHI, är solhöjden och molnigheten. SMHI skriver också att variationer i solstrålningen påverkar klimatet och att strålningsbalansen vid jordytan har mycket stor betydelse för temperatur och avdunstning. De förändringar i instrålningen som de svenska mätningarna visar följer med andra ord den globala trenden. Det gäller också för Danmark, som under 2000-talet haft fler soltimmar per år än under 1930-talet och betydligt fler än under 1980-talet. Då hade Danmark färre än 1 500 soltimmar per år jämfört med över 1 700 soltimmar under 2000-talets första år (Danmarks Meteorologiske Institut, DMI).

De flesta klimatmodeller visar annars att molnen ska bli fler i den tempererade zonen, där Sverige ligger (IPCC 2007 och 2013). Modellerna visar att i takt med att temperaturen stiger så förflyttas molnen från subtropiska områden, som norra Afrika och södra Spanien, norrut till den tempererade zonen och polarområdena. Observationerna, som ökad instrålning i Sverige och fler soltimmar i Danmark, visar att det inte blivit fler moln i den tempererade zonen. Mätresultaten tyder på det motsatta.

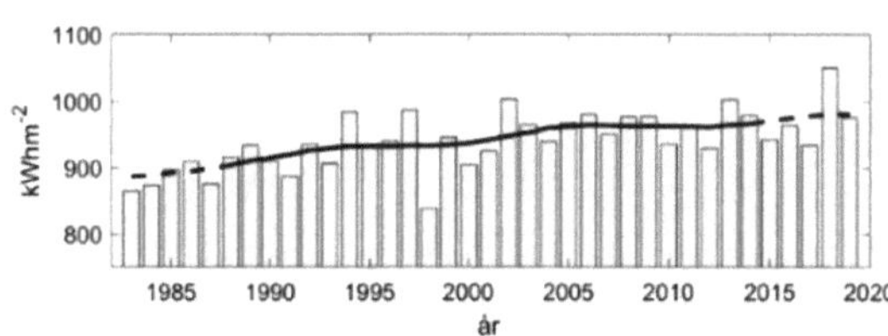

Ackumulerad globalstrålning för hela år sedan 1983 för åtta stationer i Sverige. Den svarta kurvan visar ett utjämnat förlopp ungefär motsvarande ett tio-årigt löpande medelvärde. Figuren är hämtad från SMHI.

Kommentar

Är det ökad instrålning eller fler växthusgaser i luften som är huvudorsak till uppvärmningen sedan 1980-talet? Båda faktorerna är pusselbitar i det stora pussel som måsta läggas om forskarna till fullo ska förstå hur klimatsystemet fungerar. Ett pussel där många bitar fortfarande saknas och där andra bitar inte tycks passa in.

Fler av solens strålar har värmt jorden under 2000-talet än under 1980-talet.

Det visar mätningar av instrålningen som bland annat presenteras i IPCC-rapporterna 2007 och 2013.

Stämmer siffrorna är det förändringen i instrålningen från solen som varit huvudorsaken till den globala uppvärmningen sedan 1980-talet.

Även i Sverige har instrålningen ökat sedan 1980-talet.

4 IPCC - FN:s klimatpanel

"The Intergovernmental Panel on Climate Change shall concentrate its activities on the tasks allotted to it by the relevant WMO Executive Council and UNEP Governing Council resolutions and decisions as well as on actions in support of the UN Framework Convention on Climate Change process"
PRINCIPLES GOVERNING IPCC WORK

IPCC och klimatkonventionen

Det är IPCC, FN:s klimatpanel, som idag sätter agendan när det gäller hur det globala klimatet ska beskrivas, vilka klimatförändringar som sker, vad som orsakar klimatförändringar och hur det framtida klimatet kommer att gestalta sig. Deras slutsatser har konsekvenser för hela samhället i ett land som Sverige. Klimatmål, klimatpolitik, koldioxidbeskattning, samhällsplanering, synen på matvanor och flygresor är bara några exempel av allt som påverkas av IPCC:s slutsatser. Media hårdbevakar numera presentationen av varje ny IPCC-rapport och rapporteringen är omfattande.

IPCC står för The Intergovernmental Panel on Climate Change. Som hörs av namnet är IPCC en mellanstatlig organisation. Det går inte att förstå den vetenskapliga delen av klimatfrågan utan att väga in IPCC:s sammansättning och uppdrag.

IPCC bildades 1988 som ett led i FN:s arbete med att försöka få världens länder att enas om en klimatkonvention. En konvention som skulle begränsa de globala utsläppen av växthusgaser. Klimatkonventionen, UN Framework Convention on Climate Change eller UNFCCC, kom att undertecknas i Rio 1992. Sedan 1995 möts de länder som undertecknat konventionen årligen vid så kallade COP-möten. COP står för Conference of the Parties. Klimatkonventionens regelverk har förändrats under åren, i första hand vid COP-mötena i Kyoto 1997 och i Paris 2015.

Tillbaka till IPCC. Klimatpanelen indelades från början i tre arbetsgrupper, var och en med uppgift att ta fram en delrapport. Arbetsgrupp 1:s delrapporter handlar om klimatet och klimatförändringar. Det är det vetenskapliga underlaget. När jag hänvisar till IPCC:s rapporter så är det arbetsgrupp 1:s delrapporter jag åsyftar. Arbetsgrupp 2:s rapporter berättar om konsekvenserna av klimatförändringarna och arbetsgrupp 3 tar upp hur utsläppen av växthusgaser ska begränsas och hur konsekvenserna av klimatförändringarna ska mildras. De tre delrapporterna utgör tillsammans det som kallas Assessment Report (AR) och den första presenterades 1990. Dessutom publiceras en syntesrapport som bygger på innehållet i de tre övriga. Sammanlagt har IPCC publicerat fem assessment-rapporter, 1990, 1995, 2001, 2007 och 2013/2014. Nästa AR, den sjätte, är planerad till 2021/2022.

IPCC:s uppdrag kom mer formellt att begränsas vid ett IPCC-möte i Wien 1998, då ett antal arbetsprinciper antogs. Den övergripande och inledande principen är att IPCC ska lyda under FN-organen UNEP och WMO (FN:s miljöprogram och Meteorologiska världsorganisationen) och stödja klimatkonventionen, ge stöd åt den process som bygger på politiska beslut som tagits i Rio, Kyoto och Paris; *"... in support of the UN Framework Convention on Climate Change process"*.

Andra viktiga arbetsprinciper är att IPCC ska ha fokus på de av människan orsakade klimatförändringarna och att de rapporter som tas fram även ska granskas politiskt. All information finns på IPCC:s hemsida. IPCC (klimatpanelen) och UNFCCC (klimatkonventionen) är med andra ord delar av samma struktur och med samma mål.

Delegaterna

Arbetet med nästa assessment-rapport påbörjades då klimatpanelen möttes i Montreal 2017. Listan på IPCC-delegater som fanns på plats i Montreal innehöll namn som Oscar Roca från Perus utrikesdepartement och Öyvind Christophersen från norska miljödirektoratet (motsvarighet till Naturvårdsverket). Storbritanniens bidrag till mötet kom alla från Department for Business, Energy and Industrial Strategy. Nya Zeelands delegater, Dan Zwartz och Helen Plume, kom från landets miljödepartement. Uruguays representanter hämtades från landets ambassad i Kanada. Det kan vara värt att understryka att IPCC är en mellanstatlig organisation där delegaterna till mycket stor del kommer från departement och statliga myndigheter.

Med på mötet i Montreal var också medlemmar från IPCC-byrån. Denna består av ordförande och vice ordförande i de tre arbetsgrupperna plus vice ordförande i The Task Force, som har till uppgift att ha koll på ländernas utsläpp av växthusgaser.

Montreal-mötets uppgift var att besluta om en outline, rubriker och underrubriker, till var och en av de tre rapporterna. Panelen beslutade exempelvis att kapitel 3 i arbetsgrupp 1:s rapport får rubriken "Human influence on the climate system". Efter mötet nominerade ländernas regeringar författare/forskare till uppgiften att fylla kapitlen i de tre rapporterna. Urvalet gjordes sedan av IPPC-byrån.

Byrån ska också ge författarna till rapporterna råd och se till att IPCC:s arbetsprinciper tillämpas. De forskare/författare som är utvalda skriver en första version av rapporten, ett utkast som skickas ut på remiss till ländernas regeringar.

Slutprodukten blir förutom en rapport också en sammanfattning för beslutsfattare (Summary for Policymakers). Rapport och sammanfattning diskuteras och klubbas vid ett IPPC-möte, ett för var och en av delrapporterna. Samma tjänstemän är ofta med i flera av arbetsgrupperna. När delrapporterna till den senaste assessmentrapporten slutformulerades och godkändes under 2013 och 2014 var exempelvis Zwartz och Plume från Nya Zeelands miljödepartement delegater i arbetsgrupp 1 som lade fram sin rapport i Stockholm, arbetsgrupp 2 som presenterade sin rapport i Yokohama, arbetsgrupp 3 som lade fram gruppens rapport i Berlin och syntesgruppen som presenterade slutrapporten i Köpenhamn. De var också delegater i den klimatpanel som slutdiskuterade och godkände IPCC:s specialrapport om 1,5 graders global uppvärmning. Ett möte som hölls i Sydkorea hösten 2018.

Andra delegater som medverkade i alla arbetsgrupperna när den senaste assessment-rapporten togs fram var exempelvis Philip Mortensen, Ole-Kristian Kvissel och Öyvind Christophersen från norska Miljödirektoratet, Phil Duffy från Vita Husets forskningspolitiska avdelning, Romulo Acurio från Perus Utrikesdepartement, Rayna Angelova från Vatten- och miljöministeriet i Bulgarien, Maurice Shiramanga vid Institutet för Geografi i Burundi, Girardi Jadrijevic från Chiles Miljödepartement, Timothee Kagonbe vid Ministeriet för miljö och naturskydd i Kamerun, Andrej Kranje från Sloveniens Jordbruks- och miljödepartement och Birama Diarra från Malis motsvarighet till SMHI.

Inför IPCC-mötet i Stockholm hösten 2013 beskrevs de uppräknade tjänstemännen och deras kollegor i Göteborgs-Tidningen som *"världens ledande klimatforskare"*. Sveriges Radio nöjde sig med att kalla delegaterna för *"ledande klimatforskare"*. Det händer ofta att media väljer att kalla IPCC-delegaterna för världens ledande klimatforskare.

Delegaterna har sista ordet

De slutsatser som forskarna lägger fram för panelen är inte några officiella slutsatser. Det är först när panelen, ländernas utsedda delegater, sagt sitt som en slutsats blir IPCC:s officiella ståndpunkt: *"Conclusions drawn by IPCC Working Groups and any Task Forces are not official IPCC views until they have been accepted by the Panel in a plenary meeting"*. Den striden avgjordes i samband med att den andra IPCC-rapporten presenterades i Madrid 1995, en händelse som jag återkommer till.

Sammanfattningen för beslutsfattare är ingen sammanfattning i egentlig mening utan en sammanställning som ska ge ett så tydligt budskap som möjligt. Något som framgår vid en jämförelse mellan rapport och sammanfattning.

När rapporterna presenteras är en del av de forskare som skrivit rapporterna närvarande. De flesta har varit huvudförfattare till något av kapitlen i den aktuella rapporten. De är där för att svara på frågor från delegaterna och från media. De inbjudna forskarna får inte delta i panelens förhandlingar.

Få läser rapporterna

Arbetsgrupp 1:s rapporter har gett en bra bild av klimatsystemet och hur klimatet utvecklats, därom råder det relativ stor samstämmighet, även om det finns delar där IPCC:s uppdrag skiner igenom. De vetenskapliga studier som kopplar samman exempelvis klimatförändringar och havens klimatsystem har därför ingen framträdande roll i rapporterna. Solforskarna ges heller inget utrymme.

En annan svaghet är att många av de slutsatser som presenteras utgår från scenarier och klimatmodeller, och inte från observationer.

Arbetsgrupp 1:s rapporter har, trots dessa och en del andra brister, varit en mycket god hjälp för den som vill fördjupa sig i klimatets byggstenar. Rapporterna spretar på ett helt annat sätt än sammanfattningarna, och därmed speglas också klimatsystemets komplexitet. Förutom att det presenteras mätresultat som tonar ner växthusgasernas betydelse så framgår det av rapporterna att kunskapsluckorna är stora. I rapporterna beskrivs också klimatutvecklingar som är svåra att förklara med ökningen av växthusgaser. Vad som står i huvudrapporterna har dock haft en mycket begränsad betydelse för hur klimatfrågan uppfattas eftersom få läser rapporterna och någon offentlig diskussion om innehållet förekommer inte.

Det är i sammanfattningarna som IPCC:s uppdrag framförallt märks. För klimatkonventionen är det avgörande att förmedla bilden av en snabb global uppvärmning orsakad av människans utsläpp av växthusgaser. Det är därför klimatkonventionen och allt som är uppbyggt kring denna existerar.

Specialrapporterna

Under 2018 och 2019 presenterade IPCC tre specialrapporter. De skiljer sig på flera sätt från arbetsgrupp 1:s delrapporter. Den första av de tre, Global Warming of 1,5°C, beställdes på klimatkonventionens årliga möte i Paris 2015, när politiker och delegater från världens länder samlades för att besluta om framtida utsläppsminskningar och överföring av pengar från rika till fattigare länder. På plats i Paris vid invigningen fanns bland andra Stefan Löfven och kungen. Åsa Romson, dåvarande miljöminister, var i Paris som aktiv delegat.

Parismötet konstaterade: *"Climate change represents an urgent and potentially irreversible threat to human societies and the planet"* (Adoption of the Paris Agreement). Delegaterna vid mötet noterade med oro att ländernas åtagande när det gäller att minska utsläppen av växthusgaser inte kommer att räcka för att nå målet att hålla uppvärmningen under 2 grader och att det krävs betydligt större utsläppsminskningar. Under mötet beslöts att IPCC skulle uppmanas att komma med en specialrapport 2018, om effekterna av en uppvärmning på 1,5 grader och vad som krävs när det gäller utsläppsminskningar.

En skillnad mellan arbetsgrupp 1:s tidigare rapporter och specialrapporterna är att de senare har tagits fram i samarbete mellan de tre arbetsgrupperna. Eftersom arbetsgrupp 2:s uppgift är att visa på konsekvenserna av de av människan orsakade klimatförändringarna och arbetsgrupp 3:s uppgift är att presentera lösningar för hur utsläppen ska minska, har arbetsgrupp 1:s roll förändrats.

Global Warming of 1,5°C berör mycket knapphändigt klimatsystemets olika delar. De redovisade mätresultaten är få och mätresultat som talar mot växthusgasernas dominerande roll saknas helt. Stort utrymme får däremot den del som ligger utanför den vetenskapliga sfären. I rapporten poängteras att nyttan som industrialiseringen har inneburit har fördelats ojämnt. De som historiskt sett har gynnats mest har också bidragit mest till dagens klimatproblem och därför har de ett större ansvar, enligt IPCC. *"Etiska överväganden och principen om rättvisa i synnerhet är centrala i den här rapporten"*, skriver IPC

IPCC har sedan Global Warming of 1,5°C publicerat ytterligare två specialrapporter, Special Report on the Ocean and Cryosphere in a Changing Climate och Climate Change and Land. Jag återkommer till specialrapporterna i slutet av boken.

IPCC är en mellanstatlig organisation.

IPCC:s delegater kommer från departement och statliga myndigheter.

IPCC ska stödja klimatkonventionen.

IPCC består av tre arbetsgrupper.

Arbetsgrupp 1:s rapporter om klimatförändringar ger en bra bild av klimatsystemet, men rapporterna läses endast av ett fåtal.

5 En fjärils vingslag

"The climate system is a coupled non-linear chaotic system, and therefore the long-term prediction of future climate states is not possible"
IPCC 2001

Dynamiskt och kaotiskt

Går vi 20 år tillbaka i tiden var det en allmän uppfattning bland forskare att klimatsystemet är kaotiskt och att klimatet, precis som vädret, är ett resultat av en lång rad händelser som hakar i varandra och som påverkar varandra. Matematikern och meteorologen Edward Lorenz lär ha sagt: *"En fjärils vingslag i Brasilien kan orsaka en tornado i Texas."*

National Academy of Sciences publicerade 1999 en rapport där det hävdas att klimatsystemet är kaotiskt. Tom Karl, ett namn som jag återkommer till, och hans många medförfattare till rapporten skriver att tidigare har forskarna trott att klimatet var mer stabilt, men att man nu förstår att klimatet är ett dynamiskt, kaotiskt och föränderligt system; *"today, we understand that the climate is a dynamic, chaotic, changing system"*.

I IPCC-rapporten 2001 sägs att klimatsystemet är ett icke-linjärt kaotiskt system och att det därför inte är möjligt att förutsäga det framtida klimatet.

Även om klimatet är dynamiskt och kaotiskt så går det att peka på faktorer som bör kunna påverka klimatet. Jag berättade att IPCC 2013 nämner tre möjliga orsaker till den kraftiga uppvärmningen under första delen av 1900-talet: Solen, interna variationer i klimatsystemet och människans utsläpp av växthusgaser. Tre faktorer som en stor del av klimatforskningen kretsar kring.

Havsströmmar och vindar

Det sker ett samspel mellan hav och atmosfär och det samspelet har stor betydelse för klimatet och vädret. Den inkommande solstrålningen värmer havsytan och vatten avdunstar. Vid avdunstning bildas vattenånga som stiger uppåt, kondenseras och bildar vattendroppar. När vattenångan kondenseras frigörs värme. Avdunstning leder alltså till att såväl värme som vatten transporteras upp i atmosfären. Vindarna påverkar i sin tur cirkulationen i världshaven, de stora havsströmmar som transporterar värme ut mot polerna.

Haven påverkar atmosfären och tvärtom. Det här är processer som är avgörande för klimatet och därmed livet på planeten.

Jag har nämnt att forskarna har börjat se samband mellan förändringar i havens klimatsystem och förändringar i såväl det regionala som det globala vädret/klimatet. Det som är gemensamt för de studier som pekar på det sambandet är att viktiga svar saknas. Det är en sak att se att laxen återvänder till USA:s västkust med jämna mellanrum och att den däremellan är borta under långa perioder. Nästa steg går också att räkna ut, att det beror på att havstemperaturerna växlar mellan varma och kalla perioder. Det i sin tur kan förklaras med storskaliga förändringar i hur vattnet cirkulerar. Forskarna har dock inte kommit mycket längre än så. De kan beskriva vad som sker men inte förklara varför på ett tillfredsställande sätt och definitivt inte svara på frågan när nästa skifte i cirkulationen inträffar. Vägen till kunskap som räcker för att avgöra klimatsystemens betydelse för klimatförändringar över tid är fortfarande lång.

Idag handlar en del av forskningen om att försöka kartlägga de stora havsströmmarnas variationer i hastighet, storlek och även sträckning. Nästa steg blir att försöka fastslå om en förändring är tillfällig eller början på en trend. I rapporten 2013 skriver IPCC att forskningen ännu inte kan skilja mellan kortvariga förändringar i havens cirkulation och förändringar som sträcker sig över årtionden.

Solen

Solen kan vara aktiv på flera sätt. Den totala solstrålningen, solen ovan molnen, förändras marginellt, men solen skickar inte bara ut strålar utan också en ström av laddade partiklar, solvinden. Denna för med sig ett magnetiskt fält som sträcker sig långt utanför jordens omloppsbana. Jordens atmosfär träffas också av kosmisk strålning, som kommer från supernovor och svarta hål. Jordens eget magnetfält skyddar oss till en del från den kosmiska strålningen. Det gör även solens magnetfält som förstärker det skydd som jordens magnetfält ger. Men solens magnetfält är långt ifrån konstant utan varierar i styrka. Mängden kosmisk strålning som når jorden ökar och minskar därför i takt med styrkan i solens magnetiska fält.

Kol 14 och Beryllium 10 är två isotoper som bildas i samspel med kosmisk strålning. Kol 14 hittas i trä och Beryllium 10 i is. Båda går att åldersdatera och genom att titta på mängden isotoper vet vi hur mycket och när den kosmiska strålningen har förändrats. Om vi vet hur mycket och när den kosmiska strålningen förändrats kan vi också rekonstruera styrkan i solens magnetfält och därmed solens aktivitet långt tillbaka i tiden.

Under de senaste åren har det säkert publicerats mer än hundra vetenskapliga studier årligen som visar på ett samband mellan solaktivitet och klimat. Det finns sammanställningar att hitta på nätet för den som är intresserad. Här är ett par exempel: Deke har med hjälp av pollen i sjösediment från norra Kina skapat en bild av klimatförändringar under 8 000 år. Genom att undersöka vilken typ av pollen som finns i de olika lagren har man kunnat se när klimatet har växlat mellan kalla och varma perioder. Förändringar i solaktiviteten har kartlagts genom att använda sig av kol 14-metoden. Deke har då sett att växlingarna i klimatet sammanfaller med förändringar i solaktiviteten. Klimatväxlingarna har sedan jämförts med människans aktiviteter i området och under varma perioder blomstrar kulturerna och under kalla sker en tillbakagång.

Judge beräknar att solen sedan 1750 har stått för en energiökning till jordens klimatsystem som är dubbelt så stor som den energiökning som människans utsläpp av växthusgaser bidragit med.

Solforskare ser samband mellan solaktivitet och klimat. Förändringarna sker samtidigt eller ungefär samtidigt. Hur sambandet ser ut är dock inte klarlagt, även om det finns teorier. En teori som fått stor uppmärksamhet har presenterats av Henrik Svensmark, fysiker vid Danish National Space Center i Köpenhamn. Han menar att kosmisk strålning hjälper till att bilda låga moln, vilket skulle leda till kedjan låg solaktivitet - mer kosmisk strålning - fler låga moln och därmed minskad solinstrålning, eftersom låga moln reflekterar solens strålning. Konsekvensen blir ett kallare klimat. Den totala solstrålningen kan alltså vara konstant, men solens magnetfält påverkar hur stor instrålningen blir. Teorin är dock inte allmänt erkänd.

Solforskarna är långt ifrån eniga när det gäller hur stor solens påverkan har varit sedan förindustriell tid. Egorova skriver: *"Det finns ingen konsensus när det gäller storleken av solens "kraft"."* Forskarnas uppskattningar varierar mellan en energiökning på 0,1 W/m^2 och en ökning på 6,0 W/m^2." IPCC:s siffra i 2013 års rapport är, som nämnts, 0,05 W/m^2. Det som verkar tämligen säkert, och som visats i ett antal studier, är att solaktiviteten har varit hög under andra halvan av 1900-talet, kanske den högsta under de senaste 8 000 åren (Solanki, Usoskin, Scarfetta och Wilsson, Chatzistergos med flera).

Växthusgaserna

Påståendet att växthusgaser påverkar klimatet bygger på fysikaliska samband. Växthusgaser bromsar den utåtgående värmestrålningen, något som leder till uppvärmning om allt annat i klimatsystemet är oförändrat, därom är de flesta forskare överens. Hur stor påverkan råder det delade meningar om. Enligt kraftteorin styrs klimatet av växthusgaserna.

Axplock

Det publiceras årligen ett mycket stort antal vetenskapliga studier som rör klimatet. Ett urval, stort eller litet, blir subjektivt. Allt fler artiklar tar upp förändringar i instrålningen (kortvågig strålning från solen), som huvudorsak/bidragande orsak till den uppvärmning som skett sedan 1980-talet, under den tid vi har relativt bra mätningar när det gäller molnens utbredning och instrålning. Jag har valt ut några artiklar som täcker in olika aspekter. Det finns många fler att läsa för den intresserade. Partiklar såväl på marken som i luften kan också påverka instrålningen. Jag har valt två sådana som handlar om Arktis. I urvalet nedan finns också tre artiklar som berättar att andra faktorer än människans utsläpp av växthusgaser kan påverka växthuseffekten.

Molnen och global uppvärmning. Moln är den stora jokern i klimatsystemet. Dels har molnen stor påverkan på klimat och temperatur och dels är kunskapen om vad som styr molnigheten liten. NASA Earth Observatory räknar med att ungefär 67 procent av jorden täcks av moln. Moln både kyler och värmer. De både reflekterar inkommande strålning och hindrar utåtgående strålning.

Vi märker av molnens avkylande effekt när solen går i moln en varm sommardag. Vi noterar molnens värmande effekt under vinternätterna. När moln drar in en stjärnklar vinternatt stiger temperaturen. Molnen bidrar till en starkare växthuseffekt. När molnen skingras och det blir stjärnklart kan värmen lättare stråla ut och temperaturen sjunker.

Det är framförallt höga moln som värmer, sett över hela dygnet. De höga, tunna molnen släpper igenom den inkommande solstrålningen, samtidigt som de hindrar värmen att stråla ut. Höga tunna moln har därmed totalt sett en värmande effekt. De förstärker växthuseffekten. De låga molnen ger avkylning, sett över dygnet. De reflekterar mycket av den inkommande solstrålningen, men släpper igenom det mesta av den utåtgående värmestrålningen. Sammantaget är molnens avkylande effekt större än dess värmande effekt (IPCC 2007 och 2013). Minskad molnighet bör därför leda till uppvärmning.

1982 startade NASA ett program för att mäta molnens utbredning med satellit, The International Satellite Cloud Climatology Project (ISCCP). Sedan 2009 är det NOAA som har ansvaret. ISCCP-data visar att molnens utbredning har minskat. Data som dock under årens lopp fått kritik, bland annat av IPCC i rapporten 2013. De senaste åren har ISCCP-resultaten justerats för felaktigheter och nya metoder används.

Karl-Göran Karlsson och Abhay Devasthale från SMHI publicerade en studie 2018 där de redovisar resultaten för ISCCP och tre andra satellitbaserade mätprojekt av den globala molnutbredningen för perioden 1984–2009, en period då alla fyra mätprojekten är igång. Dessutom använder man sig av ett femte, som täcker in perioden 2007–2015, som extra referens. Alla dessa satellitbaserade mätprojekt kommer fram till samma trend. Molnens utbredning har minskat sedan 1980-talet, men siffrorna varierar mellan de olika projekten. Det handlar om minskningar på mellan 0,5 och 1,9 procent per årtionde.

Stanhill har tittat på förändringar av instrålningen vid fem mätstationer i Asien och Europa. Stanhill menar att det är förändringar i molnbildningen som är huvudorsak till såväl dimming som brightening.

Norman Loeb från Nasa har analyserat mätresultaten av instrålningen under och efter uppvärmningspausen, den period under 2000-talet då den uppmätta globala medeltemperaturen var mer eller mindre oförändrad. I studien redovisas en kraftig ökning av instrålningen i samband med att uppvärmningspausen tar slut. Under de tre åren efter uppvärmningspausen, 2015–2017, ökar instrålningen med motsvarande 0,83 W/m^2, vilket har lett till mer energi i klimatsystemet. Ökningen beror till största delen på att de låga molnen blivit färre, en förändring som matchar observerad uppvärmning av havens ytvatten.

Loeb konstaterar också att i vissa områden

på norra halvklotet har den inkommande kortvågiga strålningen ökat även när molnfria förhållanden jämförs.Det gäller för delar av Stilla havet och Atlanten. Något som tyder på att den strängare kontrollen av utsläpp i Nordamerika och Kina lett till renare luft. Slutsatsen, enligt Loeb, blir att det är ökad instrålning som är den dominerande orsaken till den kraftiga uppvärmning som noterats under perioden efter uppvärmningspausen. (Det ska bli intressant att se vilka effekter coronakrisen får för den globala temperaturen under 2020. Minskad industriproduktion och färre transporter bör ge färre partiklar i luften, med ökad instrålning som följd. Temperaturen behöver dock inte öka eftersom det kan finnas andra faktorer som verkar i motsatt riktning.)

Hofer har med hjälp av satellitmätningar kunnat följa förändringar i molntäcket över Grönland. Under den undersökta perioden 1995–2009 sker en gradvis minskning av molnen sommartid. Något som lett till ökad instrålning och är huvudorsaken till att Grönlands ismassor smälter snabbare sedan mitten av 1990-talet. Hofer menar också att förändringar i molntäcket över Grönland styrs av förändringar i NAO.

Det finns forskare som menar att när det blir varmare i tropikerna så öppnar sig de höga molnen och släpper ut värmen, den så kallade Iriseffekten. Först presenterad 2001 av Richard Lindzen och har sen dess diskuterats, utan att vare sig kunna bekräftas eller avfärdas. Om Iriseffekten är verklig betyder det i så fall att när det blir varmare så reagerar naturen med en feedback, som minskar den ursprungliga uppvärmningen istället för att förstärka den. Naturen försöker återskapa balansen i klimatsystemet.

Arktis, smutsigare och renare. Vi vet att en mörk yta absorberar mer solljus än en vit. Vit snö reflekterar mer av den inkommande solstrålningen än en mörk granskog. Vad som finns på marken har därför också betydelse för instrålningen. Tedesco, Earth Institute vid Columbia University, beskriver i en artikel hur Grönlands yta har blivit mörkare och att det har bidragit till att isen smälter. Sot och partiklar faller ner på det översta snö- och islagret på Grönlands inlandsis. Under sommaren smälter ofta det översta lagret bort, åtminstone på delar av Grönlands is. När snön smälter rinner vattnet bort eller avdunstar medan smutsen blir kvar och förmörkar lagret närmast under. Eftersom det lagret då blir mörkare riskerar ytterligare några centimeter av isen att smälta bort. Processen upprepas år efter år och Grönlands yta blir allt mörkare. Jämför med en snöhög på en parkeringsplats under våren. När högen krymper blir den allt mörkare.

Ett annat exempel på den ökade instrålningens betydelse för Arktis hämtar jag från Stockholms universitet, och en vetenskaplig artikel skriven av svenska och norska forskare (Acosta Navarro). Man kommer fram till att renare luft i Europa starkt har bidragit till att temperaturen ökat i Arktis sedan 1980-talet. I artikeln berättas att under perioden 1980–2005 minskade utsläppen av svavelpartiklar i Europa. En utsläppsminskning som ökat instrålningen i Europa och lett till ett varmare klimat här. En del av den värmen har sedan transporterats upp till Arktis.

Utsläppsminskningarna i Europa har också bidragit till att luften över Arktis blivit renare och därmed har även instrålningen där ökat. Detta tillsammans med värmetransporten från Europa har lett till mindre havsis och därmed varmare höstar. Enligt beräkningar i studien har Arktis blivit 0,5 grader varmare på grund av minskningen av svavelutsläpp i Europa.

Den logiska slutsatsen av den insikten är att människans utsläpp av växthusgaser har haft mindre betydelse för uppvärmningen i Arktis än vad man tidigare trott. I pressmeddelandet från Stockholms universitet sägs: *”En kraftig minskning av mängden förorenade partiklar i luften över Europa kan delvis förklara den snabba uppvärmningen av Arktis som observerats sedan 1980. Det visar en ny studie publicerad i Nature Geoscience. Forskare från Stockholms universitet och det norska meteorologiska institutet har kommit fram till att utsläppen av växthusgaser snabbt måste minskas för att dämpa klimatförändringen i Arktis.”*

Konstbevattning - starkare växthuseffekt. En av många intressanta studier som publicerats under 2019 är Kennedy och Hodzic. Forskarna har utgått från Lake Eyre i Australien. Det är ingen sjö i vanlig bemärkelse, utan ett lågt liggande område. Vid mycket kraftiga regn samlas vatten i området, som ligger under havsnivån, och en stor sjö bildas. Det händer 3–4 gånger under en hundraårsperiod att sjön når sin maximala storlek, vilket är betydligt större än den sammanlagda ytan av Vänern och Vättern. Under andra år kan sjön delvis fyllas. Under perioden 1973–1975 regnade det mycket i Australien, framförallt under 1974, och hela Lake Eyre fylldes. Djupet var i vissa områden sex meter, vilket är rekord. Det finns inget utlopp utan vattnet avdunstar så småningom. Efter regnen 1973–1975 tog det flera år innan sjön hade avdunstat/torkat bort. Mätningar visade att utstrålningen av värme minskade under den tiden. Vattenångan orsakade en kraftig växthuseffekt inte bara över sjön, utan över ett mycket stort område.

Det som gjorde att det blev en kraftig ökning av växthuseffekten var Australiens vanligtvis torra klimat. I torra områden finns det begränsat med vattenånga i luften. När mer vattenånga tillförs till torr luft leder det till en betydligt större ökning av växthuseffekten än om redan fuktig luft blir något fuktigare. Kennedy och Hodzic konstaterar att områden som konstbevattnas har växt stadigt under många år. Var sker konstbevattning? Jo, framförallt där det är ett torrt klimat. Kennedy och Hodzic menar att konstbevattning är en starkt bidragande orsak till att den globala medeltemperaturen ökat, lika stark som utsläppen av koldioxid.

Uppvärmning trots minskad växthuseffekt. Det går, som nämnts, att mäta den nedåtgående långvågiga strålningen (downward longwave radiation eller DLR), den värmestrålning som bromsas upp av moln och växthusgaser och sedan ”skickas tillbaka” mot jordytan. Det är dock betydligt svårare och dyrare än att mäta den inkommande kortvågiga strålningen.

Forskare från Science Systems and Application, som är en del av NASA, och University of Michigan, har kommit fram till att under perioden januari 2005 till december 2014 minskade den nedåtgående långvågiga strålningen (Kato). En minskning med 0,2 W/m^2. Vi har med andra ord en svagare växthuseffekt 2014 än 2005, trots mer koldioxid i luften.

Hur kan växthuseffekten ha försvagats när utsläppen av koldioxid har ökat? Jo, växthuseffekten och därmed också den nedåtgående värmestrålningen bestäms i hög grad av moln och vattenånga. Om exempelvis molnens utbredning minskar så leder det till att den värmestrålning som skickas tillbaka mot jordytan minskar. En eventuell förstärkning av den av människan orsakade växthuseffekten (utsläppen av växthusgaser) har mindre betydelse. Färre moln och/eller torrare luft kan mer än väl uppväga en ökad koldioxidhalt.

Trots att växthuseffekten minskade under perioden så ökade den energimängd som värmer jordens klimatsystem, enligt Kato, eftersom den inkommande kortvågiga strålningen ökade med motsvarande 1,3 W/m^2 mellan januari 2005 och december 2014, vilket ledde till en nettoökning av energin som värmer med 1,1 W/m^2 (1,3 W/m^2–0,2 W/m^2). Mer energi och därmed mer värme i klimatsystemet, men en svagare växthuseffekt. Både ökningen av inkommande kortvågig strålning och minskningen av nedåtgående långvågig strålning kan alltså ha berott på minskad molnighet.

En läsvärd och lättläst studie är Cess och Udelhofen som kom redan 2003. De skriver att växthuseffekten blir starkare om koldioxidhalten i luften ökar eller om det blir mer vattenånga i luften, men den kan minska i styrka om molnens utbredning minskar eller om molnen sjunker, dvs. om det blir fler låga moln och färre höga.

Cess och Udelhofen analyserade satellitmätningar och kom fram till att den totala växthuseffekten hade minskat sedan 1980-talet. En minskning som berodde på att molnen blivit färre och att det hade lett till en minskning av växthuseffekten som mer än väl hade uppvägt den ökning som fler växthusgaser orsakat. Minskningen av molnens utbredning beror antagligen på naturliga variationer, och så länge de inte är kända är det omöjligt att säga något om framtidens klimat, enligt studien.

Komplext eller rätlinjigt

Något förenklat finns det två synsätt när det gäller hur klimatsystemet fungerar: 1. Klimatsystemet är icke-linjärt, dynamiskt, komplext och kaotiskt. Det finns inga enkla orsak/verkan-samband och det kan ske naturliga och oväntade klimatförändringar. Klimatförändringar är därför inget bevis på människans påverkan. Det hindrar inte att det går att peka på faktorer som kan påverka både på kort och lång sikt, som solen, havens klimatsystem, växthusgaser, partiklar och molnens utbredning.

Så länge vi inte kan skilja mellan naturliga och av människan orsakade klimatförändringar kan vi inte veta hur stor påverkan utsläppen av koldioxid och andra växthusgaser har haft och har på klimatet.

Dagens klimatmodeller är oförmögna att säga något om framtidens klimat om klimatet är icke-linjärt och dynamiskt och till stor del styrs av naturliga faktorer som förändringar i solens aktivitet eller variationer i havens klimatsystem. Det saknas helt enkelt kunskap för att kunna sätta in relevanta värden i modellerna.

2. Klimatsystemet är linjärt och styrs av växthusgaserna. Vulkanutbrott kan dock temporärt verka avkylande. Uppvärmning och avkylning sker i takt med förändringar i halten växthusgaser och i viss mån av förändringar i vulkanaktiviteten. Den globala uppvärmning som skett är en följd av människans utsläpp av växthusgaser. Kan vi kontrollera koldioxidhalten i luften kan vi också kontrollera klimatet.

Är klimatsystemet linjärt och styrs av växthusgaser går det med hjälp av klimatmodeller göra scenarier om det framtida klimatet även för mycket begränsade områden, om man vet de framtida utsläppen av växthusgaser. SMHI gör sådana scenarier såväl för Sverige som för enskilda län. När det gäller Kronobergs län konstaterar SMHI exempelvis att i slutet av det här seklet så kommer de flesta vattendrag i länet få minskad tillrinning under höstarna och framförallt då Badebodaån och Ronnebyån.

Tänkbara orsaker till klimatförändringar: Naturliga variationer i jordens klimatsystem, förändringar i solens aktivitet och förändringar i luftens halt av växthusgaser.

Moln, vattenånga och andra växthusgaser som koldioxid bidrar till växthuseffekten.

Molnen täcker 67 procent av jordens yta och även små förändringar i molnens utbredning påverkar såväl instrålningen från solen som växthuseffekten och därmed den globala temperaturen.

Solen var mycket aktiv under 1900-talets andra hälft, troligtvis mer aktiv än på flera tusen år.

6 Mer om temperaturer

"Are we making the measurements, collecting the data, and making it available in a way that both today's scientist, as well as tomorrow's, will be able to effectively increase our understanding of natural and human-induced climate change? The Panel on Climate Observing Systems Status would answer the latter question with an emphatic NO"
Tom Karl 1999

Bra data saknas

I den tidigare nämnda rapporten från National Academy of Sciences utvärderades också kvaliteten på klimatdata. Förutom Tom Karl från NOAA medverkade bland andra James Hansen från GISS (NASA) och Bert Bolin från Stockholms universitet i arbetet med rapporten. Tre personer som haft mycket stort inflytande över hur den vetenskapliga delen av klimatfrågan utvecklats.

I rapporten sägs: *"Olyckligtvis, vid en tidpunkt då större politiska beslut rörande klimatförändringsfrågor tas, är förmågan att observera klimatet oorganiserat och allt sämre."* Det som åsyftas är bland annat att antalet stationer där temperaturen vid jordytan mäts hade minskat kraftigt sedan 1980-talet. Tom Karl ställer en fråga i förordet och han ger också svaret: *"Mäter vi, samlar vi in och gör vi data tillgängligt på ett sätt som gör det möjligt för såväl dagens som morgondagens forskare att öka vår kunskap om både naturlig som av människa orsakad klimatförändring? Svaret som vi har kommit fram till är ett eftertryckligt NEJ."*

Bristen på bra mätresultat gör det omöjligt att exempelvis skapa en korrekt global temperaturkurva som sträcker sig 150 eller 100 år bakåt i tiden. I det här kapitlet belyser jag kortfattat problematiken med att ta fram temperaturkurvor. Felkällorna är många. Det är till och med svårt att veta hur temperaturen har förändrats i de länder som har mätresultat av bra kvalitet.

En fråga som intresserat forskarna är varför naturens termometrar (proxydata) och de temperaturkurvor som bygger på instrumentmätningar skiljer sig åt. Både proxydata och termometrarna visar att det blivit varmare sedan 1800-talet, men enligt proxydata var det lika varmt under 1930-talet som under de senaste decennierna. Kapitlet avslutas med en blick mot polarområdena. Hur temperaturen förändras närmast polerna är ofta i fokus i dagens klimatberättelse.

Värmeöar

Det finns områden där det sker och har skett en betydande uppvärmning. Det är i tätbebyggda områden. Asfalt och betong suger åt sig den inkommande solstrålningen. De soluppvärmda ytorna fungerar sen som värmeelement, vilket gör dagen varmare, men framförallt natten, eftersom betongen håller kvar värmen. Avsaknaden av träd och växter som kyler gör sitt till. Fenomenet kallas värmeö eller Urban Heat Island (UHI), vilket jag nämnde tidigare. Värmeöar existerar även på vintern, då exempelvis uppvärmda hus kan läcka värme.

Den som först beskrev värmeöeffekten var Luke Howard, brittisk meteorolog. Han studerade vädret i London med omnejd och berättade om sina resultat i boken "The Climate of London", vars första upplaga kom 1818. Howard konstaterade att det alltid är varmare i än utanför London. Han skriver: *"Temperaturen i staden kan inte anses som en följd av klimatet. Det finns med*

I storstadsområdet Tokyo/Yokohama bor det ungefär 40 miljoner invånare. Värmeöeffekten i Tokyo gör att temperaturen i staden nattetid är många grader varmare än i omgivande landsbygd.

alltför mycket artificiell värme, orsakad av strukturen, av den täta befolkningen och konsumtionen av stora kvantiteter bränsle i eldstäder."

Första gången jag blev medveten om hur stor temperaturskillnaden kan vara mellan stad och dess omgivningar var 1992 i São Paolo i Brasilien. Kung Carl Gustav och drottning Silvia var där för att inviga en nationalpark i stadens utkant. Ett skogsområde, som förutom att det var en rest av den kustnära regnskogen, också fungerade som vattenreservoar för mångmiljonstaden. En naturvårdare visade mig runt i regnskogen. Det var varmt och fuktigt men ändå betydligt svalare jämfört med hur det var utanför reservatet. *"Det är vanligtvis tio grader varmare i staden än här"*, sa min guide.

I Manchester i England kan det skilja 12 grader mellan delar av staden och omgivande landsbygd en sommardag, berättade Roland Ennos, då forskare vid universitetet i Manchester, när jag intervjuade honom år 2007. Han sa också att om Manchester hade 10 procent fler grönområden skulle det sänka stadens temperatur med 4 grader (P1-morgon).

Imhoff studerade värmeöeffekten i 38 av USA:s största städer, spridda över hela USA, och kom fram till att det i genomsnitt under året skiljde 2,9 grader mellan stad och omgivning. Störst var skillnaden i städer omgivna av skog. Där var skillnaden i genomsnitt 8 grader dagtid under somrarna.

Forskare från NASA använde sig av satellitmätningar i en undersökning av värmeöeffekten dagtid i 3 000 städer av varierande storlek runt om i världen (Zhang 2010). Undersökningsperioden var densamma som i Imhoffs studie, 2003–2005, och i genomsnitt var städerna 2,6 grader varmare än omgivande landsbygd under somrarna och 1,4 grader varmare under vintrarna.

Zhang återkom 2012 och analyserade sommartemperaturerna i 42 städer i nordöstra USA. De största städerna hade dagtid en värmeöeffekt som låg runt 10 grader. Providence hade en sommarmedeltemperatur som låg 12,2 grader högre än omgivningarna, medan den ungefär lika stora staden Buffalo hade en värmeöeffekt på 7,2 grader. Skillnaden beror på att Providence är en mycket mer kompakt stad. Det finns också mer skog runt Providence vilket gör att temperaturen i det omgivande landskapet är lägre, eftersom skog i det här fallet har en avkylande effekt.

Ramamurthy studerade värmeböljor som drabbade New York under juli 2016. Skillnaden i temperatur mellan staden och omgivande landsbygd var som störst sen natt/tidig morgon. Forskarna såg också att värmeöeffekten minskade ju närmare havet man mätte.

Bénédicte Dousset vid universitetet i Hawaii har bland annat analyserat temperaturen i Paris med omgivningar under värmeböljan 2003. *"Under två veckor dog närmare 5 000 personer av värmestress i Paris, mest äldre"*, berättade Dousset i en intervju jag gjorde med henne och som sändes i P1. När termometrarna inne i Paris närmade sig 40-gradersstrecket hade områden runt staden temperaturer på knappt 30 grader. Dousset såg ett tydligt samband mellan storleken på värmeöeffekten och antalet människor som dog på grund av värmen under värmeböljan. Dousset konstaterade: *"Det är de höga nattemperaturerna som skördar liv. Kroppen får ingen tid till återhämtning."*

Japan är mindre än Sverige till ytan men har drygt tolv gånger fler invånare. Dessutom är invånarna koncentrerade till vissa kustområden och storstadsregioner. Lägg därtill ett varmt och fuktigt sommarklimat i stora delar av landet. Sammantaget har det gjort att forskarna i Japan har intresserat sig för värmeöeffekten. Japanese Meteorological Agency (JMA) har följt temperaturutvecklingen i en rad storstadsområden för att kunna beräkna värmeöeffekten, bland annat i Kansai, som inkluderar städer som Osaka, Kobe och Kyoto. De fann att vissa områden i Kansai har en genomsnittlig värmeöeffekt på 3–4 grader. Starkast är värmeöeffekten under sen natt/tidig morgon medan den under eftermiddagen är betydligt mindre. Värmeöeffekten beror också på hur mycket det blåser och hur mycket det regnar. När det blåser sprider sig värmen i vindriktningen. JMA kom också fram till att värmeön är ungefär lika stor under vintern som under sommaren.

Japanese Meteorological Agency har också jämfört hur temperaturen har förändrats i Tokyo jämfört med mindre platser i Japan. Uppvärmningen går betydligt snabbare i megastaden. Antalet dagar med mer än 30 grader har blivit många fler i Tokyo sedan början på 1980-talet, medan exempelvis mätstationer på ön Hokkaido snarast ser en minskning.

Den japanska landsbygden har klarat sig från uppvärmning, åtminstone under de senaste 20–30 åren. Så långt tillbaka har den japanska klimatbloggaren Kirye plottat mätdata för 24 japanska mätstationer på landsbygden, utspridda från ön Hokkaido i norr till ön Okinawa i sydväst, en sträcka på drygt 200 mil. Från 1990-talet fram till 2017 visar två av 24 mätstationer på en svag uppvärmning. 22 av stationerna visar nolltrend eller svag avkylning.

En plats där det blivit något kyligare är Miyama i Kyotoprovinsen. En liten by en bit från landsvägen. Husen är byggda i gammal stil. Min familj och jag sov över i Miyama en natt sommaren 2010 och jag kunde konstatera att eldflugorna lyste upp kvällsmörkret över risfälten minst lika mycket som den så gott som helt obefintliga kvällstrafiken. Åtminstone var ljuskällorna ute på risfälten oändligt många fler.

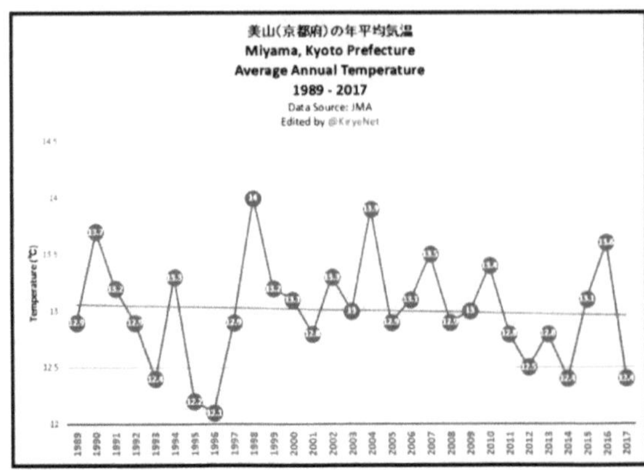

Temperaturutvecklingen i byn Miyama i Japan 1989–2017. Källa: Japanese Meteorological Agency. Bearbetning Kirye, Japan.

För några år sedan frågade sig en grupp ryska forskare om värmeöar också existerar i städer norr om polcirkeln (Varentsov). De valde Apatity, en stad på Kolahalvön med 60 000 invånare, eftersom temperaturmätningar där gav ett bra dataunderlag. Värmeöeffekten var som störst under vintern, en tid då solen inte stiger över horisonten. Den högsta temperaturskillnaden mellan staden och landsbygden som uppmättes vintertid var 11 grader. I medeltal var värmeöeffekten 2 grader. En starkt bidragande orsak till värmeöffekten vintertid i norr är att värme läcker från byggnader.

Även små samhällen har värmeöar. 2001 presenterades i Australian Meteorological Magazine en stickprovsundersökning av värmeöeffekten i två mindre australiensiska städer, Camperdown och Cobden, med 3 315 invånare respektive 1 477 invånare (Torok). I Cobden var de centrala delarna av staden 2,4 grader varmare än utkanterna. I Camperdown var skillnaden 2,7 grader. Forskarna konstaterade att det inte går att säga något om ett medelvärde när det gäller värmeöeffekten i dessa städer (samhällen) efter enbart en stickprovsundersökning, men att *"en signifikant värmeöeffekt kan spåras även i små städer"*.

Värmeöar påverkar inte bara temperatur utan också vind och nederbörd. Den varma luften över staden stiger uppåt, som röken i en skorsten, och det gör att det på marknivå ofta blåser in mot stadens centrala delar. När den varma luften stiger uppåt och sen bort från staden i vindriktningen påverkas nederbördsmönstret.

I Japan har det framförts teorier om att värmeöeffekten kan påverka hur snabbt tyfonerna rör sig. När en tyfon kommer in över japanska fastlandet och möter den varma luften över de tätbefolkade områdena tvingas tyfonen att sakta in.

Värmeöar påverkar också naturen. Det gäller såväl i kallt som varmt klimat. Träd i städer stressas att slå ut tidigare på våren.

Det är svårt att korrekt mäta värmeöeffekten. Det finns flera metoder och ingen är helt tillförlitlig. En tumregel när det gäller att uppskatta värmeöeffekten är: Ju större stad, desto större värmeöeffekt. Det är dock ingen tillförlitlig regel. Värmeöeffekten beror på många faktorer. Hur tät staden är, hur mycket grönområden som finns, vindar, hur omgivande landsbygd ser ut, om staden lig ger vid havet etc.

Det är också svårt att veta hur mycket värmeöeffekten påverkar de temperaturmätningar som används för att skapa nationella och globala temperaturkurvor. Värmeöeffekten borde ha en relativt stor påverkan på temperaturkurvorna eftersom en stor del av mätningarna sker i städer och städerna har växt under de senaste 100 åren.

Det vi säkert vet är att värmeöar har och kommer att ha en stor påverkan på städernas befolkning. Idag bor fler än hälften av jordens närmare 8 miljarder invånare i städer. Förutom att jordens befolkning växer, flyttar folk från landsbygden till städerna. En prognos från FN säger att år 2050 lever 6,5 miljarder människor i städer. 6,5 miljarder som alla lever med en lokal eller regional uppvärmning. Ett antal miljarder i megastäder med värmeöar på runt tio grader.

Städer är i allmänhet betydligt varmare än städernas omgivningar. Något som kallas Urban Heat Island eller värmeö.

Det kan skilja mer än tio grader mellan stad och omgivning.

Värmeöar orsakas av att asfalt och betong värms av solens strålar och fungerar som element.

Värmeöeffekten är som störst nattetid.

Under vintern bidrar läckande värme från hus och industrier till värmeöar.

USA:s värmehål

USA är det större område i världen, där det sedan slutet av 1800-talet har funnits ett tätt nät av mätstationer för temperatur och nederbörd. Nätverket kallas U.S. Historical Climatology Network (USHCN) och mätresultaten samlas in, bearbetas och arkiveras av NOAA. Detta gör att förutsättningarna är goda för att ta fram en temperaturkurva som speglar temperaturutvecklingen i USA under de senaste dryga 100 åren. Bättre än för något annat större område i världen. Det finns ändå två olika bilder av temperaturförändringarna i USA, dels den bild många forskare och de uppmätta resultaten visar och dels den officiella bilden, som de statliga institutionerna NOAA och NASA presenterar.

I en studie från 2001 gör James Hansen vid GISS en analys av de avlästa temperaturerna i USA under perioden 1900–1999. Den avlästa temperaturen steg med 0,25 grader i de större städerna under 1900-talet. Dit räknar Hansen städer med fler än 50 000 invånare. På platser med mindre än 10 000 invånare sjönk temperaturen med 0,05 grader. I genomsnitt steg temperaturen i USA med 0,16 grader under 1900-talet. Den varmaste perioden var 1930-talet. 1934 var det varmaste året under 1900-talet.

Temperaturutvecklingen i USA är intressant. Dels för att det finns bra data och dels för att det inte tycks ske någon uppvärmning, åtminstone inte sedan 1930-talet, enligt de avlästa temperaturerna. Det är framförallt temperaturutvecklingen i den östra delen av USA som bidragit till att det inte skett någon uppvärmning. Där har det varit betydligt kyligare under de senaste 60 åren, jämfört med temperaturerna under första delen av 1900-talet.

Det har publicerats ett antal vetenskapliga artiklar om USA:s "warming hole". Warming hole betyder alltså inte att det är ett ovanligt varmt område, utan ett "hål" i uppvärmningen. Kunkel, Rogers, Yu, Tanner, Pan, Banerjee och Partridge är några i en lång rad vetenskapliga artiklar som behandlar 'värmehålet".

Partridge har tittat på hur temperaturen har förändrats från 1901 till 2015 och använt sig av mätdata från alla stationer runt om i kontinentala USA (USA förutom Alaska och Hawaii) som har mätdata som täcker in mer än 80 procent av perioden, sammanlagt 1 407 mätstationer. I studien konstateras att runt 1958 skedde ett "regimskifte" och sedan dess har dagarnas maxtemperaturer i östra halvan i genomsnitt legat 0,83 grader lägre än under den tidigare perioden. Dagarnas minimitemperaturer har varit 0,46 grader kyligare. Värmehålet täcker in så gott som hela östra USA. Ett område som sträcker sig från Atlantkusten till gränslandet mellan Texas och New Mexico i söder och South Dakota i norr. Enda undantaget är en mycket smal kustremsa från Washington i söder till Boston i norr. I de siffror som Partridge presenterar uppväger värmehålet den uppvärmning som skett i övriga USA sedan år 1900, och sedan 1930 har det skett en avkylning.

Vad är då orsaken till 'värmehålet"? Teorierna är flera. Partridge ser ett samband mellan avkylningen vintertid och klimatsystemen, NAO (Atlanten) och PDO (Stilla havet). Partridge menar att NAO:s och PDO:s påverkan på vintertemperaturerna sker genom jetströmmen. Denna förändrades någon gång mellan 1950 och 1960, tog vidare svängar, något som sammanföll med att 'the warming hole" uppstod, enligt studien. Jetströmmens svängigare bana var också något som forskare på 1970-talet såg som en förklaring till den då rådande "globala avkylningen". IPCC tar upp "the warming hole" på sidan 212 i rapporten 2013.

USA:s "officiella" temperaturkurvor som tas fram av NOAA och GISS, som alltså är en del av NASA, skiljer sig numera kraftigt från de uppmätta temperaturerna. Fram till 2000-talet var skillnaden liten.

I början av 2000-talet gjordes den första större justeringen av rådata av NOAA. GISS följde efter. Den justering som påverkade de avlästa temperaturerna mest var en korrigering för att klockslaget när termometrarna avläses och nollställs hade ändrats under årens lopp. I USA har

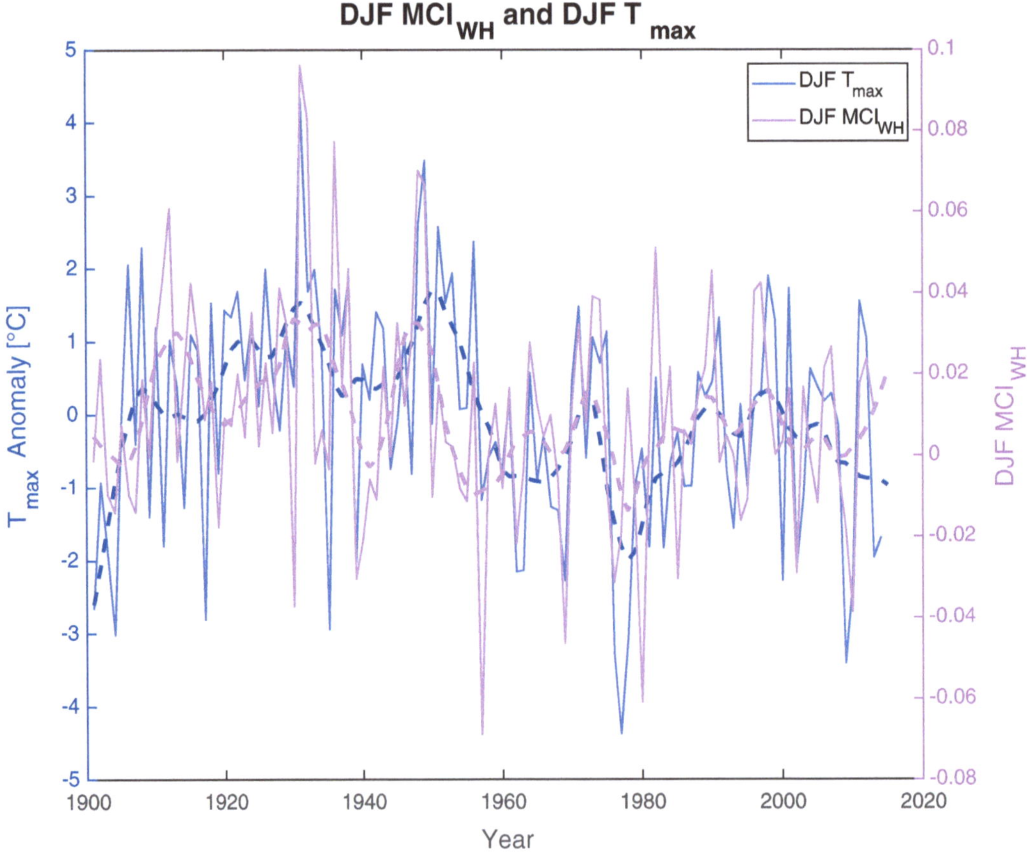

Vintertemperaturerna för östra halvan av USA 1901–2015. Det blå är maximitemperaturer och det röda index för polarjetströmmen. Figuren är hämtad från Partridge et al., 2018.

väderobservatören avläst minimum- och maximumtemperatur en gång per dygn. Om avläsningen sker vid samma tid år efter år behövs ingen korrigering men under andra halvan av 1900-talet började allt fler läsa av på morgonen istället för kvällen. Det gjorde att det successivt smög sig in en allt större "avkylning" i de avlästa värdena jämfört med tidigare, menade Tom Karl och hans kollegor vid NOAA. Om en varm dag följs av en betydligt svalare dag kan det bli fel. När termometern läses av första dagen blir det ett högt värde. Det är ju en varm dag. Termometern nollställs, men det är fortfarande ganska varmt i luften. Nästa dag är betydligt svalare och när termometern avläses på sen eftermiddag/kväll är maxtemperaturen i själva verket från gårdagen, strax efter att termometern nollställdes. När termometrarna i allt högre utsträckning istället började avläsas och nollställas på morgonen kunde inte längre en varm dag påverka den uppmätta temperaturen kommande dag. De förändrade avläsningsrutinerna krävde att de genomsnittliga temperaturerna från början av 1900-talet skrevs ner. Justeringen för att kompensera för värmeöeffekten, de allra flesta mätstationerna ligger i städer som växt sedan 1900, var marginell.

Efter att ha kopierat NOAA:s justeringar visade GISS temperaturkurva från 2001 att medeltemperaturen i USA hade ökat med 0,32 grader under 1900-talet, jämfört med 0,16 grader i de avlästa siffrorna. Även efter de justeringar som gjordes i början av 2000-talet, var 1930-talet det varmaste decenniet och 1934 det varmaste året under 1900-talet. Justeringarna av temperaturutvecklingen har fortsatt under 2000-talet. I 2016 års version av USA:s temperaturkurva är uppvärmningen från 1900 till 1999 ungefär 0,8 grader. 1998 är nu betydligt varmare än 1934.

Även om USA är det större område i världen med flest och bäst temperaturdata har forskarna varit medvetna om att det krävs ännu bättre data för att kunna dokumentera klimatet och klimatförändringarna på ett optimalt sätt. Därför har det byggts upp ett nätverk av mätstationer ute på landsbygden där de förhoppningsvis inte påverkas av värmeöar från städer. Instrumenten som används är av hög kvalitet. Nätverket kallas U.S. Climate Reference Network (USCRN) och ska fungera som referens till det större U.S. Historical Climatology Network. USCRN-stationerna är drygt 130. På NOAA:s hemsida är data från år 2005 och framåt redovisade. Perioden då referensnätverket varit igång är alltför kort för att dra några slutsatser. Ännu går det inte att se någon trend. Hälften av åren har varit kyligare än 2005, det första redovisade året, och hälften varmare. Referensnätverket används inte i de officiella temperaturkurvorna.

USA är det större område i världen som har bra temperaturdata som sträcker sig mer än 100 år bakåt i tiden.

De uppmätta temperaturerna visar att 1930-talet var minst lika varmt som 2000-talet.

Östra halvan av USA har blivit kyligare under de senaste 100 åren.

Australiens temperaturutveckling

I Australien finns också ett antal mätstationer med mätserier som går tillbaka till 1800-talet. De är inte lika många som i USA och de täcker endast in en del av kontinenten. De mätstationer som har långa mätserier visar att temperaturen föll under perioden 1890 till 1910. Det är samma trend som för havstemperaturerna.

Australian Bureau of Meteorology (BOM) har valt 1910 som startår för sina nationella temperaturkurvor. Det år då den temperaturkurva som börjar under slutet av 1800-talet är som lägst.

Precis som i USA bygger den officiella temperaturkurvan på justerade värden. Justeringarna och val av startår gör att Australiens officiella temperaturkurva visar att det har blivit avsevärt varmare sedan 1910. En av de mätstationer som har en mätserie som går tillbaka till 1800-talet är Darwin. Enligt rådata var maxtemperaturen den 1 januari 1910, första dagen i den officiella temperaturkurvan, 34,2 grader. 2012 presenterade BOM en justerad version av de nationella temperaturerna och då hade Darwins maxtemperatur den 1 januari 1910 justerats ner till 33,8 grader. Orsaken sades vara flytt av mätstationen och en ny typ av termometer jämfört med 1910.

2018 kom en ny version av de nationella temperaturerna och Darwins maxtemperatur den 1 januari 1910 hade då sänkts ytterligare en grad, till 32,8 grader, 1,4 grader lägre än den uppmätta temperaturen. Om man jämför de uppmätta temperaturerna i Darwin från slutet av 1800-talet med dagens har det inte skett någon uppvärmning, men i och med att 1910 har valts som startår och de justeringar som har gjorts, visar numera Darwins temperaturkurva en kraftig uppvärmning.

En orsak till justeringen som anges är alltså byte av termometer. Runt om i Australien har BOM bytt ut kvicksilvertermometrar mot automatiska mätstationer, där temperaturen mäts med elektronisk sond och "avläses" varje sekund. Eftersom temperaturen kan variera väldigt snabbt, så kan de automatiska väderstationerna fånga in högre maxtemperaturer än vad kvicksilvertermometrarna kan. De senare reagerar långsammare och hinner inte med vid en snabb uppgång som varar en mycket kort stund. USA använder sig därför av ett fem minuters medelvärde, medan BOM inte använder sig av medelvärde. Det är därför möjligt att BOM justerat maxtemperaturer åt fel håll. Äldre maxtemperaturer har justerats ner när det kanske är de uppmätta temperaturerna från sonderna som borde skrivas ner.

En mätstation i Australien som har en lång mätserie, som hade samma typ av mätinstrument fram till 1998 och där mätplatsen aldrig har flyttats är Rutherglen, en liten plats 24 mil nordost om Melbourne. Marohasy fann att rådata visar på en svag avkylning på 0,3 grader när det gäller dagens lägsta temperatur, från 1913, då mätstationen togs i drift, fram till 2013. Maxtemperaturerna visar ingen trend. BOM justerade trenden för dagens lägsta temperatur till en uppvärmning på 1,7 grader i sin version från 2012. I den senaste versionen från BOM har 1,7 grader blivit 1,9 grader.

En indikation på om en mätstations data är trovärdiga är att jämföra med närliggande mätstationer. De mätstationer som ligger närmast Rutherglen är Deniliquin, Echuca och Benalla. Rådata från de tre stationerna har samma trend som rådata från Rutherglen, avkylning. Även de tre stationernas rådata har justerats, så att trenden har vänts till uppvärmning.

Den 13 januari 1939 drabbades delstaten Victoria i sydöstra Australien, där Rutherglen ligger, av en eldstorm. Den dagen visade Rutherglens termometer 47,2 grader. Även andra platser i området hade temperaturer på drygt 47 grader den dagen. I dagens officiella statistik för Rutherglen har maxtemperaturen för den 13 januari 1939 skrivits ner med fem grader, till 42,2 grader.

Darwin och Rutherglen är visserligen bara två exempel men de får illustrera den skillnad mellan rådata och justerade data som finns på nationell nivå. De många justeringarna indikerar att det råder stor osäkerhet när det gäller hur temperaturen i Australien har förändrats under de senaste dryga 100 åren. Det går inte att veta hur en 100 år gammal mätsiffra ska justeras.

Kontinenternas temperaturer

Det finns även ett globalt temperaturarkiv, dit mätresultat från mätstationer runt om i världen rapporteras, och som används för att ta fram globala temperaturkurvor. Det arkivet, Global Historical Climatology Network (GHCN), sköts också av NOAA.

Om det råder en viss osäkerhet när det gäller hur USA:s och Australiens temperaturer har förändrats under de senaste dryga 100 åren är osäkerheten långt mycket större när det gäller de globala landtemperaturerna. Det är framförallt två faktorer som gör att det är svårt att beräkna den globala temperaturutvecklingen. Det första är att det saknas mätdata i GHCN-arkivet. Går vi 120 år tillbaka i tiden, till 1900, saknas data från exempelvis Antarktis, stora delar av Afrika, Amazonas, stora delar av Asien och delar av Australien.

Om vi tar 1880 som startår är antalet mätstationer som finns i GHCN-arkivet och som kan visa upp obrutna mätserier som sträcker sig fram till idag alltför få för att säga något säkert om kontinenternas temperaturutveckling under de senaste 140 åren. Dessutom är de stationerna ojämnt utspridda över klotets landmassor. De allra flesta ligger på norra halvklotet. Mätstationer med ofullständiga mätserier är fler.

Det finns också mätstationer runt om i världen som har mätt temperaturen sedan 1800-talet, men vars resultat inte finns med i GHCN. En del med relativt obrutna mätserier, men de allra flesta med mätserier som är ofullständiga. Det gör att det går att pussla ihop temperaturkurvor för de flesta områden på våra kontinenter från slutet av 1800-talet och framåt. Temperaturkurvor som kan bidra med intressant information, men med mer eller mindre stora brister.

En mätstation med en obruten serie sedan 1880 är Kapstaden i Sydafrika. Kapstadens temperaturkurva, byggd på de uppmätta temperaturerna, påminner starkt om Nuuks kurva på Grönland eller USA:s uppmätta temperaturer. En kraftig uppvärmning fram till 1930-talet, följd av avkylning och ny uppvärmning i slutet av 1900-talet. Jämfört med 1800-talet har det blivit varmare, men det var minst lika varmt under 1930-talet. Det vi också ser i Kapstadens kurva är att temperaturen går ner något under 1890-talet och under de första åren på 1900-talet. En avkylning som vi också känner igen från flera andra temperaturkurvor.

Även när dagens globala medeltemperatur beräknas saknas data, vilket kan bero på att det inte finns mätstationer i området eller att resultaten inte inrapporteras. Det är inte ovanligt att det exempelvis endast finns mätdata från ett begränsat antal platser i Afrika när den globala månadstemperaturen ska tas fram. NOAA använder sig av matematiska modeller för att uppskatta temperaturer för områden varifrån data saknas.

Den andra viktiga faktorn att ta hänsyn till

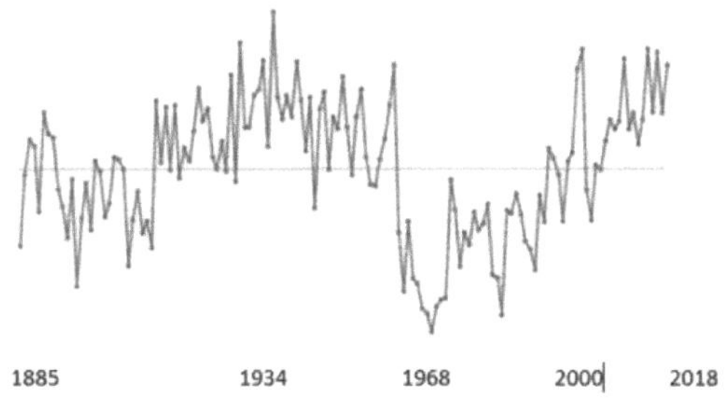

Kapstadens årsmedeltemperatur 1880–2018. Medeltemperaturen har pendlat mellan knappt 16 grader under andra hälften av 1960-talet och knappt 18 grader under åren runt 1930 och runt 2015. Källa: GHCN Värdena framtagna av @KiryeNet.

är justeringarna. Mätningarna kan påverkas av faktorer som gör att de uppmätta värdena ger en missvisande bild. Vi har mätt temperaturen där vi bor och det gör att nästan alla mätstationer runt om i världen riskerar att påverkas av värmeöeffekten. Det kan finnas fler faktorer än värmeöar, som gör att en stations mätresultat kan bli felaktiga. Justeringar är med andra ord nödvändiga. NOAA tillhandahåller också justerade versioner av de enskilda stationernas mätresultat. Det är omöjligt för NOAA att veta avläsningsrutiner i varje enskilt fall eller vilka termometrar som används och har använts. Den metod NOAA använder, och som för övrigt används generellt i världen, är harmonisering. Man jämför en stations data med närliggande stationer, och utifrån det analyseras och justeras mätresultaten.

Jag har under ett antal år följt temperaturutvecklingen i ett relativt stort område i Sydamerika, som inkluderar Paraguay och norra Argentina. Det rör sig om totalt 15 mätstationer inom en radie på 50 mil, med mätstationen i Encarnación i Paraguay som centrum. Rådata (de uppmätta temperaturerna) sträcker sig bakåt till 1920- och 1930-talen och alla mätstationer utom en uppvisar ungefär samma temperaturutveckling som Kapstaden. Det som skiljer, förutom mätseriernas längd, är att i området i Sydamerika är åren runt 1940 något varmare än 2000-talet. GISS justerade temperaturer visade samma trender som rådata för de 15 stationerna, fram till 2012. Det året gick GISS över till att använda NOAA:s harmoniserade data. Det ligger nära tillhands att anta att efter harmonisering visar även den 15:e stationen, som för övrigt ligger vid en flygplats i en större stad, avkylning. Det blev tvärtom. I de senaste justerade versionerna från GISS visar alla de 15 stationerna stigande temperaturer. Ett relativt stort område i Sydamerika har, efter justering, gått från avkylning till uppvärmning.

Steirou och Koutsoyiannis berättade under en föreläsning på den årliga EGU-konferensen 2012 (EGU står för European Geosciences Union) om sina analyser av den version av justerade temperaturer som NOAA och GHCN-arkivet då tillhandahöll, GHCN-Monthly Version 2. De hade tittat på data från samtliga mätstationer runt om i världen som kunde visa upp mätserier som sträckte sig minst 100 år bakåt i tiden och där det fanns data för minst 90 procent av tiden. Ingen station fick ha fler än fyra missade mätresultat i följd. I USA finns många stationer som uppfyller kriterierna och därför gjordes ett geografiskt urval av mätstationerna i USA. Totalt ingick 163 mätstationer i studien och man jämförde rådata med de justerade värdena. Enligt rådata hade temperaturen i genomsnitt stigit med 0,42 grader sett i ett 100-årsperspektiv, medan de justerade värdena visade på en uppvärmning med 0,76 grader. Steirou och Koutsoyiannis påpekade att de justerade värdena borde ligga ganska nära rådata eftersom man kan anta att felmätningar åt båda håll jämnar ut sig. (De EGU-konferenser jag varit på, som den 2012, har samlat 10 000 forskare som under en veckas tid hållit föredrag och/eller lyssnat på föredrag från kollegor. Ämnena har varit polarforskning, havsyteförändring, klimatmodeller, extremväder, klimatet i historisk tid, ja allt som rör geovetenskap. Intresset hos journalister att bevaka de här konferenserna har dock varit mycket svalt, för att uttrycka det diplomatiskt.)

Även den brittiska kurvan, HadCRUT, använder sig till en betydande del av NOAA:s justerade värden. Had står för Hadley Centre som är del av den brittiska klimat- och vädertjänsten och CRU för Climate Research Unit vid University of East Anglia. T står för temperature. Hadley tar fram havstemperaturerna och CRU ansvarar för landtemperaturerna.

Under 2000-talet har GISS, NOAA och HadCRU justerat sina kurvor ett antal gånger. I alla tre kurvorna har justeringarna lett till att uppvärmningen blivit större sedan slutet av 1800-talet. Framförallt gäller det de två amerikanska. IPCC-rapporten 2007 redovisar att enligt GISS steg den globala landtemperaturen med 0,72 grader under perioden 1901–2005. I rapporten 2013 visar IPCC att enligt GISS steg landtemperaturerna med 1,1 grad under perioden 1901–2012. En skillnad på nästan 0,4 grader trots att de globala landtemperaturerna inte hade stigit mellan 2005 och 2012 enligt dåtidens siffror. Den brittiska kurvan, CRU, hade också en större uppvärmning från 1901 till 2012 jämfört med perioden 1901–2005, men skillnaden var marginell och låg en bra bit under en tiondels grad.

Osäkerheten är med andra stor när det gäller hur mycket den globala landtemperaturen har stigit sedan slutet av 1800-talet. Osäkerheten är än större när det gäller temperaturförändringarna över haven, och haven är 70 procent av jordens yta.

Kusttemperaturer vs inlandstemperaturer

Jag hittade en studie för ett tag sedan, och när jag läste den så tänkte jag: Varför har ingen kommit på det här förut? Lansner och Pedersen har jämfört temperaturutvecklingen mellan platser som ligger vid havet med platser som är skyddade från havens påverkan. Det senare är platser som ligger en bra bit från ett hav eller som ligger i dalgångar.

Data från mätstationer som kan sägas vara skyddade från haven hämtades från tio större områden runt om i världen. Sammanlagt 445 stationer i bland annat nordvästra Indien/Pakistan, Sibirien, Sahel (söder om Sahara), Sydafrika, sydöstra Australien och centrala Sydamerika. Data hämtades också från mätstationer i samma områden som ligger vid eller nära kusten.

Om det är växthusgaserna som driver uppvärmningen kan man säga att den värmande kraften blir " inbyggd" i luften, ett "värmeelement" som fungerar över hela planeten och i varje ögonblick. Det tar dock tid att värma haven. Områden som ligger skyddade från haven får en snabbare uppvärmning, medan haven bromsar uppvärmningen i områden som ligger närmast kusten. Kustbanden värms inte lika snabbt på vårarna som inlandet. Havet kyler.

Om luftens "element" är svagt och det istället är ökad instrålning ligger bakom den globala uppvärmningen värms haven sakta men säkert. Marken på land kan inte absorbera värmen på samma sätt som haven utan en större del av "extravärmen" strålar tillbaka ut i rymden. Haven blir då så småningom det "värmeelement" som driver den globala uppvärmningen och det märks tydligast i områden nära kusten. Precis som haven runt de svenska kusterna gör att höstarna stannar kvar lite längre i kustlandskapen.

Vad blev då resultatet av jämförelsen? Lansner och Pedersen skriver: *"Coastal stations and hill stations facing ocean winds are normally more warm-trended than the valley stations that are sheltered from dominant ocean winds."* Haven har blivit varmare under perioden och det har värmt de kustnära områdena. De mätstationer som ligger nära eller vid havet visar på en uppvärmning sedan 1900 med 0,8 grader.

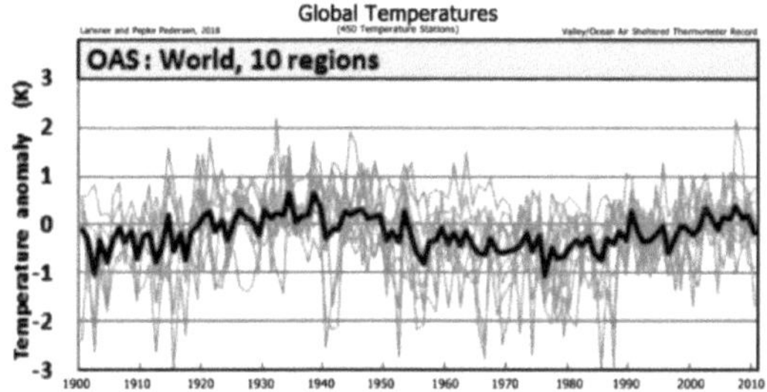

Temperaturutvecklingen under perioden 1900-2010 i de tio områden runt om i världen som Lansner och Pedersen definierar som skyddade från havens påverkan. Figur från Lansner och Pedersen.

De områden som är skyddade från haven har inte blivit nämnvärt varmare. Temperaturkurvan som bygger på data från de tio skyddade områdena, och som sträcker sig från 1900 till 2010, visar upp två varma perioder, dels från 1920–1950 och dels från 1998–2008.

De två forskarna har sedan artikeln publicerats gått vidare och undersökt ytterligare sex områden som kan sägas vara skyddade från havens påverkan, bland annat i Sydafrika, Chile och nordöstra USA och resultatet är detsamma. Den studien är dock inte publicerad.

Vilka mätstationer i Sverige ligger skyddade från haven, har en lång mätserie och är landsbygdsstationer utan påtaglig värmeöeffekt? Det finns inte många. En som uppfyller alla de tre kraven är Ljusnedal i Härjedalen, en liten kyrkby i skuggan av fjällkedjan. Det som hänt i Ljusnedal är ett varmt 1930-tal och därefter 45 års avkylning. Fem varma år runt 1990 bryter trenden. Temperaturen under 2000-talet når inte 1930-talets värmetoppar. 2010 är för övrigt det kallaste året i hela serien.

Det vi kan se i Lansner och Pedersens kurva för mätstationer som är skyddade från havens påverkan och i Ljusnedals kurva är att avkylningen från 1940 fram till 1980-talet är kraftig, något som också syns i trädringskurvorna.

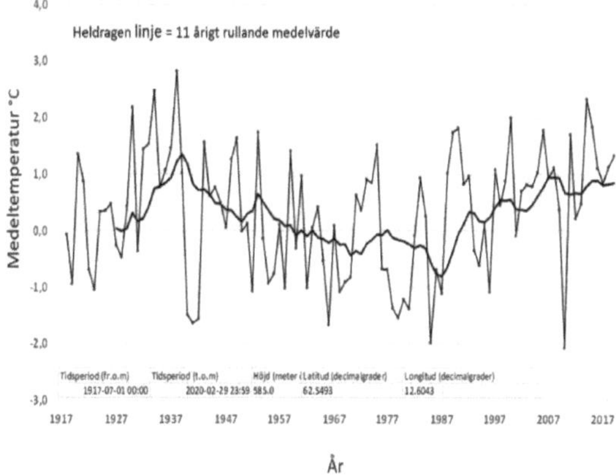

Årsmedelvärden, avlästa temperaturer, för Ljusnedal 1917–2019. Figuren är framtagen av Mats Persson.

Havstemperaturerna, och därmed den globala temperaturen, sjunker inte lika kraftigt. Havstemperaturerna kan, som nämnts, till och med fortsätta att stiga även om det blir något kyligare. Inlandstemperaturerna reagerar direkt om vädret blir kyligare. Det är med andra ord förväntat att temperaturen sjunker snabbare i inlandet än längs kusterna när klimatet blir kyligare. När uppvärmningen sedan tar fart i slutet av 1900-talet blir uppgången större i inlandet, eftersom inlandstemperaturerna "startar" från en lägre nivå.

Satellitmätningarna började 1979, under perioden med låga inlandstemperaturer. Satellitmätningarna visar att landtemperaturerna har stigit snabbare än havstemperaturerna. Logiskt med tanke på att mätningarna började när inlandstemperaturerna var nere i "svackan". Men det stämmer också med växthuseffektsteorin, som säger att landtemperaturerna ska stiga snabbare än havstemperaturerna, och det gör landtemperaturerna, om vi räknar från 1980-talet.

Divergensproblem

Något som är och har varit svårt att förklara för klimatforskarna är det så kallade divergensproblemet, att de temperaturkurvor som bygger på termometrar och de som bygger på proxydata, som trädens årsringar, skiljer sig åt under slutet av 1900-talet. Trädringskurvorna ser ut som Ljusnedalskurvan. Det var lika varmt på

1930-talet som under åren runt år 2000, medan de globala kurvor som bygger på uppmätta temperaturer visar att det var betydligt varmare runt år 2000 än under 1930-talet. Om trädringskurvorna jämförs med uppmätta inlandstemperaturer, i stället för globala temperaturkurvor eller kurvor som inkluderar mätresultat från områden som påverkas av havet, försvinner ”problemet”. Trädringskurvorna speglar förändringarna i inlandstemperaturerna.

Forskningen har utgått från att divergensproblemet har varit att träden har ”mätt” fel, och man har frågat sig varför inte träden har ”fångat in” uppvärmningen. Lansner och Pedersen har kanske löst problemet. Träden har mätt temperaturen korrekt. De har mätt temperaturen i inlandet, där träden har växt, och där har det inte skett någon uppvärmning sedan 1930-talet. Något som indikerar att det är haven som drivit uppvärmningen och det i sin tur tyder på att ökad instrålning och/eller förändringar i havens klimatsystem har spelat en stor roll. En annan faktor som kan ha bidragit till skillnaden mellan temperaturkurvor som bygger på uppmätta temperaturer och kurvor som bygger på trädens årsringar, är att träden har växt långt från städer och tätområden. Trädens ”mätresultat” är opåverkade av värmeöar.

En annan typ av divergensproblem är att det skiljer mellan vad naturens termometrar kan berätta om klimatförändringar i förfluten tid och klimatmodellernas försök att beskriva hur temperaturen har förändrats. Enligt klimatmodellerna bör temperaturförändringarna sedan senaste istiden, den period som kallas holocen, varit marginella eftersom halten växthusgaser i luften varit i det närmaste konstant. Under de senaste åren har det publicerats ett stort antal studier som visar på betydande temperaturförändringar.

Jag har redan nämnt ett antal, inte minst studier som rör Arktis, och jag kommer att nämna fler. Några kommer här: Céline Martin har undersökt temperaturförändringarna under holocen i Centralmassivet i Frankrike. Martin har bland annat använt sig av pollen hämtade från bottensediment i Lac de Saint-Front, en av högplatåns sjöar, för att ta fram en temperaturkurva. Dagens temperaturer har hämtats från tre mätstationer i närheten av sjön. Medeltemperaturen för området under perioden 1981 till 2017 är 7 grader medan medeltemperaturen för hela holocen är 11 grader. När temperaturen har varit som högst har den legat 7 grader över dagens. Martin konstaterar att deras resultat ligger i linje med andra studier och bekräftar att den första delen av holocen var en varm period.

Glaciärerna i Alperna ger samma bild av klimatförändringarna som pollen från Lac de Saint-Front. Det har varit varmare under en stor del av perioden sedan senaste istiden. Professor Gernot Patzelt (High Altitude Research vid universitetet i Innsbruck) skriver i sin bok "Gletscher: Klimazeugen von der Eiszeit bis zur Gegenwart" (2019), att under 70 procent av tiden sedan senaste istiden har Alpernas glaciärer varit mindre än idag, temperaturen i Alperna har varit högre och trädgränsen har gått högre upp.

Under 2018, 2019 och 2020 har det publicerats ett antal studier som kommer fram till att havsytan var betydligt högre i början och mitten av holocen, än vad den är idag.

Oliver och Terry utgår från ostronskal i sin studie som handlar om havsytans förändring i Thailand. De fossila ostronskalen finns i kalksten och på olika nivåer ovanför dagens havsnivå. Ostronskalen berättar att för 6 000 år sedan var havsytan minst 2,5 meter högre än idag.

I Qatar är bilden densamma. För 6 000 år sedan var havsytan 1,6 meter högre än havsnivån idag (Rivers).

Takapotoatollen ligger i Franska Polynesien i Stilla havet. För 4 500 år sedan var havsytan 80 centimeter högre än idag (Montaggioni).

Carpentariaviken är en relativt grund havsbukt i norra Australien. Bukten bildades när havsvattnet steg efter senaste istiden. För ungefär 7 700 år sedan nådde havet samma nivå i bukten som dagens vattenstånd, men vattnet fortsatte att stiga ytterligare 1,5–2,0 meter. För 4 000 år sedan sjönk vattnet i bukten och 500 år senare var nivån 0,5 meter högre än dagens (Sloss).

Studier som rör havsnivåerna vid Japan, Indien, Brasilien, Antarktis, Newfoundland, Kanarieöarna och Sydkorea visar att även där låg havsnivåerna 1–3 meter högre än dagens, och på en del håll ännu högre, för 4 000 – 7 000 år sedan. Det finns fler exempel. De höga havsnivåerna tyder på ett betydligt varmare klimat än idag. Enligt klimatmodellerna har alltså den globala medeltemperaturen varit relativt konstant under holocen, fram till modern tid. Den snabba uppvärmning som skett sedan 1800-talet har därför ingen motsvarighet under de senaste dryga 10 000 åren. Klimatmodellernas beräkningar motsägs av de ovan nämnda exemplen och av allt fler studier som visar att dagens uppvärmning inte är unik. Det behöver dock inte betyda att dagens klimatförändring har eller enbart har naturliga orsaker.

En studie som berör vårt område är Shi som tagit fram tre temperaturkurvor, två från norra Skandinavien och en från Yamal i nordvästra Sibirien. Temperaturkurvorna, baserade på trädringsanalyser, täcker in 2 000 år och sträcker sig in på 2000-talet. Uppvärmningen under 1900-talet är inte unik och det gäller för samtliga tre områden där träden har växt. Enligt studien har det funnits perioder med betydligt snabbare uppvärmning: "*This indicates that the increasing warming rate of the recent 20th century is not unprecedented over the past two millennia in the three studied regions in the scenario.*"

Polarområdena under 2000-talet

Arktis. Under den starka El Niñon 2015/2016 och fram till och med 2019 har Alaska haft ovanligt milt väder och medeltemperaturen har åter tagit ett skutt uppåt. Den svagt nedåtgående trenden från 1977 fram till 2014 har vänts till uppvärmning.

Områden i Arktis som påverkas av Atlanten har haft en helt annan temperaturutveckling. Den uppvärmning som startade under 1990-talet var kraftig, men den varade inte så länge. Under de senaste dryga tio åren har Grönland haft sjunkande temperatur. Vi kan ana det i Nuuks temperaturkurva. Inlandsisen i Grönland har haft sjunkande temperatur sedan 2005, förutom det varma 2010 (Kobashi). I början av 2018 presenterades en vetenskaplig artikel av ett antal forskare, huvudsakligen från Köpenhamns universitet, som visar att enligt satellitmätningar har de isfria delarna av Grönland blivit något kallare under perioden 2001–2015 (Westergaard-Nielsen).

Grönlands 47 största glaciärer som mynnar ut i havet har mätts med satellit sedan 1999. Fram till 2012 skedde en relativt stor avsmältning, men under somrarna 2013–2018 har avsmältningen från de 47 största glaciärerna varit mycket begränsad. Den sammanlagda avsmältningen under de sex somrarna har varit betydligt mindre än vad som smälte till vatten under 2012 (Polar Portal Season Report 2018, Danmark).

Det vi kan se idag och som rör stora delar av Arktis är att havsisens utbredning har minskat kraftigt sedan slutet av 1990-talet. September är den månad då isen når sin minsta utbredning. Under 1980-talet skedde en svag minskning av septemberisen. Från mitten av 1990-talet fram till 2007 gick kurvan brant neråt. Sedan 2007 sker det inte längre någon tydlig minskning av havsisen i Arktis under september (figur finns på DMI:s hemsida), även om variationerna mellan åren kan vara stora. 2012 är det år då havsisen haft sin minsta utbredning.

Den månad med näst minst is är augusti och där har minskningen fortsatt även om den inte går lika snabbt som i början av 2000-talet.

Havsisen i Arktis når sin största utbredning under mars månad. Det har varit betydligt mindre förändringar av vinterisens utbredning, även om den också har minskat. Under de senaste dryga tio åren har dock den nedåtgående trenden planat ut.

Vad är då orsaken till den kraftiga minskningen av havsisen i Arktis under sommarmånaderna? Det är svårt att se att det beror på temperaturförändringar. Sommartemperaturerna är desamma idag som för 40 år sedan. Kurvan ser nästan ut om ett rakt streck.

Förklaringen finns under ytan. Det strömmar in stora mängder salt och relativt varmt vatten från Atlanten in i Arktiska oceanen och under de senaste 30 åren har det vattnet varit något mer salt och något varmare än tidigare. Utvecklingen har bland annat följts av en grupp forskare från universitet i Fairbanks med Igor Polyakov i spetsen.

Den första "pulsen" av det nya mer salta vattnet kom runt 1990. Mängden värme som vattnet för med sig skulle räcka till för att smälta all havsis i Arktis fyra gånger om, men det varma vattnet hålls normalt på behörigt avstånd från ytan. Ovanför Atlantvattnet finns ett brett skikt med mindre salt och därmed lättare vatten (Arctic halocline). Ett skikt som finns på ett djup från 50–60 meter ner till 150 meter och som isolerar ytvattnet från det varma Atlantvattnet. "Isoleringen" fungerar inte längre så bra i den del av Arktiska oceanen som ligger mellan Ryssland och Nordpolen. Mätningar som har gjorts och görs i ett stort område väster om de Nysibiriska öarna visar att det isolerande skiktet har krympt och att det varma Atlantvattnet nu finns betydligt närmare ytan än tidigare (Polyakov). Värme från Atlantvattnet kan i större utsträckning, framförallt vintertid, nå ytvattnet, något som reducerar isens tillväxt. Forskarna kallar det för "atlantification" och den sprider sig österut.

Teamet bakom studien, som förutom universitetet i Fairbanks också kommer från universitet i Finland, Norge, Storbritannien, Tyskland, Kanada och Ryssland, ger ingen förklaring till förändringen. Igor Polyakov skriver i ett mail: "I do not have an answer for the cause of atlantification (privat mail den 13 september 2020). Han skriver också att Atlantvatten som är mer salt än normalt kommer in i Arktiska oceanen, "submerges to the depths of halocline (say 50-150m) and substitutes somewhat fresher halocline water". Man vet vad som händer och kan förklara förloppet, men ännu så länge saknas kunskap om den bakomliggande orsaken.

Antarktis. Havsisen utbredning runt Antarktis är mer eller mindre oförändrad sedan 1970-talet. Fram till 2015 var trenden till och med uppåtgående, men mindre is från 2016 till 2019 ändrade trenden något. Under 2020 har isen åter växt till sig och utbredningen under vintern 2020 har varit större än normalt.

Satellitmätningarna av Antarktis temperatur visar inte på någon uppvärmning sedan de inleddes 1979. I IPCC-rapporten 2007 finns en temperaturkurva som visar att temperaturen i Antarktis steg med 0,6 grader under andra halvan av 1900-talet, men att all uppvärmning skedde mellan slutet av 1950-talet och 1970-talet.

Ludescher menar i en studie från 2016 att det är svårt att se en tydlig uppvärmning i Antarktis under de senaste 50–60 åren. Ludescher har utgått från mätresultat från ett antal mätstationer, huvudsakligen spridda längs kontinentens kuster och konstaterar att endast en mätstation visar en tydlig uppvärmning; *"indeed, all records except for one (Faraday/ Vernadsky) fail to show a significant trend"*.

Faraday var en brittisk bas, men den har övergått i ukrainsk ägo och heter numera Vernadsky. Basen ligger granne med den amerikanska basen Palmer station, nästan längst ut på den Antarktiska halvön.

Antarktiska halvön. Antarktiska halvön är den minst kyliga delen av Antarktis. En smal tunga som sträcker sig långt ut i Södra ishavet. Branta klippväggar och glaciärer avlöser varandra. Däremellan små områden som på somrarna kan vara snö- och isfria. Begärliga platser för pingvinkolonier och inte minst för ett stort antal mer eller mindre vetenskapliga baser. Det är dock få platser som på somrarna är fria från snö och is och det gör att människor och djur ofta trängs på samma plats. Antarktiska halvön har varit i klimatfokus på grund av uppvärmningen under andra delen av 1900-talet.

Under 2000-talet har uppvärmningen på den Antarktiska halvön vänts till avkylning, som jag nämnde tidigare. Clem berättar att såväl östra Antarktis som Antarktiska halvön blivit något kyligare sedan 1998. Fernandoy visar att den nordligaste delen av Antarktiska halvön har blivit nästan 2 grader kallare sedan 2008.

Turner skriver att från 1998/1999 sker en avkylning på Antarktiska halvön. Han tillskriver en del av uppvärmningen från 1970-talet och fram till 1990-talet uttunningen av ozonlagret under den antarktiska senvintern/våren. I en tidigare studie av Turner sägs att den plats som hade den största uppvärmningen under åren 1951–2000 är Faraday/Vernadsky, där temperaturen steg med 2,8 grader.

Oliva berättar, precis som Ludescher och Turner att uppvärmningen vid Faraday/Vernadsky under andra delen av 1900-talet är ett extremfall och att övriga stationer i området inte hade lika stor uppvärmning under den perioden; *"we show that Faraday/ Vernadsky warming trend is an extreme case"*. Oliva konstaterar också att trendbrottet från uppvärmning till avkylning på den Antarktiska halvön skedde 1998/1999.

Det finns en ett antal mätstationer vid baserna på Antarktiska halvön och på öarna vid halvöns spets. Mätstationer som Marambio, Esperanza, Bellingshausen, Palmer station, Rothera och San Martin. Trenden är densamma vid alla stationerna. De uppmätta temperaturerna visar att det blivit kallare under 2000-talet. Även vid Faraday/Vernadsky har det blivit kallare under 2000-talet.

I februari 2020 går det att läsa på WMO:s (Meteorologiska Världsorganisationen) hemsida att Antarktiska halvön blivit nästan 3 grader varmare under de senaste 50 åren; *"almost 3°C over the last 50 years"*. Den enda tänkbara förklaringen till den siffran är att WMO använder sig av mätresultaten från Faraday/Vernadsky från 1951 fram till år 2000 när man beskriver temperaturutvecklingen på Antarktiska halvön. Den siffran stämmer exakt med WMO:s påstående och det finns inga andra mätresultat som är i närheten av WMO:s siffra. Jag tror att det kan vara bra att ha i åtanke att WMO är ett FN-organ och ingen vetenskaplig institution.

Den varmaste temperaturen i regionen, enligt WMO, uppmättes på Signy Island den 30 januari 1982 då det var "ljumma" 19,8 grader. Signy Island, döpt efter en norsk sjömanshustru, ligger norr om Antarktiska halvön, i riktning mot Sydgeorgien. På ön ligger en brittisk forskningsstation. När jag var där, hösten 1989, pågick forskning om hur snabbt torsk växer i de antarktiska vattnen och hur storleken på krillstim bäst ska bedömas. Forskarna berättade att ett viktigt skäl till att britterna bedriver forskning i Antarktis och på öarna runt kontinenten är för att markera närvaro. Det gällde och gäller även för andra länder. För forskarna är det ingen uppoffring att vara på plats, tvärtom, men det är dyr forskning och det gäller att motivera varför den är angelägen.

Det är möjligt, men inte troligt, att temperaturen på den ö där den argentinska basen Marambio ligger nådde över 20 grader den 9 februari 2020. Media rapporterade om en temperaturmätning på ön som visade 20,75 grader. Isla Marambio eller Seymour Island som den också heter är knappt två mil lång och mellan tre och åtta kilometer bred. Vid Marambio-basen stannade termometern den 9 februari, som tidigare nämnts, på 15,5 grader enligt officiella siffror och vid Esperanza, tio mil norrut, nådde temperaturen den dagen 6 grader som högst (Servicio Meteorológico Nacional). Marambiobasen ligger på en höjd en bit från stranden och

Branta klippor, isväggar och en och annan isfri markplätt möter den som besöker Antarktiska halvön.

utsikten över Weddellhavet är fantastisk.

Snötäcket växer

Det globala snötäcket, i praktiken snötäcket på norra halvklotet, har mätts med hjälp av satellit sedan 1966. Mätningarna startade därmed under den kalla perioden. Mätningarna visar stora variationer mellan åren, men tydligt är att det fanns mycket snö fram till slutet av 1980-talet. Sen minskar snötäcket snabbt och runt 1990 har snön sin minsta utbredning. Det är också under början av 1990-talet som norra Sverige har sina mildaste vintrar (kapitel 1). Under de senaste 30 åren har snöns utbredning ökat även om snötäcket fortfarande är mindre än under de kalla årtiondena. Trenderna ser olika ut beroende på årstid. Snötäcket minskar under vår och sommar, medan det växer höst och vinter. Hösten 2019 var inget undantag och kommer på 6:e plats när det gäller snöns utbredning sedan 1966. Analys av satellitmätningarna görs av Rutgers University Global Snow Lab. Som för andra klimatdata finns det frågetecken även när det gäller det globala snötäcket.

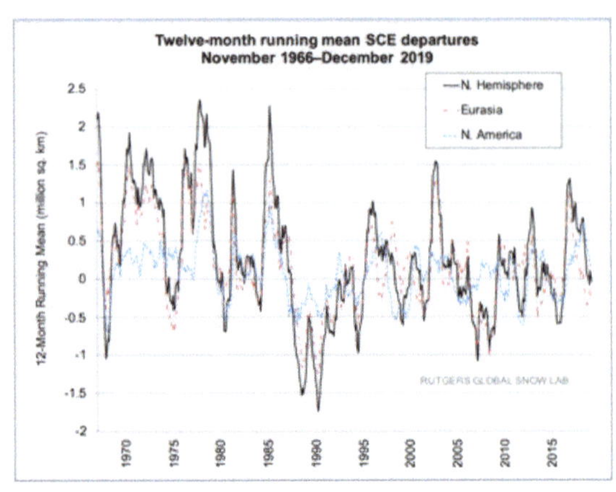

Det globala snötäckets utbredning, november 1966–december 2019. Källa Rutgers University Global Snow Lab, se källförteckning.

Kommentar

Jag har som journalist följt klimatfrågan i drygt 30 år, och som engagerad medborgare betydligt längre än så. Jag har under årens lopp kunnat notera att domedagsprofeterna haft medias öra. Den forskare som förutspår ett isfritt Arktis har exempelvis alltid företräde i media: *"Nordpolen kan vara helt isfri senare i sommar"*, skriver SvD den 27 juni 2008 och hänvisar till den brittiska forskaren Peter Wadhams. *"Arktis kan bli isfritt – redan om elva år"*, enligt DN den 6 april 2009. *"Nu hävdar en av världens främsta experter på is att Arktis istäcke kommer att kollapsa helt redan sommaren 2016"*, skriver Aktuell Hållbarhet den 21 september 2012. *"Det kan vara nästan helt isfritt på sommaren runt nordpolen redan om 20 år. Den varningen kommer i en ny larmrapport från forskare från de arktiska länderna"*, publicerat av SVT den 25 april 2017. Raden kan göras mycket längre och vi känner igen förutsägelserna om att isen i Arktis är på väg att försvinna från 1950-talet. Det ligger i journalistikens natur att lyfta fram domedagsprofeterna och jag kan inte hävda att jag själv alltid slagit dövörat till när profeterna ropat.

Det kan naturligtvis hända att domedagsprofeter någon gång får rätt. Huruvida människans utsläpp av växthusgaser kommer att leda till att polarisarna smälter, återstår dock att se.

Det har blivit varmare sedan 1800-talet. Hur stor uppvärmningen har varit är däremot osäkert. Felkällorna är många.

De allra flesta temperaturkurvor visar på två perioder med kraftig uppvärmning, från 1800-talet fram till 1940-talet och under slutet av 1900-talet.

Temperaturkurvor som bygger på proxydata (naturens termometrar) som trädens årsringar visar att 1930-talet var lika varmt som början på 2000-talet.

De senaste fem åren har troligtvis varit den varmaste femårsperioden sedan 1800-talet, och kan ha varit den varmaste femårsperioden sedan den medeltida värmeperioden.

7 Kampen mellan land och hav

"Öborna på Maldiverna ser hur atollerna håller på att krympa. På några öar står kokospalmerna i vattnet. På en annan ö kan strändernas svarta jord skymtas en bit ut under lågvatten. Sydöstra delen av en ö i Phaidee Pholoatollen har helt försvunnit. Det går fortfarande se ett banyanträd ute i vattnet. De säger att några öar helt har försvunnit och nära Wardoo-ön sticker några klippor upp ur vattnet, vilka sägs en gång ha varit en ö i Milla Douatollen"
The Hobart Town Courier den 17 februari 1837
Artikeln var först publicerad i Bombay Geographical Society, och var skriven av löjtnant Young och Mr Christopher från den indiska flottan, efter att de två hade tillbringat en längre tid på öarna.

Marshallöarna

Under miljömötet i Rio 1992 blev jag uppmanad av en representant för Marshallöarna att komma till öarna för att med egna ögon se hur hotade de är av stigande havsnivåer. Marginalerna är små. De flesta invånarna bor bara någon eller några meter över havsytan. 1905 suddade en tropisk orkan ut den lilla atollen Nadikdik. Atollen hade ett 60-tal invånare som alla spolades ut i havet. Två pojkar överlevde genom att under 24 timmar klamra sig fast vid ett brödfruktträd.

Nadikdik har sedan dess återuppstått. Foton från flygplan och satellit har gjort det möjligt att följa utvecklingen från 1945 och framåt. 1945 hade de små öarna nått en yta på 0,74 km^2 och 2010 hade ytan växt till 0,90 km^2 (Ford och Kench). Atollen är på väg att återta den form och storlek som den hade före stormen 1905.
Jag landade på Majuroatollen, Marshallöarnas centrum och huvudstad, några månader efter Riomötet. Majuroatollen består av ett antal mycket smala, låglänta korallöar i en ring runt en stor lagun. Det är så atoller ser ut. Majuro påminner om ett grönt halsband som lite oregelbundet är utlagt på ett blått bord. Den sammanlagda landytan är ungefär 10 km^2.

På flygplatsen möttes jag av två representanter från öarnas miljömyndighet. Till min förvåning kom de med två bilar och en av bilarna var till mig. De sa till mig: *"Du får köra till hotellet själv."* *"Hur hittar jag?"*, frågade jag. *"Följ vägen"*, blev svaret.

Det visade sig enkelt. Det var bara att följa Lagoon Road, den enda vägen. På ena sidan hade jag den stora lagunen och på andra sidan Stilla havet. Ofta var det bara ett stenkast mellan lagun och hav. Efter 15 km blev ön något, men inte mycket, bredare, och där låg hotellet.

Min tanke var att göra ett program om öarna som sjunker, men när jag började prata med äldre öbor var det historier från förr som jag fick höra. En äldre kvinna berättade om en storm som hade sköljt över Majuroatollen och spolat bort människor. *"Det var länge sedan. Det var något som min mamma berättade"*, sa hon. Jag hittade inget konkret som visade på att öarna sjönk. Något som inte var så konstigt med tanke på att de låga öarna i Majuroatollen hade blivit större och har fortsatt växa sedan dess (Ford). Ford studerade hur atollens yta hade förändrats under perioden 1970–2006. Ökningen berodde till stor del på att grunda havsområden hade fyllts ut, bland annat med avfall.
Även andra delar av Marshallöarna har växt. I en studie där bilder tagna i mitten av 1900-ta-

Huvudön på Majuroatollen. Det här är vägen från flygplatsen.

Hanteringen av avfall var ett stort problem på Marshallöarna 1992, som till en del "löstes" genom att fylla ut korallreven så att landytan växte.

Rostiga tunnor vid landningsbanan på Bikini.

Bunkern på Bikini.

let jämfördes med satellitbilder från 2010 konstaterar Ford och Kench att de sex undersökta atollerna hade blivit större, 40 procent av strandlinjen gick nu där det tidigare var vatten och 17 procent av den forna strandlinjen hade eroderat.

Jag upptäckte att det fanns andra problem än stigande havsnivåer. Det var brist på sötvatten för en snabbt växande befolkning, arbetslöshet och framförallt små framtidsutsikter för de yngre att skaffa sig jobb.

Majuroatollen hade 30 000 invånare 1992. Det betyder att Majuro var ungefär tre gånger så tätbefolkat som Göteborg, trots att de flesta öarna i atollen var obebodda. Öarna lockar inte många turister. Möjligheterna till odling är extremt begränsade och mellan öarna och eventuella handelspartners ligger det en ocean.

Utan olika former av bistånd och andra penningströmmar utifrån hade det varit omöjligt för så många människor att leva på öarnas mycket begränsade yta. Att låta andra länder deponera kärnavfall på en av atollerna var en intäktskälla som de styrande diskuterade vid den här tiden. Tänkbar plats för kärnavfallet var Bikiniatollen. Under slutet av 1940-talet och under delar av 1950-talet utförde USA en rad atombombs- och vätebombstester på Bikiniatollen.

Atollen ligger långt från Majuro. En flygresa på närmare 100 mil över Stilla havet innan huvudön dyker upp som en liten mörk prick på de blå vattenvidderna. När jag var där 1992 var USA:s tidigare aktiviteter på ön på väg att gömmas i grönska. På den korta landningsbanan som sträcker sig över hela ön, från vatten till vatten, hade gräset vuxit till sig. Bunkern, som var skydd för de tekniker som utförde sprängningarna, stod som ett sorgligt monument till hälften dold bland palmerna. Vid landningsbanan trängdes ett antal rostiga tunnor. Skyltar varnade för radioaktivt avfall.

Det kraftigaste bombtestet på Bikini gjorde USA den 1 mars 1954. Bomben som fick namnet Bravo var 1 200 gånger kraftigare än den bomb som fälldes över Hiroshima 1945. Nedfallet från Bravo drabbade människor på närliggande öar och besättningar på båtar i närheten av Bikini. Mätningar som gjordes 2016 visade att strålningen fortfarande låg långt över de nivåer som skulle göra det möjligt att bo och leva på atollen. Däremot finns ett mycket rikt marint liv i den undervattenskrater som sprängningarna orsakade.

När jag kom tillbaka till Majuro träffade jag människor som var offer för nedfallet från Bravobomben. Människor som kunde berätta om sin cancer och som kunde vittna om hur de blev behandlade av USA i samband med bombtesterna. Reportageresan resulterade i ett längre program som sändes runt jul 1992 (I molnets skugga, P1). Delar av programmet handlade om spåren efter bombsprängningarna i mitten av 1900-talet, men programmet berörde också de tidigare nämnda problemen och behovet av bistånd. Det var uppenbart att det fanns och finns andra och mer akuta problem än stigande havsnivåer.

Jag blev också under mitt besök ständigt påmind av mina två ciceroner, kungens son och landets miljöansvarige, att ett utökat bistånd från rika länder vore mycket välkommet. I programmet berättar kungens son att hans jobb är att tillsammans med utrikesministern förhandla fram så mycket bistånd som möjligt. *"Det finns alltid någon organisation eller kommitté som vill berättiga sin existens genom att ge oss bistånd"*, sa kungens son. Det blev inte det program min chef och jag hade kommit överens om att göra, men jag hade förmånen att vara på Marshallöarna under en dryg månad och hade därför tid att frångå min ursprungliga idé om att göra ett program om hotande havsnivåer. Resan kom ändå att "betala sig".

Korallöar växer

Korallöar förändras hela tiden. De byggs på och de eroderas. Trots stigande havsyta ser det ut som om låglänta korallöar klarar sig bra och till och med växer i storlek.

I en studie från 2018 som täcker in 30 atoller med sammanlagt 709 öar i såväl Stilla havet som Indiska oceanen konstateras att 89 procent av öarna växer eller är stabila medan 11 procent minskar i yta (Duvat). En grupp forskare med professor Paul Kench i spetsen har undersökt hur Tuvalus 101 öar i sydvästra Stilla havet förändrades från 1971 till 2014 (Kench). Forskarna fann att ingen av de 101 öarna hade samma storlek 2014 som 1971. Den allra minsta ön, en sandö på ungefär 40 gånger 20 meter, hade försvunnit. Av de återstående 100 öarna hade 73 växt i storlek medan 27 hade krympt något. Sammanlagt hade Tuvalu blivit 73,5 ha större sedan 1971, trots att havsnivåerna stigit. Orsaken var att havet ständigt bygger på öarna med sediment.

I april 2016 hölls en konferens i Sigtuna. Med på konferensen, som hade namnet Climate Existence, fanns bland andra ärkebiskop Antje Jackelén och biståndsminister Isabella Lövin. I samband med konferensen sjösattes ett konstverk vid Sigtuna hamn av konstnären Vincent J. F. Huang. Konstverket föreställer "flykting-djur" som vädjar om räddning. Syftet med konsten är att uppmärksamma de djur, men också människor, som dagligen far illa av klimatförändringarna. Inte minst på ögruppen Tuvalu, berättade Vincent J. F. Huang i en radiointervju (P4 Uppland).

Många av Stilla havets atollöar formades för mellan 2 000 år och 5 000 år sedan, då havsytan var högre än idag. De har byggts på när tropiska orkaner, tsunamivågor och kraftiga dyningar sköljt upp sediment på öarna. Det skriver McLean och Kench i en studie från 2015. Ett exempel som nämns är hur flera kraftiga stormar skapade höga vågor som sköljde mot Takuuatollen (Papua New Guinea) under 2008 och som ledde till att marknivåerna på öarna höjdes. McLean och Kench menar att även om vattennivåerna fortsätter att stiga, kommer stormar att se till att öarna växer så att förhållandet mellan hav och ö förblir mer eller mindre detsamma. De drar slutsatsen att det är troligt att så gott som alla atollöar kommer att vara kvar i slutet av detta århundrade om dagens trender håller i sig.

I artikeln beskrivs också förändringar av atollerna i Kiribati, som är ett örike mitt i Stilla havet. Atollerna Maiana och Aranuku har växt. De delar av öarna där man konstruerat vallar till skydd mot vågorna har dock eroderats. Det är där vågorna har haft fritt spelrum som det skett en tillväxt. McLean och Kench berättar också om en studie som täcker in perioden från 1968 till 1998, och som kommer fram till att Tarawa, som är huvudatoll i Kiribati, växte med 20 procent under de 30 åren. Framförallt var det de tätbefolkade öarna som växte och det berodde på att man hade byggt samman öar och fyllt ut längs stränderna. Tillväxten var inte lika påtaglig på öar med färre människor. I de glesbefolkade delarna av atollen var 40 av de 55 undersökta öarna stabila och hade inte genomgått några förändringar sedan åren runt 1970, 13 av öarna hade växt medan två hade eroderats.

Ungefär samtidigt som McLean och Kench presenterade sin studie var Kiribatis president, Anote Tong, på Sverigebesök. Den 15 mars skriver Svenska Dagbladet om besöket och berättar att president Tong är övertygad om att befolkningen i Kiribati snart kommer att tvingas på flykt utomlands, och det kanske redan inom ett par decennier. *”Det som pågår är en tragedi. Vi kan inte undvika det som sker, men vi kan lindra skeendet för människorna”*, säger presidenten i intervjun.

Dricksvattnet förgiftas och land eroderar. I ett första skede krävs utrustning för att befolkningen ska känna sig trygga nästa gång vattnet sveper över öarna. Därefter handlar det om pengar, skriver tidningen. Isabella Lövin intervjuas också i artikeln och hon säger att president Tongs berättelser gör klimatförändringarna verkliga; *”det handlar om människor och mänskligt lidande”*.

Takapotoatollen ligger i Franska Polynesien. Mellan 1969 och 2013 var 41 procent av atollens öar stabila. 36 procent växte medan 26 procent minskade i storlek (Duvat och Pillet). En kraftig orkan 1983 ledde till atollens tillväxt genom att sediment tillfördes. Mänsklig aktivitet har bidragit till att atollen har förändrats åt andra hållet. Den naturliga vegetationen har huggits ner och/eller tagits bort på många öar och sediment har använts för olika ändamål (sediment mining). En påverkan som måste minska för att säkra öarna och dess invånares fortsatta existens, menar Duvat och Pillet.

Maldiverna

Maldiverna, ett land med en halv miljon människor spridda på ett stort antal lågt liggande öar i Indiska oceanen, är ofta i klimatberättelsens fokus. Landets utrikesminister Abdulla Shahid berättade för Reuters i mitten av januari 2020 att han är mycket besviken på att de rika länderna inte bidrar med mer pengar för att hjälpa Maldiverna att lindra konsekvenserna av den globala uppvärmningen. När pengarna kommer är vi kanske redan under vatten, sa utrikesministern till Reuters.

En dryg vecka tidigare, den 5 januari 2020, citerades Maldivernas transportminister Aishath Nahula i Maldives Insider. Hon hade meddelat lokala medier att fyra nya flygplatser kommer att invigas under 2020.

Maldiverna har redan 14 flygplatser varav fyra internationella. Två flygplatser invigdes så sent som under 2019. De nya flygplatserna har krävt att laguner har fyllts ut för att ge plats åt landningsbanor. Förhoppningen är att de nya flygplatserna ska ge turismen ett lyft. Turism är landets viktigaste näring och varje år tar landet emot fler än 1,5 miljoner besökare från hela världen, varav en stor del numera kommer från Kina.

Kina har bidragit till stora infrastrukturprojekt under senare år, både med lån och byggande. Flygplatsen vid huvudstaden Malé har upprustats och en två kilometer lång bro mellan Malé och ön där flygplatsen ligger har byggts. Ett projekt som beräknas ha kostat 830 miljoner dollar (Centre for Global Development). Kina har också exempelvis byggt sjukhus och höghus på Maldiverna.

Till vem riktade sig utrikesminister Abdulla Shahid i intervjun med Reuters? Det var nog varken till de egna medborgarna, som just fått veta att fyra nya flygplatser är på gång, eller till Kina.

Det är naturligt att Maldiverna vill satsa på turismen som är deras viktigaste näringsverksamhet.

Kontinenterna växer

Som så ofta i klimatsammanhang överraskar mätresultat och siffror. Det är inte världens landområden som krymper utan det är havens och sjöarnas ytor. Det visar en studie från 2016, där forskarna har jämfört satellitbilder tagna under de senaste 30 åren (Donchyts). Sammanlagt har kontinenternas landområden ökat med 58 000 kvadratkilometer under de 30 åren. Det är ungefär som Skåne, Småland, Halland, Bohuslän, Dalsland, Blekinge, Öland och Gotland tillsammans. Inte så mycket i ett globalt perspektiv, men det är ändå en ökning. Den största enskilda händelsen är att Aralsjöns vattenspegel mer eller mindre har försvunnit. Det som förvånar är att kusterna växer. Under de senaste 30 åren har 20 135 km^2 förlorats till haven, medan 33 700 km^2 har vunnits från haven. Det är alltså inte haven som naggar kontinenterna utan det är kusterna som vinner mark på havens bekostnad, eller rättare sagt, det är fler kustområden där land vinner över haven än tvärtom. Nettovinsten är 13 500 km^2 eller 10 meter extra landremsa längs en 135 000 mil lång kuststräcka. Både vinst och förlust beror till en del på naturliga landhöjningar och landsänkningar. Till en del beror vinst och förlust också på att människan aktivt tar mark från haven och aktivt ser till att det sker landsänkningar. *”Vi hade väntat oss att kustlinjerna skulle börja retirera”*, kommenterade Fedor Baart, en av forskarna bakom studien.

Än mer överraskande är att sand- och grusstränderna, ungefär en tredje del av världens stränder, växer på havens bekostnad. Under perioden 1984–2016 eroderade 24 procent av världens sand- och grusstränder med mer än 0,5 meter per år, medan 28 procent växte till med mer än 0,5 meter årligen (Luijendijk). I genomsnitt hade stränderna krupit utåt med en fart av 0,33 m årligen. Afrikas strandlinje hade dock en nettoerosion. Det hade även Australiens medan övriga kontinenters sand- och grusstränder hade växt till.

Sveriges yta växer

En orsak till att land växer på havens bekostnad är att det pågår naturliga landhöjningar. Något som sker i Sverige. Under senaste istiden tryckte väldiga ismassor ner jordskorpan i stora delar av norra Nordamerika och norra Europa. Områden som sedan dess har rest sig. Landhöjningen längs den svenska kusten är störst i norr, eftersom inlandsisen i norr var tjockare än i söder. Det finns en mätstation i Ratan, fyra mil norr om Umeå, och där har havet sjunkit med ca 90 centimeter sedan 1890-talet. Det är ingen tillfällighet att man under lång tid mätt vattenståndet i Ratan. 1767 blev Ratan stapelhamn för Västerbottens städer. Det innebar att alla varor som sjövägen importerades eller exporterades skulle förtullas i Ratan. Hamnens betydelse minskade med åren men ända in på 1940-talet var Ratan en viktig hamn. Man har mätt havsvattenståndet i Ratan eftersom förändringar i vattennivåerna kunde påverka sjöfarten. Ratan-exemplet visar något som är viktigt att ha i åtanke. De mätningar som gjorts, när det gäller havsyteförändringar, temperaturer eller nederbörd, har haft andra syften än att spegla det globala klimatet.

Även i Stockholm sjunker havsnivåerna, drygt 40 cm sedan 1900. Det beror naturligtvis också på landhöjningen. Visserligen är den betydligt mindre än längs Norrlandskusten, men tillräcklig för att havsnivåerna ska sjunka i stadig takt. Ju längre söderut i Sverige, desto mindre landhöjning och desto mindre sjunker vattenståndet längs kusterna.

I Skåne och Blekinge, där landhöjningen är nära noll, steg vattennivåerna något under 1900-talet. En trend som nu har brutits. Klagshamn, strax söder om Öresundsbron, är den mätstation som har den längsta mätserien i

Skåne. Stationen kom igång 1929. Sedan dess har havsnivån stigit med ungefär 2,5 cm. Under 2000-talet sjunker dock vattenståndet i Klagshamn. Tioårsperioden 2009–2018 har i genomsnitt haft 5 millimeter lägre vattennivåer än åren 1999–2008.

Havsvattenståndet i Malmö 1930–2018. Figur från PSMSL. Källa: SMHI.

Simrishamn har den näst längsta mätserien i Skåne. Mätningarna startade 1982. Den lilla höjning som skedde under 1900-talet har även där vänts till något sjunkande nivåer under 2000-talet.

Mätserien i Skanör sträcker sig bakåt till 1992. Under 1990-talet steg vattenytan, men ökningstakten har bromsat in under 2000-talet. Vattnet har stigit med knappt 0,3 mm om året under 2000-talet. Det gör 3 cm på 100 år om trenden håller i sig.

Kungsholms fort vid inloppet till Karlskrona är den äldsta mätstationen i södra Sverige, och den enda officiella i Blekinge. Kungsholms fort kan visa upp en sammanhängande serie från 1887. Om vi jämför det genomsnittliga vattenståndet för de första tio åren, 1887–1896, med de senaste tio årens nivåer, 2009–2018, kan vi konstatera att havet stigit med 2,3 cm under de dryga 130 åren.

Det är SMHI som mäter och som rapporterar in mätresultaten till det globala arkivet Permanent Service for Mean Sea Level (PSMSL). SMHI justerade en del av mätresultaten under 2019. Det var mätresultat från 2000-talet som ändrades. Om de inte hade justerats hade havsvattenståndet i Klagshamn under de senast tio åren varit ungefär 4 cm lägre än under föregående tio år. Efter justeringen blev alltså resultatet 5 mm. Mätresultaten ovan är hämtade från PSMSL i mars 2020.

Samma data - annan bild

Den som följer havsnivåförändringarna via SMHI:s hemsida riskerar att bli lätt förvirrad. Där finns en graf som indikerar att havsnivåerna runt den svenska kusten stiger. SMHI har då räknat ut ett genomsnitt för havsnivåförändringen runt den svenska kusten och sen har man dragit av för landhöjningen som i norr är närmare en meter på 100 år. SMHI skriver: *"Sedan 1886 har havsnivån längs Sveriges kust stigit omkring 25 centimeter. På de platser längs Sveriges kust där landhöjningen är lägst har det gett en effekt på omkring 15 cm."* En skrivning som känns märklig med tanke på att vattenståndet sjunker nästan överallt. SMHI skriver vidare: *"Det problem som vi står inför nu är att havet stiger allt snabbare."* Ett påstående som inte stöds av de mätresultat som presenteras. När SMHI räknar bort landhöjningen stiger havsnivåerna med ungefär 2 mm om året, räknat från 1886, men under de senaste 30 åren, 1989–2018, har takten minskat till 1,6 mm om året. En takt som tappat än mer fart under de senaste tio åren, då höjningen stannat vid 1,2 mm om året (SMHI den 12 september 2019 och den 31 mars 2020).

Om vi tittar på vad som konkret händer vid kusterna så sjunker alltså havsnivåerna kraftigt i norra Sverige medan vattenståndet längst i söder har varit mer eller mindre stabilt sedan 1800-talet. Vad SMHI menar med en effekt på 15 cm är höljt i dunkel. Det har i alla fall inget med mätresultaten att göra.

"Svenska hav stiger rekordsnabbt". Den rubriken kunde läsas på Sveriges Radios hemsida såväl den 20 augusti som den 22 augusti 2014. I artiklarna berättas att havsnivån runt svenska kuster har stigit betydligt snabbare än det globala genomsnittet under de senaste 20 åren. I artiklarna intervjuas professor Deliang Chen vid Göteborgs universitet och Sten Bergström, SMHI. Den senare varnar för att läget kan bli allvarligt för Stockholm och många av Sveriges kuststäder. Det berättas också att 23 000 hus i Skåne hotas av stigande vatten. Tre dagar senare, den 25 augusti, hade Sveriges Radio följande rubrik på sin hemsida: "Låg vattennivå i Östersjön får båtar att gå på grund."

Oavsett om havsnivåerna stiger eller sjunker

runt de svenska kusterna kan havet alltid vara ett hot. Den 13 november 1872 blåste det upp till storm i södra Östersjön och en stormflod svepte in över kusten i södra Skåne. Även Tyskland och Danmark drabbades av den extrema händelse som i Sverige kom att kallas Backafloden. En stor del av Falsterbohalvön översvämmades och i Skanör och Falsterbo nådde vattnet 2,4 meter över det normala. Det gjordes inga mätningar vid den tiden utan siffran har uppskattats. I fiskelägen som Brantevik och Skillinge blev 100-tals människor hemlösa och i Abbekås försvann ett 30-tal hus, trots att man på den tiden byggde på högre och säkrare platser. Minst 23 personer omkom längs kusten och över 100 bostadshus förstördes (Fredriksson 2017).

I Travemünde har man mätt vattenståndet sedan 1300-talet. Mätningar som visar att Backafloden var en extrem, men inte unik händelse i södra Östersjön. Även 1904 drabbades Skåne av en svår stormflod, dock inte lika kraftig som Backafloden. Idag byggs det betydligt närmare vattnet än vad det gjordes i slutet av 1800-talet. Om, eller rättare sagt när, en ny Backaflod sveper in över Falsterbohalvön kommer många hus att ha en och halv meter vatten stående i vardagsrummen.

Husen som försvann ut i havet

Det är långt ifrån överallt som land växer på havens bekostnad. Många kustområden äts upp av haven eftersom marken sjunker. En landsänkning som beror på såväl naturliga som av människan orsakade processer. De sistnämnda kan exempelvis vara uttag av vatten, olja eller gas, något som gör att marken sjunker.

En stor del av USA:s södra kust tillhör de kustområden som sjunker, och inte minst gäller det staden Houston i Texas. En artikel i Texas Monthly, decembernumret 1974, inleds på följande sätt: *"Vid högvatten rullar vågorna in i sovrummen på andra våningen i det bekväma hem i kolonialstil som Dr Jesse Kirkpatrick byggde på stranden av Crystal Bay före andra världskriget. Sedan 1943 har marken huset vilar på sjunkit med mer än 2 meter, en meter bara under de senaste tio åren, så idag ligger huset 15 meter ut i bukten som ett vrak övergivet av sin besättning. Kirkpatricks hem är ett av 448 hem i Brownwood, ett trevligt övremedelklassområde i Baytown, drygt tre mil öster om Houstons centrum. Några av de vackraste husen har helt försvunnit. Runt många av de återstående har ägarna byggt vallar med hjälp av sandsäckar vilket bara är ett sista meningslöst försök att hålla vågorna borta som nu når bara några meter från husen."* Idag ligger Brownwood under havets yta.

Landsänkningen i Houstonområdet började uppmärksammas på 1920-talet. En vetenskaplig artikel beskrev hur marken sjönk vid oljefältet i Goose Creek (Pratt and Johnson). Även om det har pumpats upp en hel del olja i den här delen av Texas är det användningen av grundvatten som är den huvudsakliga orsaken till de omfattande landsänkningarna. Houston har idag ungefär 60 gånger fler invånare än vid förra sekelskiftet. Den stora befolkningen behöver dricksvatten och det vattnet har till stor del varit grundvatten. Vattenbehovet har lett till att marken i vissa områden i och runt Houston har sjunkit med över tre meter under de senaste 100 åren. Under 1970-talet pumpades det upp runt 2 miljarder liter dagligen, innan man insåg faran och gjorde försök att begränsa uttaget. Dessa har dock haft mindre framgång, inte minst beroende på den snabba befolkningsökningen i "Storhouston".

Städer som sjunker

En stor majoritet av världens storstäder ligger vid havet. Många av dem hämtar, precis som Houston, vatten från underjordiska källor och möter samma problem.

I en studie från 2006 konstaterar Kelvin Rodolofo och Fernando Siringan att problemet med landsänkningar är störst i östra Asien. I Kina sjunker 14 av 36 större kuststäder. I de allra flesta fall är orsaken ett alltför stort grundvattenuttag. Shanghai har sjunkit med 2,5 meter på 100 år. Det är 15 gånger mer än vad FN:s klimatpanel beräknar att havsytan har stigit under motsvarande tid. Sex av de fjorton städerna sjunker med mer än fyra cm om året. Andra städer i östra Asien som sjunker är exempelvis Ho Chi Minh City i Vietnam, Taipei i Taiwan och Bangkok i Thailand. Rodolofos och Siringans studie handlar dock i första hand om situationen runt Manilla, och författarna skriver att den filippinska statsförvaltningen har börjat uppmärksamma att havets nivå stiger med 1–3 mm om året, men man ignorerar att ett alltför stort uttag av grundvatten gör att marken runt Manillabukten sjunker med flera centimeter och på vissa ställen upp till över en decimeter om året. I sammanfattningen skriver författarna att överallt i världen där det pumpas upp alltför mycket grundvatten sker landsänkningar.

Tokyo sjönk med drygt fyra meter från 1900 fram till slutet av 1960-talet. Osaka sjönk med tre meter under samma period. I Tokyo och även till stor del i Osaka har man lyckats stoppa landsänkningen genom att starkt begränsa uttaget av grundvatten (Kaneko och Toyota).

Abidin har publicerat flera studier om hur de stora kuststäderna i Indonesien sjunker. En del områden i Jakarta sjönk med 15 cm om året mellan åren 1982 och 2010. Abidin pratar om ekonomiska, sociala, miljömässiga och sanitära konsekvenser. Byggnader spricker och förstörs, infrastruktur skadas och det blir problem med såväl dränering som avlopp.

Det finns också studier som visar att delar av Jakarta har sjunkit snabbare än 15 cm om året (Chaussard). Andra delar har varit mer förskonade.

Jakarta är en snabbt växande megastad och prognoser pekar mot att Jakarta kommer att sjunka ytterligare fyra meter fram till nästa sekelskifte (Bakr).

Att Venedig sjunker har länge uppmärksammats. I en tidningsartikel från 1969 berättas att 2/3 av Venedig beräknas ha försvunnit i havet till år 1990 (Fort Lauderdale News). Det finns flera orsaker till att Venedig sjunker. Grundvatten har pumpats upp, men det handlar även om förändringar i jordskorpan och att pålar som staden vilar på ruttnar och sjunker.

Genom att pumpa upp större mängder grundvatten än vad tillrinningen tillåter utsätts människan och människans miljö för stora risker. Förutom landsänkning som kan medföra fler och större översvämningar, erosion och skador på infrastruktur, kan saltvatten tränga in och göra dricksvattnet otjänligt, miljögifter kan spridas och förändringarna i marken kan också öka risken för mindre jordbävningar.

Landsänkning nämns också i IPCC:s rapport 2013. Landsänkning på grund av naturliga och av människan orsakade processer, som grundvattenuttag, är vanlig i många kustregioner, framförallt i stora floders deltalandskap, skriver IPCC.

Deltalandskapen - dömda till undergång

När det gäller deltalandskapen är det inte bara utvinning av gas, olja och vatten som är ett problem. Deltalandskapet är en dynamisk miljö som ständigt är i omvandling. Det sjunker och eroderas och skulle försvinna i havet om inte floden för med sig sediment som hela tiden återuppbygger landskapet. När människor har bosatt sig i de bördiga deltalandskapen blir de ständiga översvämningarna inte längre önskvärda. Genom att exempelvis bygga skyddsvallar hindras floden och havets vågor från att översvämma åkrar och hus, vilket leder till att marken inte längre får någon påfyllning av sediment.

Mekong. Förändringarna i Mekongdeltat i Vietnam är väldokumenterade. Det som i första hand gör att Mekongdeltat, ett 40 000 km^2 stort område, sjunker och stränderna eroderas är att stora mängder grundvatten pumpas upp, men Mekongdeltat påverkas av människan på fler sätt. Sand transporteras bort och kanaler grävs. Under de senaste tre decennierna har erosionen kostat stränderna i deltat 25–30 meter om året. I en studie beräknas att delar av deltat kommer att sjunka med en meter fram till 2050, tio gånger mer än havsytans höjning, på grund av att grundvatten pumpas upp (Erban). Det finns studier som pekar mot ännu snabbare landsänkning. Det kan dessutom tillkomma faktorer som blir förödande. Om alla de kraftverksdammar som planeras längs floden blir verklighet kommer mängden sediment som når deltat att minska kraftigt. Något som kan leda till katastrof för det tätbefolkade deltat.

Ebro. Ebroflodens deltalandskap söder om Barcelona är ett av Medelhavets viktigaste fågelområden. Deltat med sina våtmarker och åkrar sträcker sig mer än två mil ut i havet och har byggts upp av sediment från floden. Under årens lopp har dammar byggts i floden och allt mer av vattnet har använts för bevattning. Uppskattningar säger att transporten av sediment för att bygga på deltat har minskat med 90 procent, och som en följd sjunker och eroderas deltat. I början av 2000-talet fanns dessutom planer på att bygga en vattenledning från Ebrofloden till jordbruksområden i södra Spanien. Vattnet var tänkt att användas till bevattning.

Jag besökte deltat i januari 2003 för att skildra konflikten mellan naturintressen och samhällets behov av vatten. *"75 procent av alla rödnäbbade trutar i världen håller till i deltalandskapet"*, berättade biologen Carlos Ibana, när vi vandrade i kanten av ett område där grunda vattensamlingar och sandbankar avlöste varandra. Vi såg purpurhöna, rödhuvad dykand och ett stort antal andra arter under vår utflykt till deltats våtmarker.

Projektet att leda vatten till södra Spanien lades på is något år senare, men har väckts till liv igen av centralregeringen. År 2016 demonstrerade tiotusentals människor i staden Amposta, där Ebrofloden styr ut i deltat, mot de förnyade planerna. Parollerna löd: "Ebrofloden utan vatten betyder döden för deltat" och "Vatten till floden, liv för deltat."

Ganges. Floderna Brahmaputra och Ganges flyter samman, för att dela upp sig i ett antal flodarmar som sedan når Bengaliska viken. Den största av dessa flodarmar är Meghna. Tillsammans bildar floderna ett deltalandskap. Deltats front mot Bengaliska viken är 40 mil bred. Idag bor det närmare 200 miljoner människor i Ganges låglänta och mycket bördiga vattenrike.

Ganges och Brahmaputra för med sig ungefär 1 miljard ton sediment årligen, huvudsakligen från Himalayas sluttningar. Himalaya och landskapet i direkt anslutning till Himalaya består av höga berg, djupa dalar och branta sluttningar. Bergen vittrar, små och stora jordskred sker konstant. En del av det sediment som flodsystemet för med sig bygger på deltat och sedan senaste istiden har deltats tjocklek byggts på med mellan 30–70 meter (Allison). Samtidigt sjunker deltat på grund av naturliga processer, och numera också på grund av människans aktiviteter.

Studierna av hur deltat har förändrats är många och resultaten varierar. Det beror bland annat på vilka områden som forskarna har studerat och vilka tidsperioder som har avhandlats. Brown och Nicholls sammanställde 24 tidigare publicerade studier. Några av dessa har kartlagt förändringarna under 100 000-tals år, medan andra berättar vad som hänt under de senaste årtiondena. Brown och Nicholls konstaterar att människans påverkan på de naturliga processerna har pågått under lång tid, minst 1 000 år, men det var först på 1960-talet som mer storskaliga förändringar gjordes för att skydda deltats människor från vattnet, bland annat har det byggts ett stort antal skyddsvallar.

Innanför vallarna har bönder kunnat odla utan återkommande översvämningar. Människans aktiviteter har lett till att landsänkningen går snabbare än förr, men också att den påbyggnad av sediment som i historisk tid mer än väl kompenserat för den naturliga landsänkningen hindras. Den absolut största landsänkningen sker i urbana områden, som i storstaden Kolkata.

Det finns många fler studier som behandlar Gangesdeltats förändringar än de 24 som Brown och Nicholls sammanställde. Morgan och McIntyre kom 1959 fram till att deltat sjönk med 41 mm om året. Ostanciaux såg en tillväxt i östra delen av deltat med 3,6 mm per år och en landsänkning i väster med 12,3 mm om året.

Ett av otaliga jordskred i Nepal. Floden i dalgångens botten för sedan med sig sedimenten på en lång resa som slutar när vattnet når Bengaliska viken.

I en studie som presenterades 2015 har forskarna jämfört marknivåerna i en del av deltat där vallar byggdes på 1960-talet med nivåerna i närliggande mangroveskogar (Auerbach). I området med mangroveskogar har förhållandet land och hav varit stabilt medan marken i de invallade områdena har sjunkit med 1–1,5 meter sedan vallarna byggdes. Auerbach skriver att orsaken till att de invallade områdena sjunker är bland annat att ingen ny sedimentmassa har tillförts och kompaktering, att när jorden brukas år efter år blir den en gång relativt porösa marken allt mer kompakt. I artikeln berättas också om hur vallarna på flera stora öar i deltat kollapsade i samband med cyklonen Aila 2009. Något som ledde till att områden stod under vatten tills vallarna hade reparerats, vilket i en del fall dröjde två år. När vallarna stod klara och vattnet var borta visade det sig att marken i de översvämmade områdena hade höjts med flera decimeter. Något som berodde på det sediment som tidvattnet hade fört med sig.

Samtidigt som stora delar av deltalandskapet sjunker tycks deltat bli allt större, åtminstone den del av deltat som ligger i Bangladesh. Den stora mängd sediment flodsystemet för med sig lägger sig runt flodarmarnas mynningar och bygger ny mark som mer än väl kompenserar för att andra områden försvinner under vattenytan. Ahmed kom till slutsatsen att Bangladesh kustlandskap växte med ungefär 8 km^2 per år under perioden 1985–2015. Andra studier som kommit till samma slutsats är bland andra Akter, Sarwar och Woodroffe och Brammer.

Mississippi. Mississippideltat har formats av sediment från floden under 8 000 år. Staden New Orleans är till stor del byggd på det som floden har skapat. Redan för 300 år sedan, när området var fransk koloni, började fransmännen bygga vallar för att minska risken för översvämningar, och under början av 1900-talet vallade amerikanska ingenjörstrupper in floden för att skydda områdets människor och ekonomi. Kanaler grävdes för att vattnet snabbare skulle nå havet och därmed förs också sedimenten ut i Mexikanska golfen i stället för att ge deltalandskapet den påfyllning som behövs för att hålla jämna steg med de eroderande krafterna. Förutom att sediment inte bygger på landskapet har stora mängder vatten, olja och gas pumpats upp vilket gör att regionen sjunker.

”Louisiana förlorar motsvarande en fotbollsplan i timmen”, har varit rubrik ett antal gånger de senaste åren i såväl svenska medier som i USA. Det var värre för 50 år sedan. Mellan 1957 och 1974 försvann i genomsnitt 105 km^2 årligen (Britsch och Dunbar). Det betyder en fotbollsplan varje halvtimme. En fotbollsplan kan variera i storlek men för att få ihop siffrorna så handlar det om relativt stora fotbollsplaner, godkända för internationella matcher.

Mississippi River-Gulf Outlet Canal (MR-GO-kanalen) byggdes mellan 1958 och 1968 för att förkorta sträckan mellan New Orleans inre hamn och havet. Efter orkanen Betsy på 1960-talet förstärktes vallarna längs kanalen. När orkanen Katrina drabbade New Orleans 2005 översköljdes en del av vallarna längs MR-GO-kanalen och mer eller mindre spolades bort. Att vallarna inte höll måttet anses ha varit avgörande för katastrofens omfattning.

Året efter gjordes en studie i vilken det konstaterades att marken längs kanalen sjunkit med mer än 2 cm om året, sammanlagt drygt en meter, sedan vallarna byggdes (Dixon). Under motsvarande tid steg havsnivåerna vid USA:s sydkust med runt 2 mm om året. Det är svårt att ange en exakt siffra eftersom mätstationerna är påverkade av landsänkning, och det beror också på vilka år som jämförs.

En studie från NASA visar att mellan juni 2009 och juli 2012 sjönk vissa delar av New Orleans med 5 cm om året (Jones). Om den takten håller i sig kommer delar av New Orleans att sjunka med en meter på 20 år.

Everglades. För 100 år sedan var nästan hela södra delen av Florida ett stort träsk. Källan till träsket, Everglades, är sjön Okeechobee. Vatten från sjön rann förr i tiden sakta ner genom Everglades som en flod av gräs. Bosättningarna var få och spridda. Sedan flyttade fler människor in i området. Kanaler grävdes för att dränera mark och omvandla den till jordbruksmark. Dräneringen fortsatte i takt med att fler och fler flyttade till södra Florida. Hälften av det som var Everglades är idag golfbanor, jordbruksmark och stadsbebyggelse. Delar av Miami är exempelvis byggt på träskmark.

Floden av gräs har fört med sig en allt mindre mängd vatten. Vattnet från Lake Okeechobee har istället gått till dricksvatten eller direkt ut i havet. När inte samma mängd vatten rinner i ”floden av gräs” som tidigare, hamnar en del av torven i träsket över vattenytan vid torrår. Då oxiderar torven och försvinner. Marken sjunker. Hela södra Florida är mer eller mindre påverkat av landsänkning.

Gula floden. Gula flodens deltalandskap är ett av de deltaområden som sjunker snabbast. Vissa delar sjunker med 25 centimeter om året. Den viktigaste orsaken är att grundvatten har pumpats upp (Higgins).

Ohållbar vattenkonsumtion

Under en stor del av 1900-talet minskade flödet av vatten från kontinenterna till haven. Det berodde på alla dammar som byggdes för kraftproduktion, för bevattning mm. Den trenden har vänt. Nu minskar kontinenternas vattentillgångar, inte minst genom ett allt större grundvattenuttag. Människans aktiviteter på land bromsade havsnivåhöjningen under en stor del av 1900-talet, men sedan slutet av 1900-talet bidrar vattenanvändningen till att havsytans nivå höjs.

Det är dock i första hand på land som konsekvenserna av minskade grundvattenreservoarer märks. Jag har nämnt deltalandskap och sjunkande kuststäder men även inlandsområden är berörda. Delar av Teheran, Irans huvudstad, och regionen runt staden har sjunkit kraftigt. Delar av regionen sjönk med 25 cm om året under åren 2003–2017, enligt en studie av Motagh och Haghighi. En orsak är att Teheran växer och därmed har vattenbehovet ökat. Antalet brunnar i området har ökat från 4 000 till 32 000 på 40 år. En annan orsak är att Iran satsar hårt på att öka livsmedelsproduktionen och konstbevattning tär hårt på grundvattenreserverna.

Precis som när det gäller en del kustområden har landsänkning i många inlandsområden på grund av uttag av grundvatten pågått under lång tid. I San Joaquin Valley, Kalifornien, USA, sjönk marken med nio meter mellan 1925 och 1977 på grund av att grundvatten pumpades upp. Det betyder 17 cm om året i 52 år.

Mätstationer vid kusten

Det är inte lätt att ta fram en global siffra som visar havsnivåns förändring. Vid en del platser sker naturlig landhöjning, vid andra en naturlig landsänkning och i många fall också en av människan orsakad landsänkning. Sker det en landhöjning följer instrumentet med upp och havsnivån sjunker. Tvärtom om det sker en landsänkning. Mätinstrumentet kan vara fastsatt i en kaj eller brygga, vilket gör att konstruktionen kanske inte är så stabil och kan röra sig av andra orsaker än landhöjning eller landsänkning. Det finns fler osäkerheter som vindar och tidvatten.

Mätstationerna är heller inte jämnt spridda runt de stora oceanerna. Runt år 1900 mättes

Skyltar på telefonstolpen visar marknivåerna i San Joaquindalen 1925, 1955 och 1977. Mannen vid stolpen är Joseph Poland, då ledande forskare vid United States Geological Survey (USGS). Fotot togs 1977 av Richard Ireland. Foto: USGS.

havsvattenståndet runt Östersjön, runt Danmarks kuster, i södra Norge, på några få platser längs Storbritanniens kuster, runt Italiens kuster och längs norra delen av Nordamerikas östkust. I övriga världen fanns endast ett fåtal mätstationer. Det gör att mätstationer med längre mätserier är koncentrerade till Europa och i viss mån USA:s östkust. Nästan alla analyser och vetenskapliga studier som handlar om havsytans förändring utgår från ett begränsat antal mätstationer och då är frågan hur representativa de utvalda stationerna är för ett globalt medeltal. De flesta studier som bygger på mätningar vid kusten hamnar på en höjning någonstans mellan 1 och 2 mm per år som ett genomsnitt för de senaste 100 åren. Några forskare menar att höjningen är mindre än så. Det tycks som om studier som bygger på färre antal mätstationer visar på en snabbare havsnivåhöjning än de studier som tar med ett stort antal stationer. Det är en känsla som man får efter att ha läst ett stort antal studier i ämnet.

Mätning med satellit

Havsytans förändring mäts sedan 1993 med satellit. Satellitmätningar av havsytans nivå är oerhört komplicerade. Något förenklat mäts avståndet mellan satelliten och havsytan. Det måste göras korrigeringar för tidvatten, våghöjd, luftfuktighet, om satelliten ändrat position gentemot vattenytan, plus ett antal andra korrigeringar. Bland annat så korrigeras mätresultatet också för glacial isostatic adjustment (GIA). Det görs för att kompensera att även havsbotten påverkas av landhöjningen efter istiden. När landområden sakta skjuter i höjden fördjupas en del havsbottnar. Om delar av havsbottnarna sjunker så kan vattenmassorna i haven öka trots att vattennivåerna inte stiger. Något som kan vara viktigt att ha koll på ur klimatsynpunkt. Hur mycket som ska justeras för GIA är osäkert.

Korrigeringar är med andra ord nödvändiga, men ett stort antal korrigeringar ökar risken för felaktigheter. En annan osäkerhet med satellitmätningarna är att det är olika satellitprojekt som mätt i olika perioder sedan 1993. Det sker fortfarande förbättringar när det gäller satelliternas förmåga att mäta och det lär dröja innan det går att mäta och justera med exakt precision. En studie som behandlar osäkerheterna när det gäller satelliternas förmåga att mäta är Scharffenberg och Stammer.

Enligt de korrigerade satellitmätningarna har havsytan stigit med ungefär 3,2 mm per år sedan 1993. Det är också vad IPCC skriver i rapporten 2013. Enligt samma rapport steg havsnivåerna med ungefär 3,2 mm per år även mellan 1920 och 1950.

Det är inte så att havsnivåerna har stigit ungefär lika mycket runt om i de stora oceanerna sedan 1993. Tvärtom, det är stora regionala skillnader, och 3,2 mm är ett globalt genomsnitt. Havsnivåerna har stigit mer på södra halvklotet än på norra, och framförallt har nivåerna stigit i västra Stilla havet, norr och nordost om Australien, och i Indiska oceanen, mellan Madagaskar och Australien (NOAA).

Hur mäter Länsstyrelsen i Kalmar?

Länsstyrelsen i Kalmar län skriver i Regional handlingsplan för klimatanpassning att *"havsytehöjningen är drygt 3 mm/år och landhöjningen cirka 2,5 mm/ år i vårt län"*. Man förleds då att tro att det sker en havsnivåhöjning med 0,5 mm/år i länet, men länsstyrelsen har antagligen glömt att kolla mätresultaten. De mätstationer som finns i länet, Oskarshamn och Ölands norra udde, visar att havsnivåerna sjunker. Under perioden 2009–2018 var vattenståndet vid Ölands norra udde i genomsnitt 3,5 cm lägre än under perioden 1999–2008.

Varifrån får Länsstyrelsen i Kalmar att havsytehöjningen är 3 mm? Gissningsvis används satellitmätningarnas justerade siffra som visar att den globala havsytan i genomsnitt stigit med ungefär 3 mm om året sedan början på 1990-talet sedan drar man bort landhöjningen i området och då får man fram att havet stiger trots att mätningarna på plats visar att havsnivåerna sjunker. SMHI använder ibland samma resonemang.

Indirekta mätmetoder

Ett annat sätt att beräkna förändringar av havsytans nivå är att göra det genom att mäta förändringarna i havstemperaturerna och förändringar i mängden vatten och is som finns på land. När vatten värms expanderar det och det gör att när vattentemperaturen i haven stiger höjs vattennivån. Förändringarna i isen i Antarktis och på Grönland har kunnat mätas med hjälp av ett satellitprojekt, Gravity Recovery and Climate Experiment (GRACE).

I rapporten 2013 kom IPCC fram till att temperaturökningen i haven bidragit till en havsytehöjning motsvarande 1,1 mm per år eftersom vatten utvidgas när temperaturen stiger. Antarktis is smälter och det bidraget har motsvarat en höjning med 0,27 mm per år. Grönland förlorar is, vilket har motsvarat en havsytehöjning på 0,33 mm per år och övriga glaciärer runt om i världen har gett ett tillskott på 0,76 mm. Smältande is har med andra ord bidragit till en havsytehöjning på 1,36 mm årligen. Dessutom använder vi allt mer sötvatten. Det gör att vattenreservoarerna på land minskar och det har också bidragit till att haven höjs. IPCC uppskattade det bidraget till 0,38 mm årligen. Sammanlagt motsvarade det en havsytehöjning på 2,84 mm per år, enligt IPCC:s beräkningar i rapporten 2013. Det saknas med andra ord nästan 0,4 mm till satellitmätningarnas justerade siffra på 3,2 mm per år. Det kan vara så att satellitmätningarna visar en för snabb ökningstakt. Det kan också vara så att mätningarna av havstemperaturer och förändringar i isarnas massa inte stämmer. Det kan också vara så att båda sätten att beräkna havsytans nivå visar fel resultat.

Stora osäkerheter

Jag nämnde att satellitmätningar av havsytans förändringar är komplicerade, vilket gör att risken för felaktigheter är stor. De beräkningar som handlar om hur mycket landis som smälter är minst lika osäkra.

Det har publicerats ett antal artiklar under årens lopp som berättar att Antarktis is smälter. Det är isen på västra Antarktis och Antarktiska halvön som minskar i storlek. Östra Antarktis är större, ligger högre och är kallare. Där växer isen, men enligt IPCC 2013 inte tillräckligt för att kompensera för avsmältningen i väster. 2015 kom Jay Zwally från NASA med nya uppgifter när det gäller Antarktis bidrag till havsytans förändring. Zwallys analyser visade att den totala ismassan på Antarktis inte minskar utan växer till. Tillväxten av is i östra Antarktis är större än avsmältningen i väster. En tillväxt av ismassan som omvandlar vatten från havet till is i Antarktis.

Andrew Shepherd, forskare från universitetet i Leeds, som flera gånger publicerat artiklar som visar att Antarktis smälter, kom med en ny studie under våren 2018. I artikeln, som publicerades i Nature, berättas att Antarktis is smälter allt snabbare och genomslaget i media blev stort. Vad är det då som gör att forskarna kommer till olika slutsatser?

När det gäller Zwally och Shepherd så handlar det bland annat om vilken modell som används för att beräkna glacial isostatic adjustment (GIA). Antarktis tyngs av ett flera kilometer tjockt istäcke och effekten där är naturligtvis densamma som uppe i norr under istiden. Istäcket trycker ner marken. Om det flera kilometer tjocka istäcket över Antarktis trycker ner marken kan istäcket tyckas sjunka när det istället handlar om att marken under istäcket sjunker. Frågan är hur mycket marken sjunker och hur mycket mätresultatet av isens höjd bör justeras. Det räcker med några millimeters extra justering för att förändra avsmältning till tillväxt.

I april 2020 presenterades en studie som bygger på mätningar från en satellit som varit igång sedan hösten 2018 och som sägs kunna mäta höjden vid jordytan med mycket stor precision (Smith). Man jämförde mätresultaten från den nya satelliten med mätresultat från 2003-2009 gjorda från en annan satellit. Mätningarna visade att det skett en liten tillväxt av isen i mycket stora delar av Antarktis, men en relativt kraftig avsmältning längs vissa kustområden, framförallt i västra Antarktis. Totalt sett har det skett en avsmältning sedan 2003 motsvarande en havsytehöjning på ca 0,3 mm per år, enligt studien. Smith är ett av många exempel på en klimatstudie där författarna tycks ha haft lite bråttom och där värdet av studien är diskutabelt. Det som gör läsaren tveksam är att mätresultaten kommer från två olika satellitprojekt, att den undersökta perioden är kort och att det inte handlar om en sammanhängande serie. Därtill kommer alla de justeringar som måste göras vid satellitmätningar, som exempelvis justering för GIA – se ovan. Det som talar för att siffrorna kan stämma är den Super-El Niño som inträffade 2015–2016 och som sen har följts av mindre El Niños. Vi vet att höga vattentemperaturer i Stilla havet under El Niño-händelser påverkar västra Antarktis.

Det råder större enighet om att Grönlands ismassor har smält under de senaste dryga 20 åren. Osäkerhet om vad som hänt sett i ett hundraårsperspektiv är större. Fettweis har tittat på förändringar i Grönlands ismassa fram till 2015 och konstaterar att ismassan är densamma under 2000-talet som den var på 1930-talet. Däremellan har den först växt till sig och under slutet av perioden har det skett en snabb avsmältning, vilket, enligt studien, kan bero på att det har varit ”tillväxten” som smält bort.

Den största påfyllningen av vatten till haven under de senaste 100 åren har kommit från glaciärer runt om i världen och inte från inlandsisarna på Grönland och Antarktis. Himalayas glaciärer är det största isområdet efter Antarktis och Grönland. Bahuguna gjorde fältstudier men tog även satellitdata till hjälp och undersökte förändringarna av 2 018 glaciärer i Himalaya under perioden 2000–2010. De fann att en stor majoritet av glaciärerna var stabila under tioårsperioden. I genomsnitt förlorade glaciärerna 0,2 procent av sin yta under de tio åren. Om takten håller i sig betyder det en minskning med 2 procent på 100 år. Forskarna berättar att andra studier visar på en högre avsmältningstakt under slutet av 1900-talet, men att avsmältningen bromsar in under 2000-talet. Bahuguna menar att förändringen stämmer med den globala uppvärmningspausen.

I en studie från 2017 kunde forskare konstatera att under åren 2000–2016 var avsmältningen i Himalaya mycket mindre än vad tidigare uppskattningar visat (Brun). Brun har tagit med fler glaciärer än vad tidigare forskare gjort, och räknat fram att bidraget till havsytehöjningen stannar vid 0,046 mm per år. Även när det gäller avsmältningen av Himalayas glaciärer publiceras det studier som pekar åt olika håll.

Fler frågetecken

Det råder inte bara osäkerhet om Antarktis bidrag till havsytehöjningen, utan det finns också frågetecken när det gäller vad som orsakar den minskning av ismassorna som sker i vissa områden.

Antarktis (och Grönland) förlorar alltid is, men samtidigt sker en påfyllning. Snön som faller över isvidderna packas ihop och blir till is. De tjocka ismassorna glider sen mot kusten, och på en del ställen fortsätter isen ut i havet. När den tjocka isen passerar kontinentalsockeln tappar den kontakten med bottnen och flyter. Det är då den kallas shelfis. Så småningom bryts isflak loss från shelfisen och då kan mycket stora isberg bildas. Isberg som kan driva runt under många år innan de har ätits upp av havet. Isbergen kan vara stora som Gotland och små som en av Gotlands raukar. De kan skimra i kristallblått med valv och inbjudande grottor. De kan vara vita och se ut som flytande kuber. De kan vara hemvist för pingviner. Om det bildas fler och större isberg kan det vara ett tecken på en av människan orsakad klimatförändring, men det kan också ha naturliga orsaker. Isberg är en del i en process som är i ständig förändring.
Det som gör att västra Antarktis förlorar is, enligt gängse teori, är att de väldiga ismassorna vilar på mark som till delar ligger under havsytan. Något som gör att havsvattnet har mycket lättare att ”komma åt” isen på västra Antarktis. När havsvattnet blir varmare tär det på isen.

Det är dock långt ifrån säkert att havets temperatur är den enda orsaken eller ens huvudorsaken till att isen på västra Antarktis minskar. Det har länge varit känt att det finns vulkaner i västra Antarktis och på Antarktiska halvön. Många Antarktisresenärer har besökt Deceptionön utanför Antarktiska halvöns spets. Ön är en vulkan och kratern är fylld med vatten. Ett knappt 300 meter brett inlopp gör det möjligt för fartyg att segla in i en bukt, knappt en mil lång och väl skyddad av vulkanens branta sidor. Den cirkelrunda ön, med sitt skyddade inre, har använts av val- och säljägare, och såväl Storbritannien som Chile har haft baser på ön. Båda baserna fick överges i samband med vulkanutbrott i slutet av 1960-talet. Den som besöker ön märker att vattnet nära stränderna är ljummet och på stränderna finns små vattensamlingar som gör det möjligt att ta ett varmt bad.

Det var först under 2017 som omfattningen av vulkanaktiviteten blev känd. En grupp forskare från Edinburgh University meddelade att de hittat 91 dittills okända vulkaner under isen på västra Antarktis, vilket ökade på antalet kända vulkaner i området till 138 (Van Wyk de Vries). Forskarna menade att upptäckten av vulkanerna gör västra Antarktis och Antarktiska halvön till jordens mest vulkantäta region.

NASA skriver i en studie att det finns ett finmaskigt nät av heta klippformationer (mantle plumes) under jordytan i västra Antarktis (Seroussi). Det gör att det bildas smältvattensjöar och floder under ismassorna. Något som har större påverkan på avsmältningen av ismassorna på västra Antarktis än den globala uppvärmningen.

I en studie från 2018 berättas att avsmältningen av isen i västra Antarktis till största del beror på naturliga variationer i havet, att en varm fas nådde sin temperaturtopp 2009 och att det sedan dess har skett en avkylning (Jenkins). Även Jones kommer fram till att det är naturliga variationer som har styrt och styr klimatet i och runt Antarktis under de senaste årtiondena.

Det har publicerats många artiklar om ismassornas förändring i Antarktis och bilden är komplex.

En av de forskningsstationer på Deception ön som övergavs i samband med vulkanutbrott i slutet av 1960-talet. Fotot är taget i november 1989.

Isberg i Södra oceanen.

Templet vid och i havet

Itsukushima är en ö i Hiroshimabukten i Japan. Ön anses som helig och förr i tiden fick "vanliga" medborgare inte sätta sin fot på ön. För att pilgrimer ändå skulle få möjlighet att besöka den heliga platsen har det under lång tid funnitsett tempel vid strandlinjen. Templet har samma namn som ön. Det tempel som står där idag byggdes på 1500-talet, men redan på 1100-talet fanns ett tempel med samma design och på samma plats som det nuvarande. Templet är byggt som en brygga. Vid lågvatten är havsbottnen runt templet torrlagd och då står templet på den heliga ön. Vid högvatten ser det ut att flyta utan att ha kontakt med land och det går att komma dit med båt. Templets design är noga uttänkt för att göra det möjligt för pilgrimer att komma till den heliga ön och besöka templet som ibland står på ön och ibland i vattnet, utan att sätta sin fot på ön. Det är inte många decimeter mellan havsbotten och templets golv. Havet vid Itsukushima måste under 1100-talet haft nästan exakt samma nivå som idag.

Japan Meteorological Agency (JMA) visar på sin hemsida att från 1906 till 1910 sjönk vattenståndet något runt Japans kuster. 1910 vänder vattenståndet uppåt och når en topp runt 1950. Därefter sjunker havet fram till mitten av 1980-talet. Därefter åter en stigning fram till 2016. JMA skriver att det inte går att se någon trend under perioden 1906–2018: *"A trend of sea level rise has been observed in Japanese coastal areas since the 1980s, but no long-term trend of rise is seen for the period from 1906 to 2018. Variations with 10- to 20-year periods (near-10-year variations) are seen for the period from 1906 to 2018."*

Itsukushima. Fotot är från sommaren 2017 och tidvattnet är på väg in.

Det globala havsytan har troligen höjts med i genomsnitt mellan 1 mm och 1,7 mm årligen sedan slutet av 1800-talet. Från 1920-talet fram till 1950-talet och under de senaste 30 åren har höjningen gått snabbare eller med drygt 3 mm om året.

Det är inte lätt att beräkna den globala havsytan så siffrorna är osäkra.

Trots havsytehöjningen växer land på havens bekostnad. Även låglänta korallöar, som Tuvalu, växer.

Kuststäder som Houston, Tokyo och Jakarta har sjunkit med flera meter under de senaste 100 åren. I de flesta fall är orsaken att grundvatten pumpats upp.

Så gott som alla deltalandskap runt om i världen sjunker. Deltalandskapen är beroende av översvämningar, något som invånarna i de bördiga deltaområdena vill undvika. Därmed var deltalandskapen öde beseglat när människan en gång invaderade de låglänta områdena.

8 Extremväder och vildmarksbränder

"We know from historical data that the world has seen a significant reduction in disaster deaths."
Our World in Data 2020

Nederbörd - ingen trend

Det går inte att se några globala trender när det gäller nederbörd. Det är omöjligt att säga att det regnar mer eller mindre nu än vad det gjorde när mer omfattande mätningar började. Det är budskapet i IPCC:s rapport 2013. Globalt har den totala regnmängden ökat något sedan 1900, men minskat sedan 1950.

Wijngaarden analyserade förändringar i nederbördsmönstret från 1700 till 2013. Underlaget i studien kom från 1 019 mätstationer i 114 länder med mätserier som sträcker sig minst hundra år bakåt i tiden. Det finns 1 600 sådana stationer, men några togs bort för att få bra spridning. De flesta stationerna har data från 1850 och framåt. Kew Garden i England har den längsta serien, hela 303 år. I genomsnitt regnar det eller faller nederbörd motsvarande 850 mm om året runt om i världen. Om det sker en liten ökning eller minskning beror på vilken period som är i fokus. Från 1850 till 2000 sker det en liten minskning. Från 1900 till 2000 blir det istället en liten ökning.

Wijngaarden och IPCC tecknar samma bild. Det går inte att se några globala trender. Det har heller inte skett några förändringar i områden där det regnar lite och inte heller där det regnar mycket eller där det regnar "lagom" mycket. Studien pekar dock ut ett par områden där nederbörden ökat över tid. Ett område är Sverige. Ett påstående som får stöd av SMHI.

SMHI:s statistik sträcker sig tillbaka till 1860 och visar en ökning från runt 600 mm per år till runt 700 mm under 2000-talet. Siffrorna är ett medelvärde beräknat på 87 mätstationer. De senaste sju åren har dock nederbörden minskat och 2018 kom i genomsnitt 564 mm. Det kan jämföras med 1901 som är det torraste året med 431 mm nederbörd.

Det har kommit ett antal studier under de senaste åren som belyser såväl regionala som globala trender när det gäller nederbörd, och som stöder IPCC:s slutsats från 2013, att det är låg sannolikhet att det skett några globala förändringar. Ett exempel är Nguyen. Studien bygger på satellitmätningar och det gör att den täcker in såväl land som hav. Tidsperioden sträcker sig från 1983 till och med 2015. Forskarna har delat in jorden i 237 nederbördsområden och ser att i 20 områden har nederbörden ökat markant och i lika många områden har den minskat. Globalt går det inte att se någon trend. Afrika är den kontinent med flest områden med antingen negativa eller positiva trender. Det är "torra" områden som har fått mer nederbörd medan nederbörden minskat i "våta" områden.

När det gäller extrem nederbörd är det nolltrend eller negativ trend i många områden, skriver IPCC i rapporten 2013. Det är dock mycket troligt att det sedan mitten av 1900-talet skett en ökning av extrem nederbörd i centrala Nordamerika, och att det är troligt att det i Europa har skett en ökning av extrem nederbörd i fler regioner än där det har skett en minskning. När det gäller ökningen av extrem nederbörd i centrala Nordamerika bör man komma ihåg att i det området rådde torka under 1950-talet. Det är med andra ord inte så konstigt att skyfallen har ökat sedan dess.

Zhan har analyserat nederbörden i Kina under perioden 1961–2011 och använt sig av data från 3 285 mätstationer runt om i Kina. Författarna kommer fram till att såväl extrem nederbörd som årlig nederbörd minskat på de flesta platser under perioden.

Jakob och Walland har analyserat nederbördsförändringar i Australien och ser inget samband mellan temperaturförändringar och extrem nederbörd. Däremot finns en mycket tydlig koppling mellan extrem nederbörd och förändringar i ENSO, El Niño- och La Niña-händelser.

Det går inte att dra några slutsatser genom att titta på en viss region eller en viss tidsperiod. Sett i ett globalt perspektiv är förändringarna i extrem nederbörd mycket marginella. Dessutom sker det alltid vissa förändringar. Klimatet är inte helt stabilt.

72 mm regn om dagen

På amerikanska klimat- och vädertjänstens (NOAA) hemsida finns en lista med nederbördsrekord. Plumb Point i Jamaica har rekordet för 15 minuter. Det lyder på 198 mm och sattes den 12 maj 1916. Cherrapunji Meghalaya, Indien, har årsrekordet. Från augusti 1860 till och med juli 1861 regnade det 26 461 mm. Det blir 72 mm om dagen i 365 dagar.

Extrem nederbörd i Sverige

I den statistik som visar antalet gånger då någon plats i Sverige fått mer än 40 mm under ett dygn är det 1930-talet som ligger i topp, tätt följt av första årtiondet på 2000-talet. När det gäller det år med flest dygn med mer än 40 mm är det 1945 som toppar listan. 2010-talet utmärker sig genom att vara ett årtionde förskonat från extrema skyfall. Det är endast några få gånger som någon plats i Sverige fått mer än 40 mm nederbörd under ett dygn.

Lunds universitet presenterade 2015 en studie som visar att risken för skyfall är lika stor över hela landet. Det är lika stor risk i de nederbördsfattiga delarna som där det faller mer regn. Det är lika stor risk i områden med lägre medeltemperatur som i områden med högre medeltemperatur.

Översvämningar

Extrem nederbörd och översvämningar är orsak och verkan. Regnar det mycket under kort tid hinner vattnet inte rinna undan och då blir följden översvämning. Jag har nämnt att Houston översvämmades när orkanen Harvey drog in över södra Texas 2017. Människan var dock medskyldig till att stora delar av landskapet stod under vatten. Staden hade växt åt alla håll. Våtmarker, som magasinerar vatten och hindrar att annan mark översvämmas, har dikats ut och fått ge plats åt den växande staden. Regnvattnet kan inte längre sippra ner i marken där det tidigare odlades grödor eller växte gräs, eftersom ytan täcks av asfalt och betong. Vid regn rinner därför stora mängder vatten direkt till vattendrag i närheten, som då snabbt riskerar att svämma över.

Landsänkningarna i Houstonområdet har lett till att det bildats stora "skålar" i landskapet, områden där marken sjunkit extra mycket, som exempelvis i de centrala delarna av storstaden. Det blir platser som lätt översvämmas. Stadens dräneringssystem har också tagit skada av att marken sjunkit. När dräneringsrören en gång i tiden grävdes ner, gjordes det på ett sätt så att rören lutade åt det håll man ville att vattnet skulle rinna. Idag är det många av rören som lutar åt fel håll.

Brisbane, Australien, är ett annat exempel där människans ingrepp i naturen ledde till svår översvämning. En stor damm har byggts i floden uppströms Brisbane. Syftet med dammen var att kunna reglera floden så att risken för översvämningar minskar. En rad torrår gjorde att dammen fick en annan funktion. Vatten samlades i dammen när det regnade för att kunna användas när torkan slog till. Det gjorde att dammen var så gott som full när regnen drog in 2011. Istället för att tjäna som skydd mot översvämningar blev dammen istället ett hot och katastrofen kunde inte undvikas.

Runt om i världen har människan modifierat landskapet. Våtmarker har dikats ut för att ge plats åt produktiv skogs- och åkermark. Städerna blir fler och allt större, därmed täcks allt mer yta av asfalt och betong. Det händer att träsk och våtmarker inte bara dikas ut för att bli jordbruksmark, utan också bebyggs. Miami vilar exempelvis delvis på sankmark, liksom delar av Houston. På 1860-talet torrlades en vik av Hammarsjön utanför Kristianstad. Ett område som nu ligger ett par meter under havsytan. På många håll runt om i världen har människan förändrat landskapet på ett sätt som gjort samhället mer sårbart för stora regnmängder.

Trots människans ingrepp i landskapet konstaterar IPCC i rapporten 2013 att det inte har skett någon ökning av översvämningar varken i antal eller storlek. Det har också senare forskning bekräftat, exempelvis Hodgkins. Det som måste räknas in vid bedömningen är hur översvämningsfrekvensen och storleken påverkas av bland annat urbanisering och dammbyggen, menar Hodgkins, som har studerat översvämningar på ett stort antal platser/mätstationer i Europa och Nordamerika. Den period som täcks in är från början av 1930-talet och framåt. Även om det inte sker någon förändring över tid, är det stora variationer i antalet översvämningar mellan årtiondena. Det finns en stark koppling mellan översvämningar i framförallt Nordamerika och förändringar i AMO, Atlantic Multidecadal Oscillation, enligt studien.

En liknande koppling mellan översvämningar och klimatsystemet i Atlanten gör Valdés-Manzanilla i en studie från 2018. Valdés-Manzanilla har tittat på frekvensen av stora översvämningar längs floden Papaloapan i Mexiko. En 90 mil lång flod som rinner ut i Mexikanska golfen. Under perioden 1550–1948 skedde 28 stora översvämningar, i genomsnitt 7 per århundrade. Mellan 1949–2000 inträffade bara en större översvämning. Valdés-Manzanilla ser inte bara ett samband mellan översvämningar längs floden och AMO utan ser också en koppling till PDO, Pacific Decadal Oscillation.

Torka

IPCC skriver i rapporten 2013 att det inte går att se några förändringar när det gäller torka sedan mitten av 1900-talet och att påståendet som IPCC gjorde i rapporten 2007, att torkan ökar globalt sedan 1970-talet, troligen var en överdrift.

Det är svårt att mäta trender när det gäller global torka. Hur ska torka definieras? Redan den frågan får olika svar, av olika forskare. Spinoni har jämfört perioden 1981–2016 med perioden 1951–1980. Spinoni kommer fram till att det regnar lite mer i de torrare områdena i världen men att torkan ökat. Hur hänger det ihop? När Spinoni enbart använder sig av nederbördsdata från mätstationer runt om i världen blir resultatet att det skett en liten minskning av såväl antal torkperioder som den drabbade ytan, men en liten ökning i intensitet. Det är när variabeln avdunstning tas med i beräkningen som ”torkan” ökar. Spinoni använder sig inte av direkta mätningar av avdunstning utan indirekta faktorer som temperatur, vind och moln. De uppgifterna är heller inte uppmätta utan typvärden eller sannolika värden. Datamodeller har sedan beräknat nederbörd och avdunstning, och på så sätt fått fram ett mått på ”torka” i ett visst område. Något förenklat kan man säga att Spinoni utgår från att ökad temperatur leder till ökad avdunstning, och eftersom temperaturen stigit har avdunstningen ökat, och därmed har också torkan ökat. (En annan teori är att avdunstningen i första hand kan kopplas till instrålning, inte temperatur.)

Andra faktorer att väga in är exempelvis konstbevattning och vad och hur mycket som växer i ett område. Klimat är komplicerat, och ju fler osäkra faktorer som används i beräkningarna, desto större risk för ett felaktigt resultat. Spinoni pekar också ut några ”hot spots”, där torkan blivit värre, exempelvis Kongoflodens upptagningsområde och medelhavsområdet. I båda fallen finns andra orsaker att väga in. Minskad nederbörd i och runt Medelhavet beror på klimatsystemen i Atlanten. När NAO är positivt drar lågtrycken över Atlanten norrut och in över Skandinavien och nederbörden ökar i norr, vilket också varit fallet under de senaste decennierna. Medelhavet får då ett torrare klimat.

När det gäller området runt Kongofloden har den ökade skogsavverkningen pekats ut som orsak till ett torrare klimat. Spinoni rubbar inte IPCC:s slutsats från 2013 att det inte går att se några globala förändringar när det gäller torka. Torka är svårt att sätta siffra på.

IPCC skriver vidare i rapporten 2013 att under de senaste tusen åren har många regioner i världen med stor sannolikhet drabbats av torka som varit mer intensiv och varat längre än de torkperioder som man har observerat sedan 1900. IPCC skriver också att under senaste årtusendet har västra Nordamerika drabbats av längre och svårare torkperioder än de som drabbar området idag .

Sydvästra USA har annars haft svår torka under 2000-talets inledning, inte minst har New Mexicos invånare känt av bristen på vatten. Enligt myndigheterna hade delstaten torka under perioden 2001–2007, men att den värsta torkan slog till under 2011. Oliver har kunnat kartlägga torr- och våtperioder i New Mexico 2 500 år bakåt i tiden med hjälp av röd-en, ett träd som är vanligt förekommande i New Mexicos bergstrakter. Forskarnas analyser visar att 50 torkperioder under de 2 500 åren har varit värre än inledningen av 2000-talet.

1855 vissnade gräset på stora delar av den amerikanska prärien på grund av extrem värme och torka. *"Summer of sitting with legs crossed and extended"*, enligt Kiowaindianerna.

Dubbel så lång som Dust Bowl och mer intensiv, var den megatorka som hade sitt centrum i norra Mexiko åren 1559--1582. En torka som drabbade i stort sett hela Nordamerika. Torka har med andra ord varit en återkommande klimathändelse i Nordamerika.

Indien har bra mätserier som sträcker sig bakåt i tiden, tack vare att landet var en del av det brittiska imperiet. I en studie från 2010 redogörs dels för torkperioder i modern tid, 1871–2006, som bygger på uppmätta resultat, och dels i historisk tid, där forskarna hänvisar till naturens klimatarkiv, som trädens årsringar och stalagmiter (Sinha). I modern tid har torkan varit mest omfattande under 1899 och 1918. Under båda åren drabbades 70 procent av Indiens yta av svår torka. Den svåraste torkan under 2000-talet inträffade 2002 då 20 procent av landet led av torka.

Författarna till studien skriver också att Indien i modern tid har varit förskonat från så kallade "megatorkor" som när det gäller längd och antagligen också styrka inte har någon motsvarighet under den period då mätningar kunnat göras med hjälp av instrument. Under perioden 1250 till 1450 drabbades Indien av flera megatorkor. Den längsta varade i 30 år, med början i mitten av 1300-talet.

Det var inte bara Indien som hade svår torka under den här tiden. Det hade även exempelvis Kina, Vietnam, Sri Lanka och Tibet. En period då det också skedde stora politiska förändringar i området, och en starkt bidragande orsak var naturkatastroferna, skriver Sinha och hänvisar till en rad vetenskapliga artiklar. Mongolväldet (Yuan dynastin) kollapsade i Kina. Rajaratacivilisationen på Sri Lanka likaså. Även i Tibet och Indien var det politisk oro, folkvandringar och förändringar i maktstrukturer.

Buckley skriver att långa perioder med torka och däremellan intensiva monsunregn under 1300-talet och början av 1400-talet bidrog till Khmerrikets fall. Invånarna i Angkor, huvudstaden i Khmerriket i nuvarande Kambodja, hade byggt upp en infrastruktur för vattenförsörjning som också inkluderade jordbruksmark och "förstäder". Sammanlagt täckte systemet in ett 1 000 km^2 stort område, och bestod av kanaler, vattenreservoarer och fördämningar.

Extremväder hade stor betydelse för Khmerrikets nedgång och fall. Torkperioder som varade i årtionden påverkade både stadens vattenförsörjning och jordbruket, och de intensiva monsunerna däremellan borde ha förstört infrastrukturen för vattenförsörjningen, skriver författarna. Något som fortfarande finns kvar efter Khmerriket är det buddistiska templet Angkor Wat.

De megatorkor, som nämnts ovan, och som drabbade Sydostasien under 1300- och 1400-talen var de första i en serie som sträckte sig över flera århundraden. *"Vår studie"*, skriver Sinha i sin artikel, *"stöder teorin att de reducerade monsunregnen i Asien kan kopplas till kallare temperaturer på norra halvklotet under lilla istiden"*. Sinha avslutar artikeln med att konstatera att *"de tragiska erfarenheterna av torkan 2002 visar att dagens infrastruktur för vattenförsörjning knappast räcker för att tillgodose behovet hos mil-*

jarder människor under en enda säsong med svag monsun". Vi har blivit så många fler som ska dela på de begränsade vattenresurserna.

Historikern Peter Frankopan beskriver 1400-talet som ett århundrade med stagnation, svåra tider och en brutal kamp för överlevnad. En möjlig orsak till de svåra tiderna var klimatförändringar. En global nedkylning med kedjereaktioner över hela stäppvärlden där kampen om mat och vatten intensifierades. Kina drabbades av hungersnöd och osedvanliga perioder av torka men tidvis också häftiga översvämningar, skriver Frankopan i sin bok "Sidenvägarna".

Torkperioderna i Asien uppträder samtidigt som lilla istiden börjar göra sig påmind såväl i Antarktis som i Europa. Det är också vid den här tiden som vikingarnas bosättningar längs den grönländska kusten överges.

Det var troligtvis torkan som var orsak till Mayarikets nedgång och fall. Mayakulturen i Centralamerika existerade i flera tusen år, men det är perioden från år 250 till mitten av 900-talet som räknas som den "klassiska". Flera av de stora städerna, som Tikal, Caracol och Calakmul låg i områden som var beroende av att vattenförsörjningen ordnades. Tikal hade vattenreservoarer som rymde så stora mängder vatten att det kan ha räckt till 10 000 människor i 18 månader. I mitten av 700-talet inträffade en klimatförändring som ledde till att nederbörden minskade och riket drabbades av fyra torkperioder på mellan 3 och 9 år, under de kommande 150 åren. Det var under den här tiden som städer överges och riket faller samman. Ett antal studier visar på kopplingen torka och Mayarikets fall. (Curtis, Hodell m. fl.)

Akkad, vars centrum låg någonstans i nuvarande Irak, räknas som världens första imperium. Det hade sin storhetstid för drygt 4 000 år sedan, och imperiet sträckte sig från tvåflodslandet till nuvarande Libanon. Akkad är ett annat exempel där forskare pekat på torkan som orsak eller bidragande orsak till att riket föll samman (Cullen).

Andra exempel är Mochicakulturen (Moche) i Peru och Tiwanaku i Bolivia/Peru, och det finns många fler.

Bosumtwisjön är den enda naturliga sjön i Ghana och bildades för drygt en miljon år sedan vid ett meteoritnedslag. Ashantifolket betraktar sjön som helig och fiske har endast fått ske från träplankor. Sjön har också tjänat vetenskapen. Shanahan har analyserat sjösediment från sjön och funnit att under de senaste 3 000 åren har torkperioder på 30–60 år varit vanliga. Shanahan har också funnit torkperioder som varat betydligt längre än så. Forskarna konstaterar att torkperioder betydligt längre och svårare än den så gott som ihållande torkan som drabbade Sahel under 1960-, 1970- och 1980-talen ligger inom de naturliga variationernas ramar. Naturen kan med andra ord åstadkomma betydligt värre torkkatastrofer i området söder om Sahara, än de som människorna där har upplevt under de senaste 60–70 åren.

Pausata konstaterar att det har skett betydligt större förändringar i nederbörden i Sahel i norra Afrika under ett antal gånger de senaste 1 000 åren än vad som skett under det senaste århundradet.

Jag har nämnt Kina flera gånger i samband med extrem torka. Den torka i modern tid som krävt flest dödsoffer är den som drabbade norra Kina åren 1876–1878. Dödssiffran har beräknats till mellan 9,5 och 13 miljoner människor (Kathryn Edgerton-Tarpley, professor i modern kinesisk historia).

Den extrema torkan i norra Kina inträffade i slutet av lilla istiden. I Europa och Nordamerika hade redan uppvärmningen kommit igång medan Kina fortfarande hade kallt klimat, skriver Zhang och Liang i en studie. De skriver också att torkan 1876 till 1878 var svårare än torkan 1928–1930. Brunnar, floder och sjöar torkade ut, liksom den 150 mil långa Han Shui-floden, Yangtze-flodens största biflod.

Den svåraste torkperioden i England i modern tid är nästan samtidig med den extrema torkan i Kina. I södra England varade torkan från 1890 till 1910 och har kallats "den långa torkan" (Marsh).

Torkan har varit vår ständige följeslagare under årtusendena. I de perioder när torkan inte varit lika närvarande har kulturer frodats och expanderat.

Ett område där torkan i närtid orsakat enorma lidanden och miljontals döda är Sahel, området söder om Sahara. När torkan kommer tillbaka kommer de sparsamma vattenresurserna att behöva delas mellan mångdubbelt fler människor än vid tidigare torkkatastrofer.

Såväl global avkylning som uppvärmning har pekats ut som orsak till ökad risk för torka.

Ökenspridning

Under 1970-talet rapporterades att Sahara kröp söderut. Ökenspridningen sågs som ett stort hot och FN kallade till konferens i Nairobi 1977. Därmed fanns ökenspridningen på FN:s politiska agenda.

UNEP, FN:s miljöprogram, kom 1985 med en rapport som berättade om allt fler miljöflyktingar på grund av ökenspridningen. FN-systemet menade att frågan var värd en egen konvention och den förhandlades fram under ledning av den i förordet nämnde diplomaten Bo Kjellén. Konventionen, Convention to Combat Desertification (UNCCD), låg klar för underteckning 1994.

Ett år senare publicerade UN Food and Agriculture Organisation (FAO) en rapport som berättade att Sahara avancerade söderut med en hastighet av 5 km per år. FAO förutspådde att år 2000 skulle Afrika endast kunna föda 40 procent av sin befolkning.

2006 hade FN ett temaår om världens öknar och ökenspridning. Temaåret avslutades med en tredagarskonferens i Algeriets huvudstad, Alger, och därifrån rapporterade DN den 18 december att livsbetingelserna för två miljarder människor hotas om öknarna fortsätter att breda ut sig. DN citerade Hans Van Ginkel, rektor för FN-universitetet: "*Ökenspridning är ett av de allvarligaste globala problemen och riskerar att destabilisera samhällen över hela världen.*" Men det skedde inte någon ökenspridning. Åtminstone inte i Afrika.

Under 1990-talet blev det möjligt för forskarna att ta satellitbilder till hjälp och de kunde då se att Saharas storlek varierade år från år, men att det inte gick att se några trender. Sahara varken ökade eller minskade i storlek över tid.

Under 2000-talet har det publicerats ett stort antal studier, exempelvis Hickler, Dardel, De Jong och Hänke, som visar att Sahel blivit grönare sedan de svåra torkperioderna under 1960-, 1970- och 1980-talen. Nederbörden har ökat, träden har blivit fler och i en del områden handlar det om en 'förgröning" på 50 procent. Några områden, som delar av Burkina Faso, har blivit grönare än vad som kunde förväntas med tanke på nederbördsmönstret. Andra områden, som norra Nigeria, har inte återhämtat sig lika bra, trots mer regn.

Det har lyfts fram flera tänkbara orsaker eller delorsaker till att området söder om Sahara blivit grönare, som ändrad markanvändning, plantering av träd, mer koldioxid i luften och naturliga förändringar i klimatet, som ett positivt AMO-index från mitten av 1990-talet. Jag nämnde tidigare att studier visar att när AMO är i en positiv fas får Nordamerika torka och området söder om Sahara mer regn.

År 2008 intervjuades två svenska ökenforskare och tillika professorer vid Lunds universitet, Ulf Helldén och Lennart Olsson, i tidskriften Fokus. Helldén hade följt öknarnas utveckling, via satellitdata och på plats i olika ökenområden. När intervjun gjordes hade han nyligen slutfört en mätserie i Mongoliet. '*Trenden att öknen blir grönare kommer att stärkas*", säger Helldén i intervjun. Han fortsätter: "*Det ligger i mångas intresse att upprätthålla bilden av ökenspridning. FN och biståndsorganisationer har folk anställda i projekt som i decennier jobbat för att motverka ökenspridningen och markförstöring. Nu motiverar de sin egen existens även om det kommer forskare och säger att det inte finns någon ökenspridning att bekämpa. Det blir ju bättre om man i så fall använder pengarna till att bekämpa fattigdomen direkt än att stoppa en öken som inte rycker fram. För man kan ju inte ropa vargen kommer hela tiden när det inte kommer någon varg.*" Lennart Olsson konstaterar: '*FN har investerat enormt mycket prestige i begreppet ökenspridning, och det har skapat en felaktig bild av sanddyner som rullar fram över landskapet, så är det absolut inte.*"

Två anledningar till att planeten blir grönare, enligt Helldén och Olsson, är den ökade koldioxidhalten i luften och att marken sköts på ett skonsammare sätt. Mer koldioxid i luften gör att växter växer bättre och dessutom klarar de torka bättre.

År 2008 var också det år då FN utropade ett decennium för att bekämpa ökenspridningen. Luc Gnacadja, som var chef för FN:s konvention om bekämpning av ökenspridning, menade i ett uttalande 2010 att ökenspridningen är den största utmaningen i vår tid.

Flera studier som publicerats under de senaste åren stärker bilden av en grönare planet, trots avverkning av regnskog i Indonesien, Kongo och Brasilien. Torra områden i Sydamerika, Australien och Afrika har blivit grönare. I en studie från 2016 beräknas att 25–50 procent av de områden på jorden där det växer något har blivit "grönare", medan endast 4 procent har tappat i grönska och blivit "brunare" (Zhu).

I en studie från 2018 konstaterar Wenter, som utgått från satellitbilder, att i området söder om Sahara har trädaktig vegetation ökat med 8 procent under de senaste tre årtiondena. En förgröning som bara till en mindre del kan förklaras med ökad koldioxid. Wenter pekar istället på färre vildmarksbränder i kombination med ett varmare och blötare klimat som huvudorsak. Det har dock inte skett någon förgröning i områden med snabb befolkningstillväxt och där det är gott om betande djur.

En delvis annan bild av jordens "förgröning" tecknas i en studie från 2019 (Chi Chen). Chi Chen utgår från högupplösta satellitbilder och ser att jorden har blivit fem procent grönare från början av 2000-talet till 2017. En stor orsak är att Kina och Indien blivit grönare. I Kina har skogsplantering och bevarande av skog lett till att skogsarealen ökat och i Indien är det jordbruksmarken som blivit grönare. Åkermark som odlas intensivare och som ger fler grödor per år än tidigare. Något som är möjligt tack vare konstbevattning.

Forskningen är entydig och har satellitbilder att lita till. Jorden har blivit grönare. De flesta forskarna är också överens om att en bidragande orsak till en grönare planet är att det är mer koldioxid i luften.

Ökenspridning är ett känsligt kapitel för FN-systemet. Frågan aktualiserades av FN:s miljöprogram, under 1970-talet när den globala avkylningen ansågs ligga bakom de växande öknarna. När en konvention mot ökenspridningen så småningom förhandlades fram,1994, fanns redan en klimatkonvention. FN hade nu en konvention för att förhindra ökenspridning och en för att förhindra den globala uppvärmningen. De två konventionerna måste sträva i samma riktning, och huvudorsaken till ökenspridningen måste därför vara den globala uppvärmningen. En minskning av utsläppen av växthusgaser är därmed målet för båda konventionerna. Det som FN sett och ser som en orsak till ökenspridningen, mer koldioxid i luften, ser forskare som en orsak till att planeten blivit grönare. Det är inte lätt för FN att ta åt sig den senaste kunskapen om en grönare planet.

Vildmarksbränder

Kalifornien

Vildmarksbränderna i Kalifornien har fått stor uppmärksamhet under senare år. Staten drabbades av ett antal omfattande bränder 2017 och 2018.

Kalifornien har ett torrt klimat. Fram till andra hälften av 1800-talet eldhärjades skogar och annan vildmark i Kalifornien regelbundet, antingen genom att blixten slog ner eller genom att ursprungsbefolkningen orsakade elden. Ibland avsiktligt för att gynna vissa växter. Eftersom det brann ofta hann aldrig buskar och mindre träd växa till sig. Det gjorde bränderna ganska kraftlösa och de stora träden klarade sig. Elden formade skogar där de stora träden stod ganska glest och där det var sparsamt med undervegetation och mindre träd.

De stora mammutträden, giant sequoias, kan bli 3 000–4 000 år gamla och de kan berätta om forna tiders skogsbränder. Bränder som lämnat spår i de väldiga träden. Swetnam undersökte 52 mammutträd i ett 350 hektar stort område i Sequoia National Park norr om Los Angeles och med hjälp av de 52 träden kunde man få en bild av vildmarksbränderna i området från ungefär år 200 till år 1700. Under den 1 500 år långa perioden brann det någonstans i det 350 ha stora området vartannat år. Det är många gårdar i Sverige som har betydligt mer åkermark än 350 ha. Det var dock sällan som majoriteten av träd skadades vid ett och samma tillfälle. Eftersom det brann så ofta fanns det inte så mycket brännbart material på marken, vilket gjorde att eldens spridning begränsades.

I en studie från 2007 berättas att i förindustriell tid eldhärjades minst 20 gånger mer mark årligen i Kalifornien än vad som brinner idag, eller lika mycket som i genomsnitt brann i hela USA under åren 1994–2004 (Stephens). Stephens skriver: *"Skies were likely smoky much of the summer and fall in California during the prehistoric period."*

Från mitten av 1800-talet och framåt har skogs- och vildmarksbränderna i Kalifornien minskat. Något som i första hand beror på förändrad markanvändning, en del av ytan har exempelvis blivit åkermark, bebyggelse och vägar, och ett blötare klimat. *"De senaste 150 åren har varit våtare än under de senaste 2 000 åren och det är under den här tiden vår befolkning växt och vår jordbruksindustri etablerats"* (Lynn Ingram, professor vid Berkeley-universitetet).

"Inom de senaste 150 årens relativt blöta klimat har perioden från mitten av 1970-talet till sent 1990-tal varit än blötare. En period då Kaliforniens befolkning ökade med 50 procent. En tillväxt som skedde under en period då det fanns mer vatten tillgängligt än vad man kan förvänta över tid" (Richard Seager som bland annat tagit fram North American Drought Atlas).

"Vi ser de senaste 150 åren som normala men vi behöver inte gå mycket längre tillbaka för att hitta betydligt torrare årtionden och betydligt torrare århundraden" (Professor Scott Stine som forskar i Kaliforniens klimathistoria).

Drygt 100 år av brandbekämpning har också bidragit till att minska vildmarksbrändernas utbredning, men har också lett till att risken för intensivare bränder har ökat. När de flesta vildmarksbränder släcks innan de sprider sig har det skapat helt andra skogar än förr. Idag kan det vara tio gånger fler träd per hektar än för 100 år sedan. De stora träden står tätare och mellan de stora växer buskar och mindre träd. Fler träd som konkurrerar om vatten ökar risken för att träd ska dö av torka. Döda träd blir hem åt barkborrar och när träden står tätt sprider sig barkborrarna lätt, vilket gör att fler träd dör.

Skogarna i södra Kalifornien drabbades av torka 1999–2002. Skogarna söder om gränsen, i Mexiko, drabbades också. Forskare har jämfört konsekvenserna (Scott). De jämförda skogsområdena har samma yttre betingelser. De ligger i bergsområden på samma höjd och det är så gott som samma trädslag i skogarna. I Kalifornien stod träden tätt efter 100 år av brandbekämpning men också på grund av skogsbruk i början och mitten av 1900-talet. På den mexikanska sidan var skogen opåverkad av skogsbruk. Brandbekämpning hade endast skett under de senaste 20 åren. Där var det betydligt glesare mellan de stora träden. På den mexikanska sidan dog ett träd per hektar under torkan. På den amerikanska sidan dog 30 träd per hektar, av torka och barkborrar. På den mexikanska sidan finns också barkborrar, till och med av en aggressivare sort, men träden förblev opåverkade.

I december 2017 gick skogsstyrelsen, USDA Forest Service, i Kalifornien ut och uppmanade till handling för att minska riskerna för bränder. USDA Forest Service kunde då berätta att antalet stående döda träd i staten hade blivit ännu fler och att vid den senaste inventeringen hade antalet uppskattats till 129 miljoner. Andelen död ved i skogen är en viktig faktor för hur en skogsbrand utvecklar sig. De torra döda träden brinner lätt, till skillnad från friska gröna träd. I en rapport från februari 2018 skriver Little Hoover Commission: *"Kaliforniens skogar lider av försummelse och misskötsel, vilket har resulterat i trångboddhet som gör dem mottagliga för sjukdomar, insekter och skogsbränder."*

Varför låter man 129 miljoner döda träd, hemvist åt barkborrar, stå kvar i skogen när döda träd ger fart och kraft åt skogsbränder? Det beror på den inriktning som skogspolitiken i USA har haft under senare decennier. Skogen ska helst inte röras. Rewilding, "låt skogen sköta sig själv", har starka förespråkare i USA. En skogsägare i Kalifornien som vill hugga eller gallra i sin skog får göra det utan att ansöka om lov, om det handlar om mindre träd. Det är dock en dyr åtgärd, eftersom de mindre träden inte har något kommersiellt värde, och vinsten på sikt är osäker. Om en skogsägare vill ta ut större träd som har ett kommersiellt värde måste han ansöka om lov. I ansökan måste det anges exakt vilka träd som ska huggas, konsekvenser för andra växter, för djur, vatten, etc. En ansökan kan därför kosta 100 000-tals kronor. Det betyder i många fall att skogsägaren låter döda träd stå kvar och att skogen förblir ogallrad.

Varningarna för skogsbränder i Kalifornien som kom från USDA 2017 och Little Hoover Commission 2018 var inte de första.

Stephens skrev i sin studie 2007 att det är viktigt att den kontrollerade vildmarksbränningen ökar som ett sätt att minska risken för intensiva vildmarksbränder.

I en studie från 2012 visar Marlon hur skogs- och vildmarksbränderna i västra USA har förändrats under de senaste 3 000 åren. Under slutet av 1800-talet skedde en kraftig och snabb minskning av mängden biomassa som gick upp i rök i västra USA, och mängden biomassa som brunnit har sedan dess legat på låga nivåer. Orsakerna, som nämns är mer nederbörd och att människan har bekämpat bränder som uppstått. Något som har lett till ett ”fire deficit”, ett underskott på vildmarksbränder.

Kaliforniens vildmark består inte bara av skog utan även av områden som domineras av gräs och buskar. Även där har brandbekämpning förändrat förutsättningarna. En annan viktig faktor är att en främmande gräsart har invaderat de vidsträckta och torra områden där det naturliga ekosystemet har dominerats av buskar av malörtssläktet. Den främmande gräsarten är cheatgrass (Bromus tectorum). På svenska heter den taklosta och är vanlig på Gotland. Taklostan sprider sig framförallt där marken på något sätt är skadad. Det gör att den även får fäste i skogsmark som kalhuggits eller drabbats av brand. Områden där taklostan fått breda ut sig brinner mycket lättare än där malörtsbuskarna dominerar. Taklostans spridning har därför ökat risken för omfattande vildmarksbränder i Kalifornien.

Vintern 2016/2017 regnade det ovanligt mycket i Kalifornien, vilket gjorde att gräset växte högt. Även i skogarna växte undervegetationen bra. När torkan kom sommaren 2017, som den gör även år med ”normal” nederbörd, skapade den mängder av torr, brännbar biomassa. Dött gräs klassas som ”one- hour fuels”. Det betyder att efter en timme med varmt och torrt väder blir gräset mycket lättantändligt. Då räcker det med en gnista för att en vildmarksbrand ska starta och sprida sig. Det var med andra ord flera faktorer som gjorde att risken för omfattande bränder i Kalifornien under 2017 och 2018 var extra stor.

En tändande gnista i kombination med kraftiga vindar kan naturligtvis orsaka omfattande skogsbränder eller gräsbränder när det är gott om brännbar biomassa i vildmarken. Camp Fire-branden 2018 orsakades av att en elledning blåste ner. De hårda vindarna såg också till att branden fick snabb spridning och var svår att släcka. De vindar som det handlade om var Diablo winds, som uppstår 30–35 gånger om året och som blåser ut mot havet. Orsaken är stora lufttrycksskillnader mellan inlandet och havet. Man räknar med att vindarna kommer att avta i styrka och frekvens i ett varmare klimat eftersom lufttrycksskillnaderna under höstarna då beräknas minska (Cliff Mass Weather and Climate blog, Vox 19 nov 2018 och John Keely U.S. Geological Survey’s Western Ecological Research Center).

Elledningar orsakar få men stora bränder, som Camp Fire, eftersom ledningar faller ner när det blåser. En orsak till dåligt underhållna ledningar är att kraftbolagen satsat på förnybar energi och som en följd av det har underhållet av ledningsnätet släpat efter. År 2016 lade demokrater och republikaner i Kalifornien fram ett gemensamt förslag som gick ut på att kraftbolagen skulle tvingas åtgärda elledningar som riskerar att ramla ner. Dåvarande guvernören Jerry Brown lade dock in sitt veto mot förslaget.

Energibolaget Pacific Gas & Electric är ägare till några av de ledningar som har blåst ner och orsakat skogsbränder i Kalifornien under de senaste åren. Bolaget offentliggjorde i februari 2019 att de har en ny plan för hur bolaget ska minska risken för att deras elledningar ska orsaka skogsbränder. Man ska stänga av strömmen i stora delar av sitt ledningsnät när det blåser mycket. Något som hände flera gånger redan första året och drabbade miljontals kunder.

En gemensam nämnare för skogsbränder i USA är att det nästan alltid är människan som är orsak till bränderna, genom skräpeldning som inte kontrolleras tillräckligt eller för att branden är anlagd. Det kan också handla om maskiner som bildar gnistor eller, som nämnts, elledningar som blåser ner. Under perioden 1992–2012 var människan orsak till 84 procent av vildmarksbränderna i USA (Balch). År 2017 var den siffran hela 89 procent enligt National Interagency Fire Center. I glest befolkade stater som Alaska är det betydligt jämnare mellan människa och blixt som brandorsak. Flest vildmarksbränder orsakas nationaldagen den 4 juli. Enligt Balch har människan förlängt brandsäsongen. Blixtar ger upphov till bränder framförallt under sommaren, medan vildmarksbränder orsakade av människan även inträffar under våren när det fortfarande kan vara grönt och fuktigt, eller under hösten. I Kalifornien beräknas 95 procent av vildmarksbränderna vara orsakade av människan (Jon Keely U.S. Geological Survey). År 2018 var 7 749 av 8 054 bränder i Kalifornien orsakade av människan (National Interagency Fire Center). Det är drygt 96 procent.

Vilken betydelse har den globala uppvärmningen haft för de omfattande vildmarksbränderna i Kalifornien under 2017 och 2018? Antagligen försumbar. Den mätstation som ligger närmast Camp Fire-branden finns i staden Chico, två mil från staden Paradise som eldhärjades under branden. Chico har 100 000 invånare men trots en trolig värmeöeffekt har det inte blivit varmare i Chico under de senaste 100 åren. Det varmaste årtiondet i såväl GISS data som i data från Western Regional Climate Center är 1930-talet. Detsamma gäller för flera av de platser i Kalifornien som drabbats av bränder under senare år.

Paradise ligger i ett område som haft en kraftig befolkningstillväxt trots att vildmarksbränder är en naturlig del i områdets ekosystem. Det har för övrigt varit en trend i Kalifornien under de senaste decennierna, att människor i allt större utsträckning bosätter sig i områden där brandrisken är stor. Även Napa och Sonoma som drabbades av omfattande bränder 2017 är exempel på områden där det ofta brinner och har brunnit, och där befolkningen nu växer snabbt.

Gränslandet mellan vildmark och bebyggelse är det område där vildmarksbränder utgör det största hotet mot människan. På engelska kallas området ”wildland-urban interface” (WUI) och WUI-områdena i USA växer snabbt ur alla aspekter (Radeloff). År 2010 fanns det 12,7 miljoner fler hus i WUI-områden i USA jämfört med 1990, 25 miljoner fler människor bodde där och ytan hade växt med 189 000 km^2. Både antalet hus och människor ökar snabbare i WUI-områden än genomsnittet i kontinentala USA. Närmare hälften av alla nya hus som byggs i USA, byggs i WUI-områden. Ett stort antal byggs i områden där det nyligen varit vildmarksbränder vilket visar att man inte tar hänsyn till brandrisken, skriver Radeloff.

Radeloff pekar också på andra miljöproblem i samband med att WUI-områdena växer som exempelvis att den naturliga faunan och floran blir fragmenterad och förloras samtidigt som främmande arter lätt sprids.

Det är också i WUI-områden som det är svårast och mest resurskrävande att släcka bränder eftersom hus måste skyddas och människor evakueras. Det är dessutom där som människan ofta orsakar vildmarksbränder. I Kalifornien inträffar de allra flesta vildmarksbränderna i WUI-områden (USDA Forest Service).

Växande WUI-områden är inte bara ett problem i USA utan även i länder som Argentina, Australien, Sydafrika och Frankrike.

Nordamerikas stora bränder

Chinchaga fire. Lägger man ihop all yta som eldhärjades i Kalifornien under 2017 och 2018 så är det fortfarande en bra bit kvar till den areal som ödelades av en skogsbrand i gränstrakterna mellan British Columbia och Alberta i Kanada sommaren 1950. Ungefär 1,6 miljoner hektar, den sammanlagda ytan av Blekinge, Halland, Bohuslän och Dalsland, drabbades av elden. Branden, som har kallats Chinchaga fire, är den största som drabbat Kanada i modern tid. Edmonton Journal berättade om branden och dess näst intill osannolika konsekvenser i en artikel 2011. Rökutvecklingen var som störst under en vecka i september och röken noterades då i länder så långt borta som Storbritannien och Holland. Helen Swayer Hogg, astronom från Kanada, skrev att solen blev till olika nyanser i blått eller violett över stora delar av kontinenten. I Toronto var man tvungen att tända gatlyktorna dagtid och så långt bort som i New York tände man belysningen vid basebollmatcher även under eftermiddagarna.

Great Peshtigo Fire och kometen Biela. En lika stor yta som brann under Chinchaga fire eldhärjades i en serie bränder runt Lake Michigan i oktober 1871. Det hade varit en het och torr sommar, följd av varm höst. Den enskilt största av bränderna var Great Peshtigo Fire i Wisconsin som bröt ut den 7 oktober och som nästa dag ödelade den lilla staden Peshtigo. Invånarna hade ingen chans när eldstormen nådde staden. Eldstormen har beskrivits som en mur av eld som for fram med över 100 kilometer i timmen, hetare än ett krematorium och som förvandlade sand till glas. Invånare som sökte skydd i vattenreservoarer kokades till döds. Sammanlagt eldhärjades 12 mindre städer. Dödsoffren har beräknats till runt 2 000. Elden dog ut först när den nådde Lake Michigan.

Samtidigt flammade det upp bränder öster om sjön, bland annat runt Manistee, Saugatuck och Holland. Som om detta inte var nog startade the Great Chicago Fire samma dag som Peshtigo brann. En brand som krävde 300 liv och gjorde mer än 100 000 av Chicagos invånare hemlösa. Chicagobranden har skyllts på Cathrine O´Learys ko. Kon ska ha sparkat omkull en fotogenlykta i ladugården. Ryktet uppstod redan medan lågorna ödelade stora delar av staden, men lär sakna grund. Kometen Biela, som observerades vid den här tiden, har också förts fram som förklaring, såväl till branden i Chicago som Great Peshtigo Fire och bränderna i Michigan. En betydligt troligare förklaring till skogsbränderna är att skogshuggare slarvat med eld.

The Great Fire of 1910. Under två dagar i augusti 1910 eldhärjades 1,2 miljoner hektar skogsmark i norra Idaho och västra Montana. Skogsbranden har kallats The Great Fire of 1910 eller the Big Burn eller Devil´s Broom Fire. Branden var nästan 20 gånger större än Camp Fire-branden i Kalifornien 2018, även om den var betydligt mindre än Chinchaga fire och bränderna runt Lake Michigan. Det mesta av skogen gick upp i lågor under sex timmar. Eldstormar drog fram. Skogbevuxna bergsluttningar övertändes på några ögonblick. Dag blev till natt så långt söderut som Denver och så långt norrut som Saskatoon i Kanada, en sträcka på 140 mil. Branden fick stor betydelse för nationens sätt att bekämpa skogsbränder, nämligen att skogsbränder ska kvävas i sin linda (US Forest Service).

Indonesien 1997/1998

Indonesien stod i brand 1997/1998. Brandröken från Sumatra och Borneo spred sig över stora delar av Sydostasien; till Malaysia, Singapore, Brunei, Thailand, Vietnam och Filippinerna.

Jag åkte dit för att skildra bränderna, men också skogsbruket och pappers- och massaindustrin. För att nå ut till brandområdena tog jag hjälp av en lokal miljöorganisation. Ibland åkte vi genom regnskog som klarat sig och ibland genom områden där elden dragit fram. Även när vi befann oss långt från bränderna kunde landskapet vara inbäddat i rök.

En eftermiddag när vi körde på en liten skogsväg öppnade sig ett enormt, svart, sotigt hygge. Vid regnskogskanten låg några träbaracker. Där bodde Mo och hans arbetare. Mos jobb var att göra om 5 000 hektar regnskog till en oljepalmsplantage. Den blivande plantagens ägare var en hög militär som arbetat i dåvarande president Suhartos personliga livvakt. De värdefullaste träden i regnskogen hade avverkats och sålts till en plywoodfabrik. En stor del av de träd som fanns kvar hade Mo och hans arbetare huggit ner, låtit det nedhuggna torka och sen hade man tänt på. 1997/1998 var det, som nämnts, en stark och kraftfull El Niño, och med den följde torka och höga temperaturer i sydöstra Asien. En torka som utnyttjades för att omvandla extra mycket skog till plantager. Men torkan gjorde att Mo och hans arbetare snabbt förlorade kontrollen över elden.

Detsamma hände vid andra röjningsområden. El Niñon 2015 ledde också till omfattande bränder i Indonesien. *"Vi har alltid använt elden till att röja och så har européerna också gjort"*, sa Mo. Visst hade Mo rätt. Det har röjts med hjälp av eld runt om i världen, även i Sverige. När européerna exempelvis kom till Nya Zeeland röjde man så intensivt med hjälp av eld att de två öarna kallades det långa vita molnet.

Det är svårt att ge en siffra på hur stor areal som eldhärjades 1997/1998 i Indonesien. Uppskattningarna spretar, för att uttrycka det milt.

I en vetenskaplig artikel från 2002 ges ett brett intervall, någonstans mellan 3 och 13 miljoner hektar, och då handlar det enbart om Sumatra och Borneo (Page). Den indonesiska regeringens siffror är betydligt lägre.

Bränderna i Indonesien 1997/1998 bromsade inte den utveckling som var på gång. Sedan 1990-talet har den indonesiska palmoljeindustrin expanderat kraftigt på regnskogens bekostnad. Något som till stor del beror på att palmolja används i biodiesel. Indonesien är idag världens största exportör av palmolja. Under 2019 exporterade Indonesien närmare 40 miljoner ton palmolja, vilket var rekord. Länge var EU den största marknaden för indonesisk palmolja. Att det inte längre är så beror på att Indonesien också hittat andra ”storköpare”, som Indien och Kina. EU har dock ökat sin import av palmolja under hela 2000-talet och år 2018 importerade EU ungefär fyra gånger mer palmolja än åren runt år 2000. Mer än hälften av den palmolja som EU importerade 2018 blev till biodiesel. En del av den övriga palmoljan eldades i kraft- och värmeverk (Transport and Environment 2019).

De växthusgaser som frigörs när regnskog huggs ner och eldas upp för att ge plats åt oljepalmsplantager gör att biodiesel från palmolja ger större utsläpp än vanlig diesel; ”*...making the cure (biodiesel) worse than the disease (fossil diesel)*” skriver Transport and Environment i rapporten från 2019. För Indonesien har palmoljan mycket stor ekonomisk betydelse, bland annat har den lett till att 2,6 miljoner bönder inte längre klassas som ”fattiga” (Rifin). Antalet personer vars utkomst, direkt eller indirekt, beror på palmoljan är betydligt fler än så. Siffran 15 miljoner har nämnts av indonesiska politiker.

Nu vill EU fasa ut palmoljan i de förnybara bränslena, men det lär inte göra någon större skillnad för Indonesien eftersom landet kan ställa om exporten till andra marknader. Det globala behovet av förnybara bränslen lär dessutom öka och därmed lär också mer regnskog göras om till plantager i länder som Brasilien, Indonesien och Malaysia. Den norska miljögruppen Rainforest Foundation Norway skriver i en rapport från 2020 att det ökade behovet av biobränslen riskerar att leda till att mycket stora arealer regnskog huggs ner med stora utsläpp av växthusgaser som följd. En avskogning som fram till 2030 beräknas öka utsläppen med 11,5 miljarder ton koldioxid. Det är mer än dubbelt så mycket som USA släpper ut under ett år. Framförallt är det flygets väntade efterfrågan på förnybara bränslen som gör att behovet av att hugga ner regnskog och anlägga plantager växer.

EU:s behov av palmolja för produktion av biodiesel har varit en viktig orsak till Indonesiens satsningar på oljepalmsplantager. När stora arealer regnskog huggits ner, när produktionsapparaten är uppbyggd och när miljontals människor får sin försörjning från palmoljeproduktionen kommer EU på att det inte är miljövänligt att använda palmolja som drivmedel eller bränsle. Men det är ett beslut som inte lär stoppa den sten som EU satt i rullning.

Australien 2019/2020

Aboriginerna formade landskapet med hjälp av eld. De använde eld för att skapa nytt gräs som gödde de vilda djur som de jagade. De använde eld även för en rad andra ändamål som exempelvis i jakten på ätbara ormar. Resultatet blev glesa skogar och grässlätter.

Elden användes för att forma landskapet även sedan de vita kom till kontinenten. Kontrollerade bränder minskade brandrisken i det torra klimatet. Död ved i skogarna brändes upp med jämna mellanrum. Busklandskap och undervegetation hölls i schack.

Vildmarks- och skogsbränder handlar väldigt mycket om tillgången till bränsle och Australiens skogar har blivit tätare, med mer undervegetation och död ved, under senare år. Något som ökat risken för omfattande vildmarksbränder.

Kontrollerade bränder förekommer fortfarande, även om omfattningen inte är lika stor som tidigare. Det som också bidragit till att bygga upp mer brännbart material i naturen är att aktiviteter som röjning och avverkning minskat. En orsak till det är den så kallade australiska klausulen i Kyotoprotokollet. I Kyoto 1997 kom världens länder överens om hur stora utsläppsminskningar som de industrialiserade länderna skulle göra i förhållande till basåret 1990. Senator Robert Hill argumenterade för att utsläpp av växthusgaser från exempelvis skogsmark skulle räknas in i landets utsläppsmängd av växthusgaser basåret 1990. Australien hade en negativ koldioxidbalans i sin markanvändning 1990, skog och mark band mindre koldioxid än vad som försvann från skog och mark vid avverkning, bränder och landröjning. Om skogen i Australien i stället skulle växa bättre, och binda mer koldioxid, skulle det alltså räknas som utsläppsminskning. Australien fick gehör och det blev till artikel 3.7 i Kyotoprotokollet.

Ungefär 17 procent av Australiens yta räknas som skog, och mindre än 2 procent av skogen är planterad. Övrig skog, drygt 98 procent, är naturskog. Det dominerande trädslaget i naturskogen är eukalyptus. Myndigheterna har infört kraftiga begränsningar när det gäller möjligheten att avverka eller röja i naturskogen. Även aktiviteter som röjning för att skapa brandgator eller röja bort träd och buskar i närheten av hus har minskat. Detta för att binda koldioxid, men också för att skydda naturskogen. Efterlevnaden övervakas med satellit och den som röjer eller avverkar utan tillstånd riskerar höga böter (se exempelvis Queensland Departments hemsida).

Avverkningen i Australiens naturskogar har minskat under 2000-talet. Säsongen 2015/2016, senaste säsongen som är med i Australia's State of the Forest Report 2018, kom 86 procent av det avverkade timret från den planterade skogen, som alltså täcker mindre än 2 procent av skogsytan. Allt fler naturreservat/nationalparker där naturen får sköta sig själv, med mycket död ved och tät växtlighet som följd, har skapat områden som riskerar att intensifiera vildmarksbränder som drar fram. I State of the Forest-rapporten 2018 framgår det att Australien lyckats vända trenden när det gäller hur mycket kol som skogen binder, från minus till plus. Ett resultat av att naturbränning och avverkning/röjning minskat i naturskogarna.

En annan faktor som ökat risken för vildmarksbränder är att en främmande gräsart, buffelgräs, har spridit sig i det australiska landskapet. Buffelgräs har större biomassa och tål torka bättre än inhemska gräs och därmed har buffelgräs ekonomisk betydelse för ranchägare. Samtidigt sprider sig gräset snabbt i torra områden och konkurrerar ut inhemska växter.

I en rapport från 2006 skriver Friedel att landskap som domineras av buffelgräs kan brinna oftare och med högre intensitet än områden som inte invaderats.

Australiens jordbruksdepartement har i flera rapporter poängterat att risken för fler och intensivare vildmarksbränder ökar i takt med att buffelgräset breder ut sig. Buffelgräsets stora biomassa (högt och växer tätt) gör elden intensiv och gör att den kan sprida sig upp till de lägre trädens kronor.

Precis som i Kalifornien är det människan som ligger bakom de allra flesta vildmarksbränderna. Enligt Australian Institute of Criminology (Bryant) så sker i genomsnitt 52 000 vildmarksbränder årligen i Australien (andra uppskattningar kommer fram till högre siffror). Av de 52 000 bränderna orsakas 35 procent av oaktsamhet eller maskiner, 13 procent är anlagda, 37 procent är ”suspicious”, orsak är inte fastställd men det finns skäl att misstänka att många av de bränderna kan vara anlagda. Av de återstående 15 procenten beräknas 6 procent ha naturliga orsaker och 5 procent är bränder som återuppstår i redan släckta brandområden. Övrigt är 4 procent.

I ett torrt land och varmt land där det normalt sker mellan 50 000 och 60 000 vildmarksbränder årligen gör politikerna en kraftig omsvängning när det gäller hur marken ska skötas. Istället för att bedriva en politik i syfte att reducera risken för vildmarksbränder genom röjning och kontrollerade bränningar, har Australien under de senaste årtiondena fört en politik som har gett elden maximala förutsättningar att göra så stor skada som möjligt.

Vilken betydelse har klimatet haft för bränderna i Australien 2019? Det mest intressanta och där det finns bra mätresultat gäller nederbörden. Australien är betydligt torrare än Sverige, men har blivit blötare under de senaste dryga 100 åren. Den årliga regnmängden har under perioden 1900–2019 ökat från drygt 400 mm om året till knappt 500 mm (Australian Bureau of Meteorology). Ökningen har skett i de regioner som har det torraste klimatet, medan de mest nederbördsrika områdena, som Tasmanien, har blivit något torrare.

Även under 2010-talet, fram till och med 2018, har det regnat mer än under stora delar av 1900-talet. 2018 var dock något torrare än de flesta andra år under 2000-talet. Regnmängden stannade vid drygt 400 mm i genomsnitt, vilket är i nivå med, eller något över, årsnederbörden under första delen av 1900-talet. Det blötare klimatet under de senaste decennierna har bidragit till att biomassan i landskapet har ökat.

Under 2019 slog torkan till. Det regnade i genomsnitt 278 mm under året, den lägsta siffran som uppmätts. Förr eller senare skulle torkan slå till. Det visste man, och experter hade varnat för de vildmarksbränder som då skulle ödelägga landskapet, eftersom det byggdes upp allt större mängder brännbar biomassa i naturen.

Det var också ovanligt varmt i Australien under 2019. Hettan har naturligtvis spelat en viss roll när det gäller vildmarksbränderna, men hetta är inget ovanligt för Australien. Vi vet att de uppmätta temperaturerna under sommaren 1939 var betydligt högre än under 2019-års värmebölja. Det vi också vet är att de officiella justerade värdena visar att det har blivit varmare sedan 1900-talets första hälft. Det vi med säkerhet kan säga är att vi inte vet hur varmt det var för 75 eller 100 år sedan.

Det var brändernas intensitet och att många bränder skedde i sydöstra delen av Australien, som gjorde att bränderna fick stor uppmärksamhet. Ytan som eldhärjades var inte exceptionell. Uppskattningar i början av mars 2020 nämner siffran 18,6 miljoner hektar (Wikipedia). I början av april berättas, i en rad olika media, att brandsäsongen var över i Australien och totalt hade 12,6 miljoner ha brunnit. Om 18,6 miljoner ha är en mer korrekt uppskattning är det naturligtvis ett mycket stort område och elden drabbade såväl människor som djur, men det är ingen siffra som sticker ut. I State of the Forest-rapporten 2018 finns statistik som täcker in säsongerna från 2011/2012 fram till 2015/2016 (Department of Agriculture, Australian Government). Mest skogsareal brann 2012/2013 då 27,4 miljoner ha skog gick upp i rök. Då är även den planerade skogsbränningen inräknad. I genomsnitt brann drygt 21 miljoner ha skog årligen under den här perioden. En del områden brann mer än en gång under de här fem åren och 41 procent av skogsarealen brann minst en gång. Australian State of the Forest Report

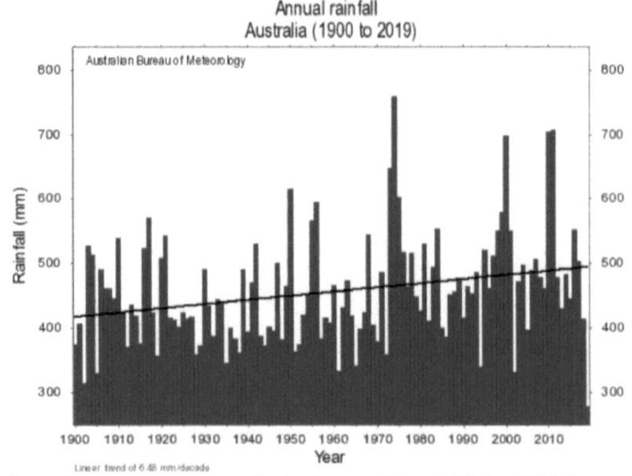

Antalet mm regn per år i Australien 1900–2019. Australiens nederbördsstatistik visar på skillnaden mellan klimatförändring och väder. Det är en klimatförändring att det regnar mer i Australien under 2000-talet än i början av 1900-talet. Det hindrar inte att vädret var ovanligt torrt under 2019. (Bureau of Meteorology, Australien. www.bom.gov.au/)

publiceras vart femte år och den näst senaste är från 2013. Där redovisas siffror för skogsbränder från säsongen 2006/2007 till och med säsongen 2010/2011. En femårsperiod då den eldhärjade ytan var betydligt mindre, drygt hälften av den yta som brann under de ovan redovisade åren. Nästan alla skogsbränder under perioden 2006–2011 skedde i de norra delarna av Australien och i rapporten varnas för att den totala siffran är grovt underskattad.

De senaste årens siffror går ändå inte att jämföra med den yta som brann säsongen 1974/1975. Då eldhärjades 117 miljoner ha (CSIRO Division of Forestry, Australian Institute for Disaster Resilience). Ytan som brann 1974/1975 var med andra ord minst sex gånger större än ytan som blev lågornas rov 2019/2020. Under säsongen 1974/1975 var det framförallt gräs och buskslätter som brann, vilket gjorde bränderna mindre intensiva. De två år som föregick bränderna 1974/1975 hade varit ovanligt blöta. Det var då som Lake Eyre fylldes på till sin maximala storlek. Framförallt regnade det under 1974, som för övrigt är det regnrikaste året sedan mätningarna började. Gräs, örter och buskar hade frodats. *"In 1974–75, lush growth of grasses and forbs following exceptionally heavy rainfall in the previous two years provided continuous fuels through much of central Australia and in this season fires burnt over 117 million hectares or 15 per cent of the total land area of this continent"* (Australian

Bureau of Statistics).

Även 1975 regnade det mycket i Australien. Två rekord i Australiens moderna historia slogs samtidigt. Regnet bildade den största sjön samtidigt som de mest omfattande vildmarksbränderna härjade. Något som inte var en tillfällighet. I ett torrt och varmt land som Australien inträffar så gott som varje år perioder med extrem brandrisk. Om då människan är ovarsam med elden och det finns mycket brännbart material i landskapet kan konsekvenserna bli förödande.

Vildmarksbränderna minskar globalt

De flesta vildmarksbränder sker i savannområden och där gräs dominerar; i Afrika, Australien, Asien och Sydamerika. Hur stor areal som eldhärjas årligen är osäkert. Det gäller inte bara i historisk tid utan även i viss mån för de senaste årtiondena.

En studie med ett globalt perspektiv är Doerr och Santin. De berättar att analyser av sediment och iskärnor visar att 1900-talet är det århundrade, under de senaste 2 000 åren, då minst biomassa har gått upp i lågor och rök. Under första delen av 1900-talet minskade bränderna något och under andra halvan skedde en ökning. Sett över hela århundradet var det ett nollsummespel. Under 2000-talet har det globalt skett en minskning av vildmarksbränderna, eller rättare sagt den brunna ytan. En relativt säker slutsats eftersom det nu finns bättre regional statistik och dessutom satellitmätningar att hänvisa till, menar Doerr och Santin. De konstaterar också att bilden som sprids i media, men även i en del vetenskapliga artiklar, är att vildmarksbränder är ett accelererande problem. När det gäller de vetenskapliga artiklarna handlar det nästan alltid om regionala data och korta tidsserier.

Doerr och Santin får stöd av ett antal andra studier. Från 1996 till 2012 minskade vildmarksbränderna i genomsnitt med 1 procent om året, enligt Giglio. En studie som utgår från satellitmätningar. Lierop berättar att minskningen har varit 2 procent om året under perioden 2003–2012 och hänvisar både till satellitdata och nationella rapporter.

En tänkvärd studie är Andela. Niels Andela tillhör NASA och övriga författare kommer från olika universitet runt om i världen. De har utgått från satellitmätningar och kan konstatera att mellan 1998 och 2015 minskade vildmarksbränderna globalt med 24,3 procent. De största minskningarna har skett i de tropiska savannerna i Afrika och Sydamerika och i de asiatiska steppområdena. Orsaken till minskningen är befolkningsutvecklingen. Under de två senaste decennierna har världens befolkning ökat med 1,5 miljarder människor, och omkring 36 procent av världens landyta används nu för bete eller som åkermark, något som starkt påverkar eldens roll i landskapet. Eld har spelat stor roll i formandet av ekosystemen i många av världens områden och minskningen av vildmarksbränder kan därför få stora negativa konsekvenser för många ekosystem, menar Andela.

I ett kort perspektiv kan regn som faller under torra årstider minska vildmarksbränderna. Men regn över längre perioder i torra ekosystem kan bygga upp tillgången till bränsle och därmed leda till att större områden eldhärjas kommande år. Vildmarksbränder är ett komplext samspel mellan väder, tillgång till bränsle och hur vildmarksbränderna uppstår, och det har skett ett systemskifte när det gäller vildmarksbränderna, menar Andela, från att ha bestämts av naturliga krafter till att styras av människans aktiviteter.

Earl och Simmonds utgår från satellitdata och ser en klar minskning av vildmarksbränderna mellan 2001 och 2016, och anger samma orsak, ökad jordbruksproduktion som krymper den yta som kan brinna.

I IPCC:s specialrapport, Climate Change and Land 2019, konstateras också att den brunna arealen har minskat.

Det är många studier som visar att vildmarksbränderna har minskat under de senaste årtiondena. Studierna som tar upp trenden under 1900-talet spretar något. Doerr och Santin kom fram till att det skedde en ökning under slutet av århundradet som kompenserade för minskningen under första halvan. En ökning som bland annat berodde på bränder i Amazonas och Indonesien, och att bekämpningen av skogsbränder blev mindre intensiv i vissa områden.

I en studie från 2014 visar Yang att vildmarksbränderna har minskat kontinuerligt sedan år 1900.

Brandområde öster om Dawson City och norr om Yukonfloden i den nordligaste delen av Kanada. Ett område med delvis permafrost.

Ward kommer fram till att vildmarksbränderna ökade med 10 procent mellan 1700 och 1910. Sedan dess har de minskat och 2010 var den brunna arealen mindre än den areal som brann år 1700. Minskningen beror på att befolkningen ökat och därmed används mer land för jordbruksproduktion, framförallt i södra Asien och Afrika söder om Sahara. Ward skriver att när befolkningstätheten i ett område ökar sker också en ökning av bränderna, till att börja med. När sedan befolkningstätheten når över en viss nivå minskar bränderna, något som exempelvis skett i området söder om Sahara.

Det finns, som Doerr och Santin påpekar, studier som kommer fram till att vildmarksbränder ökar. Flannigan, en studie från 2009, menar att bränderna har ökat, dels i de tropiska skogarna och dels i Ryssland. Det är otvivelaktigt så att bränderna i Indonesien och Brasilien ökade under slutet av 1900-talet då regnskog fick ge plats åt betesmark och plantager. Bränder som fortsatt under 2000-talet, även om det under senare år mer handlat om variationer mellan åren istället för en uppåtgående trend. Orsaken till att bränderna i Ryssland har ökat beror, enligt Flannigan, på att Ryssland satsar mindre pengar på bekämpning av skogsbränder än vad Sovjetunionen gjorde. En annan orsak kan vara att skogsarealen ökar. Åkermark som brukades under sovjettiden växer nu igen. Det är svårt att hitta studier som visar brändernas utveckling i Ryssland under senare år. De siffror jag hittat visar på stora variationer mellan åren, men ingen tydlig trend.

Vildmarksbränderna minskar globalt.

Vildmarksbränder är dock ingen bra klimatindikator eftersom brändernas utbredning beror på ett antal faktorer: "Predicting future fire regimes is not rocket science; it is far more complicated than that", skriver Jon Keely och Alexandra Syphard i en vetenskaplig artikel publicerad i Geosciences 2016.

I områden där vildmarksbränder bekämpats under lång tid har det byggts upp stora mängder biomassa som ger "föda" år skogsbränder.

Den tändande gnistan kommer nästan alltid från människan.

Tropiska orkaner

USA

Antalet orkaner som dragit in över USA har minskat sedan 1800-talet. Det skriver NOAA i en rapport hösten 2018. NOAA skriver vidare: *"Varken i modellstudier för 2000-talet eller vid analyser av trenderna när det gäller antalet orkaner och tropiska stormar under de senaste dryga etthundratjugo åren ser vi stöd i idéen (notion) att uppvärmning orsakad av växthusgaser leder till en ökning i antalet tropiska stormar eller orkaner."*

Det mest anmärkningsvärda som hänt i orkanväg i USA under de senaste årtiondena är den "orkantorka" (landfall drought) som USA:s kustområden hade förmånen att uppleva fram till dess att orkanen Harvey drog in över Texas den 26 augusti 2017. USA:s fastland hade då klarat sig undan starka orkaner, de som kan räknas till kategori 3, 4 eller 5 i det ögonblick de drar in över land, sedan 2005. En tolv år lång ”landfall drought”. Truchelut och Staehling konstaterar i en studie från 2017 att det är den längsta perioden som USA klarat sig från starka orkaner, åtminstone sedan 1800-talet. Den 4 augusti 2016 hade Washington Post en artikel med rubriken ”The U.S. coast is in an unprecedented hurricane drought - why this is terrifying”. I artikeln berättas att tropiska orkaner, stora som små, under lång tid *”gäckat”* USA:s kuster och att det har gått 3 987 dagar sedan en stark tropisk orkan kom in över land, ett rekord med två år. Vidare sägs i artikeln att befolkningstillväxt och rikedom har exploderat längs delar av kusten sedan den senaste stormiga perioden och att experter nu fruktar den potentiella förstörelsen när orkantorkan väl tar slut. Det skulle alltså dröja ytterligare drygt ett år innan orkantorkan var över.

Philip J Klotzbach visar i en studie att även det totala antalet tropiska orkaner som dragit in över USA har minskat något. Den undersökta perioden är 1900–2017. Det som däremot ökat kraftigt under senare år är antalet människor som bor i kustnära områden och som därmed riskerar att drabbas av tropiska orkaner. Av de 20 counties (län) i USA som hade den snabbaste befolkningsökningen mellan 2010 och 2016 ligger tolv i orkanutsatta områden i Texas eller Florida och det bor drygt 60 miljoner fler amerikaner idag i orkanutsatta kustområden än vad det gjorde 1970.

Befolkningstillväxt och ökat välstånd är de totalt dominerande orsakerna till att de orkanrelaterade skadorna ökar. Klotzbach skriver: *”Olyckligtvis realiserades riskerna med ökad befolkning och exponering i och med Harvey och Irma, som kostade samhället mer än 125 miljarder dollar.”* De orkanrelaterade skador kommer att fortsätta öka i USA, eftersom den snabba befolkningsökningen i de orkanutsatta kustområdena kommer att fortsätta och därmed också tillväxten av de ekonomiska värdena.

Invånarna i USA:s kustområden i Florida och längs Mexikanska golfen har utmanat naturens krafter. Miljoner och åter miljoner har bosatt sig nära havet och nästan i höjd med havsnivån. År 1900 bodde det färre än 5 000 personer i det område i Florida som idag är Miami Metropolitan Area. Idag bor där nästan 6 miljoner. Sedan år 2000 ligger befolkningsökningen på ungefär 100 000 om året. Det investeras och har investerats ofantliga summor i strandnära bebyggelse. Marknivån i stora delar av Miami når inte en meter över havet.

Houston, som jag nämnt flera gånger, hade runt 40 000 invånare år 1900. Idag bor det ungefär 6 miljoner i Houstonområdet.

USA:s fastland har fått känna på tre kategori 5-orkaner under de senaste 100 åren. Förutom Labour Day-orkanen 1935 (se kapitel 1), också Camille 1969 och Andrew 1992. Det finns inga exakta vindstyrkor för någon av de tre. Orkanerna knäckte mätinstrumenten. Riktigt starka orkaner riskerar att blåsa sönder mätinstrumenten, och det har hänt vid många fler tillfällen. Något som har försvårat möjligheterna att ta fram bästa möjliga statistik.

Den orkan som krävt flest dödsoffer i USA var den som drog in över staden Galveston och Texas i september år 1900. Galveston var då en av USA:s viktigaste hamnstäder och hade en befolkning på omkring 37 000 invånare. Den flodvåg som orkanen förde med sig beräknas ha förstört 3 600 hem och skördat 8 000 människoliv. Det finns inofficiella uppskattningar på antalet dödsoffer som är betydligt högre än så.

År 2012 drog ”superstormen” Sandy in över New York. Vindstyrkan när Sandy nådde land var 35 m/s, vilket gör att den räknas som en svag kategori 1-orkan. Det är mycket ovanligt att tropiska orkaner slår till så långt norrut. Förödelsen blev enorm. Delar av Manhattan stod under vatten, tunnelbanan översvämmades, skolorna var stängda i fyra dagar, 650 000 hem skadades eller förstördes och 8 miljoner kunder blev utan ström. Kostnaderna för skadorna har beräknats till 70 miljarder dollar.

Hall och Sobel har beräknat att New York träffas av en superstorm med Sandys styrka en gång vart 714:e år. En annan studie kommer fram till att Sandy var en i raden av extrema klimathändelser som kan kopplas till klimatförändringar orsakade av människan (Trenberth). Vi behöver dock inte gå så långt tillbaka i historien för att konstatera att New York har drabbats av orkaner betydligt starkare än Sandy. Den tropiska orkan som svepte in över Long Island 1821 var en kategori 4-orkan. En orkan som skapade kaos från North Carolina till Boston. *"Unlike anything the Mid-Atlantic and Northeast have recently seen or experienced"*, skriver försäkringskoncernen Swiss Re i en analys/rapport från 2014. Swiss Re beräknar att om Sandy hade haft samma kraft som orkanen 1821 hade skadorna kostat 150 miljarder dollar. Det är 1,5 gånger den svenska statsbudgeten 2019.

Tyfoner och cykloner

Tropiska orkaner i Indiska oceanen kallas cykloner och i västra Stilla havet kallas orkaner för tyfoner. På JMA:s (Japanese Meteorological Agency) hemsida finns statistik över antalet tyfoner som drabbat Japan sedan 1951. Trenden från 1951 till och med 2019 är mer eller mindre spikrak, ingen trend. När det gäller det totala antalet tyfoner i den västra delen av Stilla havet har det skett en liten nedgång i antalet, från ca 26–27 om året till 25, enligt JMA.

BOM, Australiens motsvarighet till SMHI, presenterar på sin hemsida siffror som visar att i den delen av Stilla havet har antalet tropiska orkaner minskat under perioden 1970–2017, även de starkaste orkanerna har minskat i antal.

Tip - ett monster. Den kraftigaste tropiska orkan som någonsin registrerats, om man både räknar in storlek och vindhastighet, är tyfonen Tip som rörde sig i krokar från söder till norr i den västra delen av Stilla havet under oktober 1979. Tip blev också väldokumenterad. Det sägs att amerikanska flygvapnet gjorde 60 flygningar in i orkanen för att genomföra mätningar.

Tip började som ett lågtryck en bra bit öster om Nya Zeeland och utvecklades snabbt till en tyfon. Sakta och majestätiskt rörde sig tyfonen norrut. Diametern nådde 2 200 km. Det är ungefär sträckan Helsingfors–Rom. Lufttrycket i orkanen Tips öga, orkanens centrum, uppmättes den 12 oktober till 870 millibar (mb). Lufttryck är ett sätt att uppskatta en orkans styrka. Ju lägre lufttryck desto starkare vindar. På 1 900 meters höjd var lufttrycket så lågt som 700 mb. Medelvindstyrkan uppmättes som mest till 85 m/s. Det finns uppgifter på starkare vindar, men siffran från NOAA säger 85 m/s. Dorian som slog till mot Bahamas 2019 var också en mycket kraftig orkan, men betydligt mindre och svagare. Vindar på 82 m/s uppmättes och lägsta lufttryck var 919 mb. Harveys lägsta lufttryck uppmättes till 937 mb.

Tip satte kurs mot Japan och orkanens öga gick in över land vid staden Osaka och fortsatte sen norrut. Då hade dock Tip försvagats från 5 till 1 på den femgradiga orkanskalan. Med sin bredd täckte orkanen den japanska huvudön Honshu från kust till kust, och passerade städer som Kyoto, Nagoya och Tokyo. Tip höll orkanstyrka även över nästa stora ö, Hokkaido, och som en följd av ovädret omkom 110 människor och 5 personer förblev saknade på de japanska öarna.

Boha - skördade flest liv. Den orkan som skördat mest människoliv i modern tid är cyklonen Boha som år 1970 svepte in över Bangladesh och kostade närmare en halv miljon människor livet. De flesta uppskattningar ligger mellan 125 000 och 500 000, men det har också nämnts betydligt högre siffror än så. Boha var ändå "bara" en kategori 3-orkan med vindstyrkor runt 50 m/s. De stora dödstalen berodde på att de lågt liggande områdena i Ganges deltalandskap översköljdes av en tio meter hög stormvåg.

Tropiska orkaner - ingen trend

IPCC skriver i rapporten 2013 att det är låg sannolikhet att det skett en ökning när det gäller tropiska orkaner sett i ett hundraårsperspektiv. Därmed backade IPCC från skrivningarna 2007 då IPCC hävdade att det hade skett en ökning sedan 1970.

All väder- och klimatstatistik har sina brister. Det kan inte nog poängteras och det gäller inte minst tropiska orkaner. Vi har ingen bra koll på alla orkaner som dragit fram över de tropiska världshaven om vi går 100 år bakåt i tiden. I takt med att fartygstrafiken ökat och flygplanstrafiken över haven har tätnat har statistiken blivit allt mer tillförlitlig.

Tropiska orkaner som dragit över land har vi

bättre koll på, åtminstone de som dragit in över USA. Det är osannolikt att någon tropisk orkan skulle ha dragit in över USA sedan slutet av 1800-talet utan att upptäckas och registreras.

Sedan början på 1970-talet har satelliter mätt orkanaktiviteten. Mätningar som visar att globalt har antalet tropiska stormar och tropiska orkaner minskat något. Antalet starka orkaner har ökat något. Om man lägger samman all den energi som har funnits i alla orkaner under året så har den minskat sedan 2006. 1990-talet är det årtionde sedan satellitmätningarna började då det har varit flest orkaner, flest starka orkaner och då orkanerna haft mest energi. Det som är utmärkande för såväl antalet orkaner som orkanernas styrka är att det är stora variationer mellan åren. (Ryan Maue, uppdaterat september 2020).

Orkaner och stormar under kalla perioder

År 1780, under lilla istiden, drog en kraftfull orkan in över de västindiska öarna. Fler än 20 000 människor beräknas ha omkommit. Flest dödsfall skedde på öarna Barbados och Martinique. På ön St Lucia blåste solida stenhus ner, tunga kanoner följde med vinden 50 meter upp i luften och nere i hamnen sjönk åtta brittiska krigsfartyg. Endast två hus på ön klarade sig. Det rapporterades att barken blåste av träd och för det lär det krävas vindar som är starkare än 90 m/s.

Forskare har studerat hur kusten i Murciaregionen i sydöstra Spanien drabbats av stormar under de senaste 6 500 åren (Dezileau). Dezileau har kunnat göra det genom att undersöka sediment i en lagun. Sedimentlagren berättar att det varit åtta perioder med svåra oväder, den senaste under andra halvan av 1800-talet. År 1869 drabbades Murciaregionen av en monsterstorm. Inne i lagunen Mar Menor förstördes ett 50-tal fiskebåtar och samma öde mötte ett antal fartyg i hamnen i Torrevieja. Längs en liten kuststräcka på drygt en mil sjönk fler än 35 skepp. I städerna La Unión och Cartagena förstördes hus. Någon liknande period med svåra oväder har det inte varit under de senaste dryga 100 åren. Forskarna bakom studien kan också konstatera att alla perioder med svåra oväder, utom en, har inträffat när klimatet varit kallare än normalt.

Under det kyliga 1850-talet hade Storbritannien en period med ett antal starka stormar. Något som drabbade sjöfarten och sammanlagt lär 7 402 fartyg ha förlist under en femårsperiod på grund av det hårda vädret (Världens historia).

Antalet tropiska orkaner i världen varierar kraftigt år från år, men i ett 100-års perspektiv har det varken skett någon ökning eller minskning.

Tyfonen Tip, som under oktober 1979 härjade i västra delen av Stilla havet, är den starkaste orkanen i modern tid. Den hade en bredd motsvarande sträckan Helsingfors – Rom.

Det mest uppseendeväckande under 2000-talet är att USA:s kuster klarade sig undan starka tropiska orkaner från 2005 till 2017.

Klimatförändringar sker ständigt

Klimatförändringar och extremväder förekommer och har alltid förekommit. Tittar vi bakåt i tiden så kan vi se att dagens väder/klimat är relativt stabilt, och inte minst gäller det torka och nederbörd. Jag har berört ett antal studier som visar att så är fallet, men det har publicerats många fler.

Forskare från bland annat Stockholms universitet presenterade 2016 en studie där de visar att det har varit betydligt större förändringar i nederbörd och torka under tidigare århundraden än under 1900-talet (Charpentier Ljungqvist). Man tittade på hur vattentillgången i stora delar av Europa, Asien och Nordamerika förändrats under århundradena från 800-talet och framåt. Mest torka på norra halvklotet var det under det relativt varma 1100-talet och det relativt kalla 1400-talet.

En annan grupp forskare har konstruerat en ”Old World Drought Atlas”, något som kan översättas med ”Gamla världens torkatlas” (Cook). Författarna skriver att rekonstruktioner av megatorkor i centrala och norra Europa under 1000-talet och 1400-talet stärker andra bevis från Asien och Nordamerika att torkperioderna på norra halvklotet var intensivare, sträckte sig över större områden och under längre perioder, under tidsperioder som inträffade före 1900-talet, men att orsakerna till torkperioderna inte är kända.

Under de senaste åren har det publicerats ett stort antal studier som berör det som forskarna kallar "the 4.2 ka event", en klimatförändring för ungefär 4 000 år sedan. Klimatet blev kallare och torrare och inte minst har ett antal studier beskrivit det kallare klimat och den torka som då drabbade Kina. Xiao beskriver hur en jordbrukskultur vid Dai sjön i norra Kina försvann på grund av en extrem torr period som varade från 4 060 BP (before present) till 3 690 BP (forskare använder ofta uttrycket BP och räknar 1950 som 'present"). Orsaken till klimatförändringen, enligt Xiao, var en betydande försvagning av östasiatiska monsunen som kan kopplas till en dramatisk avkylning av havsvattnet både i Nordatlanten och västra delen av Stilla havets tropiska områden.

Guo berättar att flera kulturer som levde på odling i Kinas nordöstra delar kollapsade på grund av klimatförändringarna vid den här tiden. Torkan gjorde det omöjligt att odla och människorna tvingades lämna området. Guo beskriver klimatförändringen som en global avkylning som var en följd av en abrupt försvagning av norra halvklotets monsunsystem, och som var huvudorsak till att en rad jordbrukskulturer runt om i världen kollapsade; *"the mid-Holocene environmental transition was characterised by global cooling and the abrupt weakening of the Northern Hemisphere monsoon systems. It is generally considered the key driver of the collapse of several mid-Holocene agricultural societies, on a global scale".*

Grönlands temperatur började falla för ungefär 4 000 år sedan. Det var också vid den här tiden som vattnet längs Svalbards stränder blev för kallt för blåmusslan, som glaciärerna på Island började växa till sig och som allt mer is runt Antarktis tvingade sjöelefanterna att lämna stränderna vid Rosshavet.

Dixit berättar i en studie om hur människorna i Indusdalen, Harappakulturen, lämnade de urbana miljöer som växt fram, och flyttade österut för ungefär 4 000 år sedan, på grund av ett torrare klimat som försvårade livsvillkoren. En annan studie som behandlar Indusdalen och Harappa är Giesche som skriver att för 4 100 år sedan upphörde stadskulturen eftersom såväl vinter- som sommarmonsunen försvagades.

Walker beskriver "the 4.2 ka event" som en betydande omorganisation av cirkulationsmönstren i haven och atmosfären. Walker hänvisar till ett stort antal andra studier och skriver: *"This event is recorded in proxy records across seven continents from North America and Europe, through West Asia to China; and from Africa, Andean-Patagonian South America, Antarctica and the central North Pacific."*

Jag har nämnt klimatförändringar som en möjlig orsak till att Akkadkulturen kollapsade för 4 000 år sedan.

Det gamla riket i Egypten drabbades av svår torka för drygt 4 000 år sedan. Minskad nederbörd i östra Afrika reducerade flödet i Nilen och sjön Faiyum, 65 meter djup, torkade ut (Fekri Hassan). Torkan ledde till att riket mer eller mindre föll samman. Hassan skriver också att en abrupt kortvarig period med kallare klimat ledde till ett torrare klimat i ett stort område från Tibet till Italien, men nämner även ett kallare klimat i såväl nuvarande Nigeria som Island.

Railsback har undersökt stalagmiter i Namibia och har då kunnat se att i det området betydde klimathändelsen mer regn. Railsback skriver att klimathändelsen ledde till ett blötare klimat i vissa områden vilket motsäger uppfattningen om global torka.

Havsnivån utanför Australiens kust började sjunka för 4 000 år sedan. Havsnivåerna var på väg ner längs alla kontinenters kuster, vilket jag också berört. Att havsnivåerna sjönk indikerar global avkylning.

Klimatförändringen för 4 000 år sedan framstår allt mer som global. Den är belagd i ett mycket stort antal studier och den kan svårligen förklaras med kraftteorin, att klimatet styrs av växthusgaserna. Det skedde endast mycket marginella förändringar i luftens halt av växthusgaser under årtusendena från istiden fram till modern tid. Avkylningen och torkan skulle möjligtvis kunna orsakas av ett antal stora vulkanutbrott, men få av de som har studerat klimatförändringen nämner vulkaner som bidragande orsak. Klimathändelsen påverkade såväl temperatur som nederbörd och klimatet återgick aldrig till hur det hade varit tidigare, vilket talar mot att klimathändelsen orsakades av vulkaner. Den stora majoriteten av forskare förklarar klimatförändringen med förändringar i havens och atmosfärens cirkulation.

Om klimatförändringen för 4 000 år sedan hade global påverkan, då faller kraftteorin. Då måste klimatförändringen ha berott på förändringar i havens och/eller atmosfärens cirkulation eller någon annan naturlig klimatförändring. Då kan klimatet förändras utan att det krävs en extern kraft (växthusgaser, vulkanutbrott) som orsakar förändringen. Det betyder inte att människans utsläpp av växthusgaser inte påverkar dagens klimat men det aktualiserar det som jag har berört tidigare och som så många forskare, exempelvis Cess och Udelhofen, har påpekat, att så länge de naturliga variationerna inte är kända är det omöjligt att säga något om framtidens klimat.

De nämnda studierna som rör klimatförändringen för 4 000 år sedan och de som handlar om hur havsnivåerna har förändrats är exempel på ny forskning som utmanar etablerade "sanningar". Det är så forskningen ska fungera.

Klimatförändringar i Sverige

SMHI redovisar på sin hemsida ett antal klimatindikatorer. Om vi håller oss till de senaste 30–35 åren så har såväl årsmedeltemperatur som instrålning ökat. Vintertemperaturerna har däremot legat i det närmaste still. 2010-talet har kallare vintrar än såväl 1990-talet som perioden 2000 till 2009. Havsisens utbredning längs de svenska kusterna har varierat sedan 1990, men utan tydlig trend. Minst havsis har det varit 1990, 1992, 1993, 1995, 2008 och 2015. Vintern 2020 fyller på den raden. Den period sedan 1990 med mest is är vintrarna 2010–2013.

Det har inte blåst lika kraftigt under de senaste åren jämfört med 1990-talet. Antal dagar med vindstyrkor över 25 sekundmeter har blivit färre. Det gäller framförallt i den södra halvan. Även när det gäller maxvind, vindstyrkan hos den kraftigaste stormen har det skett en minskning sedan 1990.

Havsvattenståndet sjunker i stort sett i hela Sverige. Den lilla höjning som skedde i Skåne under 1990-talet har under 2000-talet planat ut och på flera platser vänts till svagt sjunkande nivåer. Även i ett längre perspektiv är klimatförändringarna små. Jag har nämnt att den totala nederbörden har ökat sedan 1900. De senaste åren har dock något försvagat den uppåtgående trenden. Det har också blivit varmare sedan 1900 och framförallt skedde det en uppvärmning fram till 1930-talet.

Det har blivit varmare sedan 1800-talet och därmed har också värmeböljorna sannolikt blivit fler.

När det gäller torka, tropiska orkaner, nederbörd och översvämningar har det varken skett någon tydlig minskning eller ökning under de senaste 100 åren.

Klimatförändringar har alltid skett.

Allt färre dör i naturkatastrofer

"We know from historical data that the world has seen a significant reduction in disaster deaths"
Our World in Data

Antalet döda i naturkatastrofer har minskat kraftigt under det senaste århundradet, enligt Our World in Data (Oxford University, mars 2020). Under 1900-talets första hälft handlade det ofta om fler än en miljon döda om året, medan siffran under det senaste årtiondet ofta varit färre än 10 000, skriver Our World in Data och fortsätter: *"This decline is even more impressive when we consider the rate of population growth."* Historiskt har det varit översvämningar och torka som skördat flest liv, men idag är det få som dör i sådana händelser. Det är framförallt jordbävningar som fortfarande kan orsaka att ett stort antal människor omkommer.

Katastrofforskningsinstitutet CRED, The Centre for Research on the Epidemiology of Disasters, i Belgien är världsledande när det gäller statistik som rör naturkatastrofer runt om i världen. Institutet samlar in uppgifter från exempelvis hjälporganisationer, media, försäkringsbolag, regeringar och olika FN-organ, och sammanställer the Emergency Events Database (EM-DAT). CRED startade sin verksamhet 1973 och 1988 lanserades databasen med stöd från FN och Belgiens regering. Det är CRED:s siffror som Our World in Data hänvisar till.

Siffrorna i databasen visar på en mycket kraftig uppgång i antalet klimatrelaterade naturkatastrofer från 1974, då siffran var 64, till år 2000 då det enligt databasen inträffade 375 klimatrelaterade naturkatastrofer. År 2004 kom CRED med en utvärdering av databasens siffror: "THIRTY YEARS OF NATURAL DISASTERS 1974–2003: THE NUMBERS." CRED skriver i rapporten att om man tittar på siffrorna kan man få uppfattningen att det sker fler naturkatastrofer idag (läs 2004) än tidigare, men att det är en felaktig slutsats. I själva verket visar siffrorna en förbättrad inrapportering och registrering av naturkatastrofer. CRED skriver vidare att under de senaste 30 åren, 1974–2003, har utvecklingen av media, telekommunikationer och internationellt samarbete haft avgörande betydelse för att rapporteringen till CRED har ökat. En annan bidragande orsak är att möjligheten att få ekonomisk hjälp har ökat. Internationella hjälpfonderna har fått större ekonomiska resurser och det har uppmuntrat inrapportering även av mindre naturkatastrofer där hjälpen tidigare kom enbart från lokala organisationer och myndigheter.

Det stora hoppet uppåt i inrapporterade naturkatastrofer orsakade av torka, stormar eller översvämningar, skedde mellan 1998 och

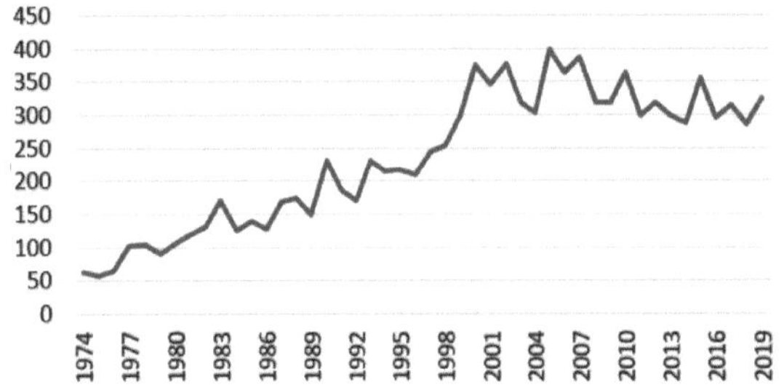

Antalet klimat- och väderrelaterade naturkatastrofer i världen 1974–2019. Egen figur. Källa: EM-DAT: The Emergency Events Database-Université catholique de Louvain (UCL)-CRED, D. Guha-Sapir-www.emdat.be, Brussels, Belgium

2000. Det berodde på att "specialized agencies", CRED:s benämning på regeringsorgan och FN-organ som UN Food Program och FAO, började rapportera in uppåt 10 gånger fler naturkatastrofer årligen jämfört med vad de tidigare rapporterat till CRED. Det är med andra ord från år 2000 som vi har jämförbar statistik.

Antalet inrapporterade klimat- och väderrelaterade naturkatastrofer minskade från år 2000 fram till 2019. Från ungefär 350 katastrofer årligen under 2000-talets första år till drygt 300 under perioden 2010–2019. Siffran för 2018 var 286 och det är den lägsta under den tid vi har jämförbar statistik.

Även när det gäller antalet omkomna i klimatrelaterade naturkatastrofer var siffran för 2018 rekordlåg. Jag har nämnt siffran tidigare, 5 000 personer.

Torkan i Etiopien och Sudan 1983–1985 skördade en halv miljon människors liv. FN:s siffra är fyra gånger så stor. Det kan jämföras med att under perioden januari 2000 till september 2019 omkom sammanlagt 46 000 människor i naturkatastrofer i Afrika, enligt rapporten Disasters in Africa: 20 Years Review (CRED). Då handlar det om hela kontinenten och alla typer av naturkatastrofer. Algeriet drabbades exempelvis av en svår jordbävning 2003. Svältkatastrofen 1983–1985 är närtid och ändå är skillnaden mot 2000-talet enorm. Även i Afrika har den ekonomiska utvecklingen skapat robustare samhällen.

Det ska understrykas att siffrorna för antalet klimat och väderrelaterade naturkatastrofer är osäkra. Det handlar fortfarande om viljan att rapportera, förmågan att registrera och vad som ska räknas som en naturkatastrof. Framförallt bör man vara försiktig med att jämföra siffror från olika tidsperioder. Det som är säkerställt och värt att poängtera är den radikala minskning av antalet omkomna i naturkatastrofer som skett under det senaste århundradet. Även om det råder osäkerhet om siffrornas exakthet.

Den allmänna bilden är att klimat- och väderrelaterade naturkatastrofer ökar. Det beror bland annat på flera tunga rapporter som har hävdat att så är fallet. Meteorologiska världsorganisationen, presenterade 2014 en rapport i vilken man hävdade att under 2000-talets första årtionde drabbades jorden av fem gånger så många klimat- och väderrelaterade naturkatastrofer som under 1970-talet. Siffrorna hämtades från CRED:s databas. Det som inte framkom i rapporten var att siffrorna inte var jämförbara – se ovan.

The Lancet Countdown-rapporten 2017 publicerades i tidskriften The Lancet inför klimatmötet i Bonn hösten 2017. Rapporten var ett resultat av ett samarbete mellan en rad universitet, institut och tre av FN:s fackorgan, WHO (Världshälsoorganisationen), WMO och Världsbanken. Sammanlagt var 24 universitet eller organisationer inblandade i arbetet med rapporten. I sammanfattningen konstateras att antalet väderkatastrofer har ökat med 46 procent sedan år 2000. En ökning som enligt rapporten beror på klimatförändringarna. Författarna till rapporten skriver att klimatförändringarna har allvarliga konsekvenser för vår hälsa, välbefinnande, försörjningsmöjligheter och samhällets struktur. Klimatflyktingar och konflikter nämns också. The Lancet Countdown-rapporten hämtade också siffrorna från CRED:s databas.

Hur kom då forskarna bakom rapporten fram till att de klimatrelaterade naturkatastroferna ökade under 2000-talet? Jo, i rapporten framgår det att man har jämfört det genomsnittliga antalet väderrelaterade naturkatastrofer under 1990-talet med det genomsnittliga antalet under perioden 2007–2016; "the frequency of weather related disasters has increased by 46% from 2007 to 2016 (compared with the 1990–99 average)".

Uppenbarligen hade ingen av forskarna bakom rapporten läst CRED:s analys från 2004, eftersom man jämförde 1990-talets siffror, då inrapporteringen inte var lika konsekvent som under 2000-talet, med 2000-talets siffror. Genom att jämföra 2000-talets siffror med 1990-talets och sen använda formuleringen "sedan 2000", som om det handlade om trenden under 2000-talet, förvandlades en nedåtgående trend under 2000-talet till att uppfattas som en starkt uppåtgående.

The Lancet Countdown fick stort genomslag i svensk press. Här är några axplock från den 31 oktober 2017: Sveriges Radio rapporterade att väderrelaterade katastrofer har ökat med 46 procent mellan åren 2000 och 2016. DN skriver: *"Sedan år 2000 har antalet väderkatastrofer ökat med 46 procent."* Sydsvenskan hade rubriken "Extremväder en större hälsofara", och i texten stod bland annat: *"Extremt väder blir allt vanligare världen över och utgör en allt större risk för människors hälsa. Situationen är på väg att bli akut, enligt en ny forskningsrapport."*

Det var välgörenhets- och forskningsstiftelsen Wellcome Trust som tillsammans med The Lancet inrättade The Lancet Countdown-projektet, som är mångårigt. Stiftelsen grundades på 1930-talet av Henry Wellcome som blev rik på bland annat läkemedel. Wellcome Trust har ekonomiska muskler. Enligt deras hemsida förfogar stiftelsen över ca 320 miljarder kr (januari 2020). Det är ungefär 70 gånger mer än vad Nobelstiftelsen förvaltar. Ett prioriterat område är klimatförändringar. *"Vi fastställer prioriterade områden där vi vill se, leda och vara ansvariga för förändring"*, skriver Wellcome Trust på sin hemsida, och fortsätter: *"Om vi är framgångsrika så kommer forskningen som vi finansierar att lägga fram starka bevis för att handling krävs, vilket kommer att leda beslutsfattare, företag och allmänheten att ta genomtänkta beslut när det gäller miljö och hälsa."*

Det rekordlåga antalet omkomna i klimat- och väderrelaterade naturkatastrofer och det rekordlåga antalet katastrofer under 2018 fick ingen uppmärksamhet. Varken Meteorologiska världsorganisationen eller SMHI nämnde de rekordlåga siffrorna när de kommenterade 2018 års naturkatastrofer. SMHI hänvisade till WMO på sin hemsida: *"WMO konstaterar också att de flesta naturkatastrofer under 2018 var kopplade till extremväder och klimat. Händelser som till exempel översvämningar, orkaner, värmeböljor och bränder påverkade nära 62 miljoner människor"* (SMHI, publicerat den 29 mars 2019). För en journalist är det lite märkligt att WMO och SMHI väljer bort att nämna att sifforna för såväl antalet klimatrelaterade naturkatastrofer som antalet omkomna i katastroferna var rekordlåga, och i stället väljer att lyfta fram att de flesta naturkatastrofer var kopplade till extremväder. Det är nämligen alltid de klimat- och väderrelaterade naturkatastroferna som dominerar. Siffran brukar ligga mellan 85 och 90 procent.

De lägsta siffrorna för antalet klimatrelaterade naturkatastrofer under den tid vi har jämförbar statistik och det rekordlåga antalet omkomna i klimatrelaterade naturkatastrofer blev heller ingen nyhet i svensk media. I stället etablerades ordet "klimatkris".

Det har skett naturkatastrofer där många människor har fått sätta livet till även i närtid. Framförallt är det fyra år som sticker ut, om vi tittar på de senaste 30 åren:
1991 då cyklonen Gorky drabbade Bangladesh och långt fler än 100 000 människor fick sätta livet till.
2004 då en tsunami slog in över bland annat Thailand och Indonesien.
2008 då cyklonen Nargis drog in över Burma.
2010 är det fjärde året då antalet omkomna i naturkatastrofer var stort och då var det jordbävningen i Haiti som orsakade flest dödsfall.

Det är också fyra år som sticker ut när det gäller kostnader som naturkatastrofer orsakat. Men det är helt andra år.
1995 då det var jordbävning i och runt Kobe i Japan.
2005 då orkanen Katrina drog in över Louisiana och New Orleans.
2011 då en tsunami sköljde in över kusten norr om Tokyo.
2017 då orkanerna Harvey och Irma drabbade USA:s södra kuster.

Det är när naturkatastrofer drabbar rika länder som Japan och USA som kostnaderna blir stora. Det är naturligtvis ingen tillfällighet. I takt med att ekonomin växer ökar de kostnader som naturkatastroferna orsakar, samtidigt som de minskar som andel av BNP (se bland annat Pielke Jr.'s forskning).

Kostnaderna för naturkatastrofer är inget mått på extremväder utan på ekonomisk utveckling. Detsamma gäller antalet dödsoffer. Det är i de fattiga länderna som naturkatastroferna skördar de allra flesta dödsoffren. Utvecklingen i de fattiga länderna går i samma riktning som i de rika, kostnaderna för naturkatastrofer ökar och antalet dödsoffer minskar.

En studie som handlar om Kina och som på ett bra sätt som sammanfattar forskningsläget är Wu. I takt med att inkomsten per capita ökar så blir samhället allt mindre sårbart för klimatrelaterade naturkatastrofer. När ekonomin växer minskar antalet döda i klimatrelaterade naturkatastrofer medan de direkta ekonomiska förlusterna ökar. Men när de direkta ekonomiska förlusterna sätts i relation till befolkningsökningen och BNP så ser det helt annorlunda ut. De direkta kostnaderna vid klimatrelaterade naturkatastrofer blir en allt mindre del av BNP. Sårbarheten, såväl den ekonomiska som när det gäller människoliv, minskar när tillväxt och inkomst per capita ökar, enligt Wu.

Jag har nämnt att den naturkatastrof i relativ närtid som skördat flest dödsoffer var torkan i norra Kina åren 1876–1878 då drygt 10 miljoner människor beräknas ha dött av svält. Den ekonomiska utveckling som varit i Kina under de senaste decennierna borgar för att en liknande katastrof inte kan hända idag.

Vid klimatmötet i Madrid i december 2019 sa António Guterres, FN:s generalsekreterare, i sitt öppningsanförande följande: "Climate related disasters are becoming more frequent, more deadly, more destructive with growing human and financial cost." Men vad ska FN:s generalsekreterare säga vid ett klimatmöte? Guterres påstående leder oss osökt in på nästa kapitel.

Antalet omkomna i klimat och väderrelaterade naturkatastrofer har minskat kraftigt under de senaste 100 åren. Från flera miljoner döda vissa år, till ofta färre än 10 00 under senaste årtiondet.

Antalet klimat och väderrelaterade naturkatastrofer minskade under perioden 2000–2019.

När inkomsten per capita ökar blir landet mindre sårbart för naturkatastrofer.

Kostnaderna för naturkatastrofer ökar, vilket beror på den ekonomiska utvecklingen.

9 Den politiska kopplingen

Startpunkten

Om jag ska peka ut en händelse som startpunkt för ”klimatfrågan” väljer jag Svante Odéns artikel i DN den 24 oktober 1967. Artikeln hade rubriken ”Nederbördens försurning” och var första länken i en kedja som lett fram till att klimatet blivit en fråga som finns med i snart sagt varje aspekt av samhällslivet. Det går att motivera andra startpunkter, men jag har valt att följa ’FN-spåret” och det börjar med Svante Odéns artikel.

Odén varnade för att försurningen skulle ge allvarliga effekter på mark och vatten, som sämre tillväxt i skogen och fiskdöd. Mätresultaten var övertygande och kom från två olika källor. Dels mätningar av pH-värdet i svenska sjöar, där pH-värdet sjönk och var på väg ner mot pH fyra. Det är gränsen för liv i sjöarna. Lax kräver högre pH-värde än så och laxfisket i Mörrumsån blev allt sämre.

Sedan 1952 hade luftens sammansättning mätts på ett antal meteorologiska stationer runt om i Europa och när de resultaten kombinerades med mätresultaten av pH-värdet i sjöar i södra Sverige framstod ett tydligt mönster. Odén drog slutsatsen att orsaken till försurningen var svavelutsläpp från eldning av kol och olja på kontinenten och i Storbritannien.

Artikeln fick ett stort genomslag. Den svenska regeringen tog varningen till sig och agerade. Redan i december lade Sverige fram ett förslag i FN om att FN skulle organisera en handlingsinriktad miljöpolitisk konferens, då den svenska regeringen menade att miljön blivit en mellanstatlig fråga.

I väntan på domedagen

Sakta men säkert hade miljöfrågorna vuxit under 1960-talet, både i Sverige och internationellt. Under slutet av 1950-talet hade det i Sverige uppmärksammats hur vissa fågelarter minskat och i en del fall drabbats av massdöd. Orsaken till att exempelvis gulsparv, råka, korn sparv, havsörn, pilgrimsfalk, blå kärrhök, bivråk och ormvråk minskade tillskrevs kvicksilverbetat utsäde. Giftigt kvicksilver användes för att skydda utsädet från svampangrepp. Gulsparvar som gärna åt av det giftiga utsädet dog i stort antal, och så småningom även de fåglar som åt småfåglar.

1962 kom Rachel Carsons bok ”Tyst vår”, som satte fokus på att användningen av DDT hotade fåglar och annat djurliv runt om i världen. Giftanvändningen blev den första miljöfrågan, även om det var först under 1970-talet, när människor drabbades, som giftspridningen blev medialt stor i Sverige.

En fråga som funnits med sedan 1940-talet var om jorden kunde producera tillräckligt med mat för en snabbt växande befolkning. Ett av de stora namnen inom ämnet var Georg Borgström. Hans tema var överbefolkning och kommande svältkatastrofer, som även skulle drabba rika länder som Sverige. Han gav sig in i debatten på allvar i och med en föreläsning i Sveriges Radio strax före jul 1948. Ämnet var ”Kommer maten att räcka?”.

Under 1950- och 1960-talen återkom Borgström regelbundet i svensk media. Rubrikerna var exempelvis ”Människan och naturen på kollisionskurs”, ”Om åtgärder för att undvika svältkatastrof”, ”Om Europas befolkning och utödandet av jordens råvarutillgångar” och ”Behovet av en katastrofplan för att rädda mänskligheten”. Borgström blev internationellt känd och från 1950-talet och framåt var han verksam vid Michigan State University. Hans mest kända bok, "The Hungry Planet", kom 1965. Borgström var en auktoritet på hunger, skrev The New York Times efter det att Borgström avlidit 1990. Jag hittade en liten notis på DN:s Namn och Nytt sida från 1977. Det är en TT-medarbetare som refererar ett centermöte där Borgström framträtt: *”Över 500 centerpartister applåderade entusiastiskt sedan de på torsdagskvällen fått höra att en katastrof väntar världens befolkning på praktiskt taget alla områden.”*

Borgström var varken ensam eller den förste att betona vikten av att hushålla med jordens resurser när människorna blev allt fler. 1948 kom boken ”Road to Survival” av den amerikanske ekologen William Vogt. Han var en stor inspiratör för Borgström, och det var säkert också Fairfield Osborns bok "Our Plundered Planet", som gavs ut samma år. Osborn menade att det var nödvändigt med överstatliga organ för att komma till rätta med befolkningsökningen och förbrukningen av jordens knappa resurser. Kraftigast avtryck i befolkningsfrågan gjorde boken ”The Population Bomb” av Paul Ehrlich. Den kom 1968 och på svenska 1972, då med namnet "Befolkningsexplosionen". Ehrlich förutspådde massvält under 1970- och 1980-talen. Jordens resurser skulle inte räcka till för den växande befolkningen. Hans Palmstierna, docent i kemi vid Karolinska Institutet, framförde liknande tankegångar i boken ”Plundring, Svält och Förgiftning”, som kom 1967 och fick stort genomslag i den svenska miljödebatten. Titeln sammanfattar bokens innehåll. Världens politiker måste agera innan *”timglaset runnit ut för mänskligheten”*. Svält, slöseri med råvaror, begränsade oljetillgångar, nedsmutsning av vatten, jord och luft och förgiftningen av naturen var problem som enligt Palmstierna hade sin grund i den snabba befolkningsökningen.

Parallellt med de globala domedagsfrågorna växte det också fram en debatt om inhemska miljöproblem. Den stora miljöstriden under 1960-talet och för övrigt Sveriges första stora miljöstrid var Vattenfalls planer på att bygga tolv kraftverk i den orörda Vindelälven. En miljöstrid som varade årtiondet ut. Frågan kom att splittra inte minst det styrande socialdemokratiska partiet.

I Sverige och i en del andra västländer gick miljöfrågan hand i hand med protesterna mot Vietnamkriget och radikaliseringen av den unga generationen. Den framstegsoptimism som rått i Sverige och internationellt under 1950-talet, med snabb tillväxt och tilltro till tekniska lösningar, hade ersatts med en insikt om att nyttjande av naturens ändliga resurser inte är problemfritt.

Det var i den kontexten som Odén skrev sin artikel och som fick regeringen att föreslå en FN-konferens om miljön. Miljöfrågan hade blivit ett viktigt politikerområde inte minst för den unga generationen, och den socialdemokratiska regeringen ville visa handlingskraft.

Miljön - en internationell angelägenhet

Förslaget om en miljökonferens stöddes officiellt av USA. Det var inte förvånande eftersom USA sedan andra världskrigets slut varit ledande när det gällde att få världens länder att hushålla med jordens resurser. På förslag från president Truman anordnades i augusti 1949 en FN-konferens i ämnet, United Nations Scientific Conference on the Conservation and Utilization of Resources. Drygt 700 delegater (olika källor har olika deltagarantal) från 48 länder samlades i Lake Success i New York, som då var FN:s högkvarter. Huvudfrågor var befolkningstillväxten och hushållning med jordens knappa resurser. Sex teman stod på dagordningen, bland annat skog, olja och fiske. Vindkraft var också något som diskuterades.

USA:s engagemang kan förklaras med att USA behövde en global marknad för sina produkter. Landet hade byggt upp en jätteindustri för att producera krigsmateriel under andra världskriget. En industrikapacitet som nu kunde användas civilt och som var oförstörd. Om man sparade på resurserna, blev effektivare, var det till nytta för en modernisering och globalisering av ekonomin. En global ekonomisk tillväxt som skulle gynna amerikanska företag. Det fanns dock krafter i USA som inför konferensen pekade ut FN som en organisation infiltrerad av *"röda"*.

USA var också drivande i arbetet med det första internationella miljöavtalet, Antarktisfördraget. Det förhandlades fram 1959 och började gälla 1961. Antarktis skulle förbli orört vad det gällde all exploatering under de kommande 30 åren.

Under det geofysiska året, 1957, hade Antarktis kartlagts relativt väl. En kartläggning som visserligen visade att det fanns naturresurser som olja, men också att klimat och is gjorde det svårt för att inte säga omöjligt att utvinna kontinentens tillgångar. USA hade därför inget motiv att själva finnas på plats, samtidigt ville man försäkra sig om att ingen annan nation etablerade sig på den frusna kontinenten. Sovjetisk närvaro i närheten av de sydamerikanska länderna Chile och Argentina var något USA ville undvika. USA var med andra ord inte främmande för internationellt samarbete i miljöfrågor, om det var till fördel för landet som i fallet Antarktis. En inställning som säkert delades av andra länder. Det är nog ingen djärv gissning att påstå att det gäller än idag.

Samtidigt som USA var engagerad i naturresurs- och miljöfrågor ville man förhindra att FN:s inflytande över dessa frågor blev för stort. 51 medlemsländer år 1945 blev 83 medlemmar 1959 och 1972 hade antalet medlemsländer växt till 132. Det var inte längre möjligt för USA att få det inflytande som landet hade haft åren efter andra världskriget. Det var läget inför den konferens som Odén hade sått ett frö till.

Stockholmskonferensen 1972

I juni 1972 samlades FN-delegater från 113 länder i Stockholm under mottot "Only One Earth".

Inför konferensen låg ett förslag om ett miljöorgan inom FN. Tillsammans med Nederländerna, Storbritannien, Italien, Frankrike och Belgien hade USA året innan bildat en informell grupp för att bland annat motverka att det föreslagna miljöorganet skulle få en alltför stark roll. Bland gruppens länder fanns också en oro över krav på ökat bistånd till u-länderna och införandet av miljörelaterade handelshinder.

Konferensens generalsekreterare och starke man var Maurice Strong från Kanada, en affärsman med olja som specialitet. Hans inledningsanförande visade på konferensens fokus: *"Vi är angelägna om, och med all rätt, att eliminera fattigdom, hunger, sjukdomar, rasåtskillnad och de iögonfallande ekonomiska skillnaderna mellan människor."*

Konferensens dominerande tema blev skillnaden mellan nord och syd. Många länder i tredje världen hade nyligen blivit självständiga och hade som främsta mål att få ekonomin att växa. Utvecklingsländer såg industriländernas miljöambitioner som ett sätt att hindra syd från industriell utveckling. Indiens premiärminister Indira Gandhi var på plats och talet hon höll blev konferensens mest uppmärksammade. Hon sa bland annat: *"Många av dagens välmående länder har skaffat sig sitt överskott genom att dominera andra raser och länder... Det skulle vara ironiskt om kampen mot nedsmutsning skulle omvandlas till business, som några få företag, organisationer eller länder kommer att göra ekonomisk vinning på, på bekostnad av de många."* Gandhi slog också fast att det är fattigdom som är den största miljöfaran.

Ingemund Bengtsson var konferensens president och efter avslutningen fick han frågan när det var dags för FN att diskutera frågan om att begränsa industriländernas tillväxt för att på sätt hjälpa u-länderna. *"Det är en fråga som FN-systemet kommer att arbeta vidare med"*, blev svaret (Dagens Eko. Uttalandet kan höras i programmet Den svenska miljödebattens historia, SR-minnen).

De miljöfrågor som stod i fokus under konferensen var exempelvis gränsöverskridande luftföroreningar, giftspridning och valar. En fråga som fick stort utrymme på konferensen var det pågående kriget i Vietnam. En svensk rapport om försurningens konsekvenser, som bar Svante Odéns signatur, presenterades och diskuterades. Rapporten möttes dock med en del skepsis. Klimatet då? Nej, det skulle dröja ytterligare 15 år innan klimatfrågan växt till sig.

Maurice Strong hävdade långt senare: *"I mitt öppningsanförande vid Stockholmskonferensen nämnde jag klimatförändringarna som en nyckelfråga.*" Vilket han inte alls gjorde. Han pekade på tre områden som han rankade som de mest prioriterade, nämligen tillgång till rent vatten, havens nedsmutsning och urbaniseringen som lett till att många människor runt de stora städerna bodde i kåkstäder och slum. Han nämnde aldrig klimatet i sitt tal. Om han hade gjort det hade det legat närmare till hands att tala om avkylning än uppvärmning. Det var under den här tiden som domedagsprofetiorna målade upp en bild av hur ett allt kallare klimat skulle leda till allt extremare väder, torka och svältkatastrofer.

Ett av de viktigaste resultaten av Stockholmskonferensen var bildandet av UNEP, FN:s miljöprogram, som fick sitt säte i Nairobi. Med UNEP skulle FN få en starkare position att styra det internationella miljöarbetet var det tänkt. UNEP:s förste chef blev Maurice Strong. Han lämnade dock sitt uppdrag redan i mitten av 1970-talet och återvände till Kanada och oljebranschen. Maurice Strong skulle snart vara tillbaka på den internationella miljöscenen.

Oljan - en begränsad resurs

Under 1970-talet hade tankesmedjan Romklubben ett stort inflytande. Romklubben grundades 1968 av Aurelio Peccei, huvuddirektör för Fiat, och Alexander King, skotsk vetenskapsman. En av huvudfinansiärerna var Giovanni Agnelli, Fiats ordförande. Budskapet som Romklubben förmedlade var mer eller mindre detsamma som Vogt, Osborn och Borgström hade predikat sedan slutet av 1940-talet; att jordens befolkning ökade snabbt och att jordens resurser var begränsade och överutnyttjades.

1972 publicerades, genom Romklubbens försorg, boken "Tillväxtens gränser". Jordens tillgångar kommer inte att räcka till för den ekonomiska tillväxten om jordens befolkning samtidigt fortsätter att växa. Någon gång inom de kommande hundra åren kommer den gränsen att nås och framförallt är det oljetillgångarna som inte räcker. Då och under lång tid framåt var det bristen på olja som sågs som ett hot och inte den koldioxid som förbränningen ger upphov till.

Syftet med Romklubben lär inte enbart ha varit att varna mänskligheten för kommande katastrofer utan det var snarare medlet för att nå målet; en värld utan alltför många gränser och med mer överstatlig styrning. Det var samma tankegångar som framfördes av exempelvis Osborn i slutet av 1940-talet. En värld utan alltför många gränser skulle gynna de stora företagen, som exempelvis Fiat.

Romklubbens budskap fick ökad aktualitet genom oljekrisen 1973. Den berodde på kriget mellan Israel på ena sidan och Egypten och Syrien på den andra. För att sätta press på oljeberoende länder och då framförallt USA, för att de länderna i sin tur skulle förmå Israel att lämna ockuperat område, använde sig de oljeproducerande arabländerna av oljevapnet. Gulfländerna minskade produktionen och priset på olja steg kraftigt. En påminnelse om att oljan var en begränsad resurs som dessutom kunde användas som ekonomiskt och politiskt påtryckningsmedel. Resultatet blev att många av världens länder försökte minska sitt oljeberoende.

I Japan och i ett antal andra länder byggdes kärnkraften ut. I den socialdemokratiska regeringens energiproposition 1975 drogs riktlinjerna upp för den kommande energipolitiken. Det handlade om att hålla tillbaka energiförbrukningen, begränsa användningen av olja och i stället öka importen av kol och naturgas. Samma riktlinjer fanns med i energipropositionen 1978/1979. Tanken på mer kol fanns kvar, men då nämndes också skogsbränsle som ett alternativ. Ett inhemskt alternativ som kunde ersätta oljan.

1979 kom den andra oljekrisen. Ayatollah Khomeini tog över i Iran och krig mellan Iran och Irak bröt ut.

Sverige fortsatte med en energipolitik som handlade om att bli energieffektivare och att komma bort från oljeberoendet. Biobränslen sågs allt mer som ett alternativ, i kraftvärme- och fjärrvärmeverk. Kol sågs fortfarande som ett sätt att bli mindre beroende av olja och i början av 1980-talet gick det stora kraftvärmeverket i Västerås över från olja till kol. Även i exempelvis Södertälje, Norrköping och Linköping blev det under 1980-talet kol i stället för olja. Det visar att energipolitiken även långt in på 1980-talet inte handlade om klimatet, utan om att bli kvitt oljeberoendet.

Kärnkraften

Den stora politiska miljöfrågan i Sverige under 1970-talet var kärnkraften. Under 1950- och 1960-talen var optimismen stor när det gällde kärnkraft som framtidens energikälla. Trots oljekrisen 1973 svalnade optimismen i Sverige och det berodde på att negativa aspekter började lyftas fram, som avfallshanteringen och kopplingen till kärnvapen. Jörn Svensson (VPK) och Birgitta Hambraeus (Centerpartiet) var två frontfigurer i den debatten. Hambraeus pratade i riksdagen om brott mot kommande generationer. Till kärnkraftverket Barsebäck gick demonstrationstågen med jämna mellanrum; *"Vad ska väck - Barsebäck - vad ska in - sol och vind"*, ropade demonstranterna och sjöng exempelvis *"Snart vaknar hela jorden - aldrig ger vi upp"*.

Det var nu som alternativen till kärnkraft och olja började diskuteras och prövas. Förutom sol, vind och biobränsle föreslogs exempelvis import av varmvatten med tankbåt från Island. Det senare blev aldrig mer än ett förslag (Sveriges Radio, Den svenska kärnkraftens historia del 1, 2004).

1970-talets miljökämpar

De miljöfrågor som engagerade under 1970-talet var, förutom kärnkraften, exempelvis almstriden i Stockholm, hormoslyrbesprutningen i skogen och BT Kemis gifttunnor i Teckomatorp.

Det var engagemang på gräsrotsnivå. I Teckomatorp var det grannarna, med Monika Nilsson i spetsen, som protesterade. Monika Nilssons son hade besvär av utsläppen från fabriken.

Blåbärsplockare som fick blåbären besprutade med hormoslyr åkte till Stockholm för att protestera. En av blåbärsplockarna var Marit Paulsen.

FN försöker spänna musklerna

Några år in på 1980-talet stod det klart att FN inte hade skaffat sig den ledande roll inom miljöområdet och inte fått de muskler för att skapa en rättvisare värld som Stockholmskonferensen och bildandet av UNEP hade gett förhoppningar om.

1983 antog FN en resolution om att bilda en kommission som skulle belysa miljöfrågorna i ett längre perspektiv. På senhösten utsågs Gro Harlem Brundtland till att leda kommissionen och 1984 startade Brundtlandkommissionen (World Commission on Environment and Development) sitt arbete.

Syftet med kommissionen framgår av slutrapporten. Där beskrivs hur antalet fattiga har ökat, hur BNP per invånare i tredje världen sjönk med tio procent under 1980-talets första hälft och hur FN tappat i inflytande och ekonomisk styrka. Kommissionens uppdrag var bland annat att hitta vägar att stärka FN:s makt. Ett starkare FN med muskler att skapa en rättvisare värld och jämnare fördelning av jordens begränsade resurser. Så här skriver Brundtlandkommissionen: *"Just när världens länder behöver öka det internationella samarbetet har viljan att samarbeta kraftigt minskat... FN har kritiserats för att föreslå för mycket, men oftare ändå, för att göra för lite... nationella intressen har blockerat viktiga reformer och har ökat behovet av fundamentala förändringar... fonderna för många internationella organisationer har planat ut eller minskat både i relativa och absoluta tal."*

Skogsdöden

I mitten av 1980-talet var klimatet ingen stor fråga, varken i Sverige eller internationellt. Det fanns inte längre några rubriker om kommande istider i tidningarna. Den globala avkylningen hade vänts till en svag temperaturuppgång. Sverige upplevde visserligen kalla vintrar, men det var inget som oroade. Den stora miljöfrågan i Sverige var i stället skogsdöden.

I Tyskland hade skog dött och nu väntade samma öde skog i södra Sverige. Forskare, media, politiker och miljörörelse tecknade alla samma dystra bild. Det handlade inte om skogen skulle dö utan när, och det var försurningen som var boven i dramat. Ny Teknik skrev så här den 15 mars 1984: *"Ska dödsringningen från skogen som dukar under äntligen väcka de politiska beslutsfattarna?"*

I samma nummer av Ny Teknik hade Göran Petersson vid Centrum för Miljöteknik vid Chalmers en debattartikel där han menade att skogen också hotades av andra luftföroreningar som marknära ozon. Rubriken på debattartikeln var "Nu är det dags för radikala åtgärder" och

Göran Petersson kom med en lista på åtgärder som behövde göras; kraftig ökning av skatten på bensin med flera motorbränslen, överföring av godstransporter från lastbil till järnväg, överföring av persontrafik till elfordon, bilfria närmiljöer i tätorter, prioritering av attraktiva gång- och cykelbanor framför gator och vägar för biltrafik. Andra krav på Peterssons lista var att begränsa kalhyggena och inte minst skapa skogar med större mångfald. Mer lövträd i skogarna och inte bara planteringar av tall och gran.

Men skogen dog inte, tvärtom, den växte bättre än någonsin. Västkusten var det område som drabbades hårdast av svavelnedfallet, och det gjordes ett försurningsförsök på Tönnersjöheden utanför Halmstad. Ett skogsområde utsattes för extra mycket försurade ämnen, fem gånger mer än den mängd träden fick från luften när svavelregnet var som intensivast. Området bredvid fick inga tillskott av försurande ämnen. Försöket avblåstes efter 20 år eftersom stormen Gudrun då fällde skogen i området. Fram till dess var överlevnad och tillväxt desamma i de två områdena (Sveriges Radio, Miljölarm - skogen dog inte)

Även om inte skogen dog av det försurande svavelnedfallet så hade livet i många sjöar gjort det. Odéns försurningslarm fick så småningom internationellt gehör. År 1979 skrev 34 europeiska länder och dessutom Kanada och USA under konventionen om långväga gränsöverskridande luftföroreningar. Konventionen trädde ikraft 1983 och har sedan dess förstärkts. Konventionen har starkt bidragit till minskningen av svavelutsläpp.

Konventionen skulle få betydelse för klimatfrågan, dels genom att konventionen visade att länder kunde göra åtaganden i en miljöfråga, dels för att de minskade utsläppen med stor säkerhet bidrog till den ökning av instrålning från solen som skedde under slutet av 1900-talet.

Brundtlandrapporten

Brundtlandrapporten presenterades 1987. Rapporten, Our Common Future, har haft ett oerhört stort inflytande och ligger till grund för dagens internationella miljöpolitik. Innehållet fångade in och beskrev några av den tidens stora globala utmaningar, som att ge de många unga nationerna möjlighet till utveckling och stärka deras inflytande i det globala samhället. Utmaningen var också att skapa ett hållbart samhälle som tryggade livsmedelsförsörjningen och som inte överutnyttjade resurserna.

Förslagen i rapporten bygger på tankegångar som funnits med sedan Borgström och 1940-talet, och som under 1970-talet lyftes fram av Stockholmskonferensen och Romklubben. Tankar om en överstatlig styrning genom FN:s försorg, för att på så sätt skapa ett mer hållbart ekonomiskt system och en mer rättvis fördelning av de ändliga resurserna. Kopplingen till Stockholmskonferensen och Romklubben låg inte bara på det idémässiga planet utan också på det personliga. Två av medlemmarna i Brundtlandkommissionen var Maurice Strong, UNEP:s förste chef och Stockholmskonferensens starke man, och Susanna Agnelli, syster till Fiatkoncernens president och Romklubbens finansiär, Giovanni Agnelli.

Ett kapitel i Our Common Future handlar om energi. Kommissionen skriver att oljeproduktionen kommer att plana ut i början av 2000-talet, för att sedan minska. Den ojämnt fördelade energiförbrukningen poängteras: *"Energikonsumtionen per capita i industriländerna är mer än 80 gånger större än i länderna söder om Sahara."* Slutsatsen i rapporten är att de rika länderna måste bli mindre oljeberoende och medlen är energieffektivisering och förnybar energi: *"Energieffektivisering och utveckling av förnybar energi kommer att minska trycket på traditionell energi, vilket är helt nödvändigt för att ge utvecklingsländer möjlighet att utveckla sin tillväxtpotential."*

Klimatfrågan kom in i bilden under tiden kommissionen arbetade med rapporten. En orsak var det som hände ovanför Antarktis. I början av 1980-talet fick forskarna upp ögonen för att ozonlagret över Antarktis tunnades ut under den antarktiska senvintern och våren. Den brittiska basen Halley Bay har tillskrivits äran för upptäckten. Forskarna menade att utsläppen av freoner var orsaken. Freoner som bland annat användes som köldmedium i kylskåp. UNEP, FN:s miljöprogram, handlade snabbt och en konvention om att begränsa utsläppen förhandlades fram i Wien i mars 1985, Vienna Convention for the Protection of the Ozone Layer. I konventionen läggs ansvaret för åtgärder på i-länderna och konventionen *"tar hänsyn till utvecklingsländernas förhållande och särskilda behov"*. Konventionen följdes sedan upp av Montrealprotokollet.

Vid en hearing som Brundtlandkommissionen arrangerade i Oslo i juni 1985, några månader efter överenskommelsen om att begränsa utsläppen av freoner, sa Irving Mintzer, World Resources Institute, följande: *"Växthuseffekten är en möjlighet likaväl som en utmaning. Den tillhandahåller en viktig anledning att implementera strategier för hållbar utveckling."*

Det är förståeligt att Brundtlandkommissionen såg hotet om en växthuseffekt som en möjlighet. Om klimatet fick en konvention liknade konventionen för att skydda ozonlagret borde det vara ett perfekt instrument att driva igenom det som Brundtlandkommissionen var tänkt att åstadkomma; stärka FN:s makt och en rättvisare fördelning av de ändliga resurserna, i första hand oljan.

Det som har kallats startpunkten för klimatkonventionen ägde rum några månader senare, nämligen klimatmötet i Villach i Österrike hösten 1985. Mötets värdar var FN-organen UNEP och WMO och dessutom International Council of Scientific Unions. De bjöd in ett mindre antal forskare och NGO:s (NGO står för icke-statliga organisationer) till mötet. Framförallt var det forskare som sysslade med klimatmodeller som deltog. Därmed var också konferensens slutsatser givna. En ökning av växthusgaserna i atmosfären leder till en temperaturökning. Det är så klimatmodellerna var och är uppbyggda.

En version säger att Mostafa Tolba, generalsekreterare för UNEP åren 1975–1992, spelade en aktiv roll både för att Villachkonferensen anordnades, men också för resultatet. Framgången från Wien och ozonkonventionen gjorde att Tolba såg möjligheterna till en konvention som följde samma mönster. Konferensdeltagarna uppmuntrades därför att komma med förslag i den riktningen. Det som talar för att Tolba spelade den roll som just har beskrivits är att tanken på att använda växthuseffekten som ett instrument fanns inom FN-systemet och Brundtlandkommissionen redan försommaren 1985, kanske tidigare än så. Men för att kommissionen skulle kunna föreslå en klimatkonvention krävdes någon form av vetenskaplig uppbackning. Det fanns inget akut klimathot på samma sätt som det hade gjort på 1970-talet, eller på samma sätt som det hot ett allt större ozonhål innebar. Konferensen i Villach var precis den hjälp Brundtlandkommissionen behövde för att kunna lyfta in hotet om en växthuseffekt i rapporten. I kapitlet som handlar om energi hänvisas till Villachkonferensens slutsatser, som att klimatmodellerna visar att en fördubbling av koldioxidhalten i atmosfären leder till en temperaturökning på mellan 1,5 och 4,5 grader. Den sedan mötet i Woods Hole "etablerade kunskapen".

En av Villachkonferensens mer framstående deltagare var professor Graham Goodman, som var en brittisk ekolog och föreståndare för Beijerinstitutet, som senare bytte namn till Stockholm Environment Institute. Han var också Brundtlandkommissionens energiexpert och huvudförfattare till kapitlet om energi. Kommissionens slutrapport innehöll mycket riktigt en uppmaning till FN-systemet att arbeta fram en klimatkonvention. En konvention som skulle tvinga fram nödvändiga energieffektiviseringar och underlätta för u-länderna att få tillgång till olja.

Även en konvention om biologisk mångfald fanns på förslagslistan i Brundtlandrapporten. De beslut som sedan togs vid FN:s miljökonferens i Rio 1992, som Agenda 21, klimatkonventionen och konventionen för biologisk mångfald, bygger till stor del på Brundtlandkommissionens rapport och förslag.

Tjernobyls betydelse

I mitten av 1980-talet var det, som sagt, ganska tyst om klimatet. Det fanns områden i världen som var drabbade av torka, men det hade det alltid funnits. Naturen kunde inte uppvisa några tecken som tydde på klimatförändringar orsakade av växthuseffekten och de globala temperaturerna låg så gott som still. I norr var det dessutom kallt. Det som fanns var en teori och en siffra som tagits fram av klimatmodellerna. Men snart stod politiker i första ledet bland dem som varnade för en växthuseffekt och det var konservativa politiker, som Margaret Thatcher och Carl Bildt, som hördes mest och först.

Kärnkraften hade sedan 1970-talet varit ifrågasatt bland stora grupper i Sverige, men också i andra länder och inte minst i USA. Harrisburgolyckan i USA 1979, då reaktor 2 vid kärnkraftverket Three Mile Island havererade, hade skrämt många.

Explosionen i reaktor 4 i Tjernobyl den 26 april 1986 och det moln av radioaktivitet som framförallt drabbade norra Europa blev ett ännu hårdare slag mot kärnkraftens förespråkare. Tjernobyl ledde i Sverige till att den socialdemokratiska regeringen beslöt att stänga två reaktorer i förtid. Ett beslut som väckte kritik inte minst från Moderata samlingspartiet (Moderaterna). Carl Bildt hävdade i Aftonbladet den 2 april 1989 att Sverige skulle förvandlas till en internationell miljöbov genom att snabbavveckla kärnkraften och öka utsläppen av koldioxid. Några månader senare pratade moderaten Gunnar Hökmark om regeringens svek mot sitt globala miljöansvar. Moderaterna motionerade också i riksdagen om införande av ett koldioxidtak, en motion som fick stöd av de andra partierna. Det finns risker med kärnkraften men växthusgaserna är ett ännu större hot var budskapet.

Professorerna Kullander och Larsson skrev i SvD den 17 september 1988: *"Fossilbränslena långt värre än kärnkraft."*

Margaret Thatcher varnade

Den tyngsta konservativa rösten som varnade för en av människan orsakad klimatförändring var Margaret Thatcher, Storbritanniens premiärminister.

Det låg nära till hands för de konservativa i Storbritannien att varna för växthuseffekten. En orsak hittar vi om vi går tillbaka till 1975, då de konservativa förlorade regeringsmakten, bland annat på grund av fackföreningarnas mobilisering.

Under 1980-talet försökte Thatcher och de konservativa att minska fackföreningarnas inflytande. Det slutade i en konfrontation med gruvarbetarna. Regeringen ville stänga ett stort antal kolgruvor. Ett förslag som möttes av en gruvarbetarstrejk. Två karismatiska ledare stod mot varandra, Thatcher och Arthur Scargill, gruvarbetarnas fackföreningsledare. Gruvarbetarna förlorade och nästan alla brittiska kolgruvor stängdes. De konservativas alternativ för att ersätta de många kolkraftverken var gas och en utbyggnad av kärnkraften.

De konservativa var måna om kärnkraften också av en annan anledning. Medan oppositionen, Labour, förespråkade en ensidig kärnvapennedrustning var den konservativa regeringen angelägen om att ha kvar kärnkraften för att kunna tillverka egna kärnvapen. Genom att lyfta fram hotet om en växthuseffekt kunde Thatcher i efterhand rättfärdiga beslutet att stänga kolgruvorna och satsningen på kärnkraft.

En annan historieskrivning berättar att Thatcher, som hade ett förflutet som kemist och därför hade en vetenskaplig förståelse, var genuint oroad över en ökad växthuseffekt. Den som hade fått in Thatcher på rätt spår var hennes rådgivare Crispin Tickell. Han var diplomat, bland annat var han ambassadör i Mexiko i början av 1980-talet och från 1987 var han Storbritanniens delegat i FN och säkerhetsrådet. Tickell, som inte hade någon vetenskaplig bakgrund, skrev på 1970-talet boken "Climate Change and Foreign Affairs". Boken kom ut i kraftigt omarbetad upplaga 1986 och i den varnar han för att människan förändrar klimatet genom utsläppen av växthusgaser. Det bildas stora värmebubblor över och runt de stora städerna på norra halvklotet vilket gör att det kan vara 10–30 grader varmare i städerna än på landsbygden, enligt boken. Något som i sin tur kan påverka vinterstormarna över Atlanten. Jag har svårt att tro att Thatcher hade ett odelat förtroende för Tickells kunskaper.

Frågan är om det var miljökämpen eller realpolitikern Thatcher som oroade sig för växthuseffekten. Thatcher visade inte direkt prov på miljömedvetenhet i andra sammanhang. Storbritannien borrade efter olja och gas i Nordsjön. Även i andra delar av världen var Storbritannien ute efter råvaror under 1980-talet. Antarktisfördraget skulle löpa ut 1991 och det öppnade för en exploatering av kontinentens tillgångar på olja och mineraler. Storbritannien var under 1980-talet mycket aktivt i Antarktis. Thatcher satsade stora summor på att Storbritannien skulle ha den bästa positionen i den stundande dragkampen om vem som skulle få rätt att borra efter olja eller öppna gruvor i och runt Antarktis. Exempelvis byggdes en landningsbana vid den brittiska Rotherabasen, som ligger på en ö vid den antarktiska halvön.

Som inbäddad journalist på Greenpeace-fartyget Gondwana var jag med på en expedition till Antarktis hösten 1989. Under några månader besökte Greenpeace ett antal baser längs kontinentens kust och bland annat gjordes en protestaktion vid den brittiska basen Faraday i november 1989. Vi var den första båt som kom till basen efter den antarktiska vintern och vi blev mycket väl mottagna. Först en kort rundvandring, sedan några öl i baren och avslutningsvis en god middag. Mellan ölen och maten gick hela gänget ut och ställde sig bakom en stor banderoll med texten *"Mine Information - Not Minerals"*. Bilder togs och sändes till nyhetsbyråer och ledande tidningar världen runt. Tanken med aktionen var att rikta världens uppmärksamhet mot det brittiska intresset att leta olja och andra naturresurser i och runt Antarktis. Även den brittiska basens personal ställde sig bakom banderollen. Aktionen avslutades med ett snöbollskrig, alla mot alla, innan det var dags för middagen.

Dubbla spår mot en klimatkonvention

FN körde klimatfrågan på dubbla spår under slutet av 1980-talet. Dels det politiska med Brundtlandkommissionen, dels det mer vetenskapliga där Villachmötet bara var ett steg på vägen.

De två FN-organen UNEP och WMO, Meteorologiska världsorganisationen, såg till att Villachkonferensen fick en fortsättning. FN bildade därför Advisory Group on Greenhouse Gases, som skulle arbeta vidare med växthusgasernas klimatpåverkan. Graham Goodman, som skrev kapitlet om energi i Brundtlandrapporten, var medlem i gruppen, tillika hedersrådgivare åt Maurice Strong. Han hade med andra ord centrala roller på båda spåren. Det var rätt person på rätt plats under den här tiden. Andra medlemmar i den sju man starka gruppen var Bert Bolin, som var med redan i Woods Hole, och Syukuro Manabe, USA, vars klimatmodeller låg till grund för vad mötet i Woods Hole kom fram till. FN tog inga risker när det gällde valet av deltagare, vare sig till Villachkonferensen eller i Advisory Group on Greenhouse Gases.

Brundtland fortsatte att bädda för en klimatkonvention, som under en konferens i Toronto i slutet av juni 1988, The Changing Atmosphere Conference. Ledande personer på konferensen var Gro Harlem Brundtland och Graham Goodman. Konferensdeltagarna konstaterade att utsläppen av växthusgaser var ett okontrollerat globalt experiment som kunde få konsekvenser så ödesdigra att de endast skulle kunna överträffas av ett kärnvapenkrigs effekter. Konferensens rekommendation var att utsläppen av växthusgaser borde minska med 20 procent till år 2005.

Den 24 juni, bara några dagar innan konferensen började, hade The New York Times en artikel som fick stor uppmärksamhet. Den berättade om en hearing i senaten dagen innan. James Hansen, chef för Goddard Institute for Space Studies, hade frågats ut om klimatförändringar. Den 23 juni var en het dag med temperaturer på över 37 grader i delar av USA. *"Det får ni vänja er vid"*, lär Hansen ha sagt till de församlade senatorerna, samtidigt som han öppnade ett fönster och släppte in den heta luften. Han berättade att det var 99 procent säkert att det var ökningen av koldioxid och andra växthusgaser i atmosfären som orsakade det varma vädret.

1988 - klimatresolution och IPCC

Redan hösten 1988 röstade FN för en resolution för att skydda klimatet och ungefär samtidigt lät FN bilda IPCC, som underställdes de två FN-organen UNEP, FN:s miljöprogram, och WMO, Meteorologiska världsorganisationen. Samma två FN-organ som tog initiativ till Villachkonferensen och till Advisory Group on Greenhouse Gases.

Det hade kanske varit mer logiskt om IPCC först hade fått komma med sin rapport och att FN därefter tagit ställning till en resolution. Även hur IPCC organiserades tyder på att FN redan från början "visste" orsak och verkan. IPCC delades in i tre arbetsgrupper, som jag nämnt tidigare. Arbetsgrupp 1 skulle rapportera om klimatförändringarna, grupp nr 2 om konsekvenserna av en global uppvärmning och nr 3 om vilka strategier som skulle krävas för att begränsa utsläppen av växthusgaser. Jag nämnde också att delegaterna i IPCC till mycket stor del är tjänstemän från departement och statliga myndigheter. Den förste ordföranden för hela IPCC var dock klimatforskare. Uppdraget gick till den svenske meteorologen Bert Bolin, som hade varit med i Woods Hole och i Advisory Group on Greenhouse Gases. Idag är nationalekonomen Hoesung Lee från Sydkorea ordförande. Även förre ordföranden Rajendra Pachauri (ordf 2002–2015) var ekonom.

Man kan inte annat än förundras över hur snabbt politikerna agerade när det gällde hotet från en av människan förstärkt växthuseffekt. Det tog endast ett år från det att Brundtlandkommissionen lagt fram sin rapport till det att FN antog en resolution. Det vetenskapliga underlaget 1988 bestod i en teori som inte kunde bevisas. Det fanns inget i det globala klimatet som stack ut, som kunde härledas till en av människan orsakad klimatförändring. Under 1970-talet kunde forskarna peka på fallande temperaturer, extrema väderhändelser som översvämningar, monsunregn som uteblev och torka. Extrema väderhändelser som kopplades till avkylningen. Växtsäsongen både i norr och söder blev kortare och på norra halvklotet vandrade djur och växter söderut. Det varnades för social oro och konflikter på grund av kommande matbrist i ett allt kallare klimat. Det publicerades vetenskapliga artiklar och böcker, anordnades konferenser, det sändes tv-dokumentärer, det kom ett antal stora rapporter och framstående forskare varnade för klimathotet. Trots att effekterna kunde avläsas i naturen var politikerna då kallsinniga till forskarnas rop på åtgärder för att minska effekterna av ett kallare klimat.

Det som gjorde att världens länder så snabbt enades om att gå till handling var att hotet om en växthuseffekt hade de ingredienser som FN-systemet efterfrågade. Åtgärder för att begränsa hotet kunde användas som ett verktyg för att uppnå andra mål. Resolutionen var bara ett första steg. Vägen mot klimatkonvention var redan utstakad. Initiativet till en klimatkonvention kom från starka krafter inom FN-systemet och mer konkret från Brundtlandkommissionen. En konvention som skulle kunna leda till ökat internationellt samarbete och stärka FN:s makt. FN hade dock inte kunnat agera utan medlemsländernas samtycke.

Energifrågan, som den såg ut i slutet av 1980-talet, var en viktig orsak till det stöd som klimatfrågan fick. Att oljan var en begränsad resurs som snart skulle sina hade sedan 1970-talet varit en etablerad sanning, även i USA. The New York Times skrev den 4 mars 1977 att världens olja kommer att försvinna under 2000-talets första årtionde och att *"oljekonsumtionen därför måste minska i USA och runt om i världen och att nya energikällor måste tas fram"*. Klimathotet sågs som ett instrument att påskynda den nödvändiga vägen bort från ett oljeberoende.

USA:s roll - del 1

USA har ofta pekats ut som den stora bromsklossen i klimatkonventionens arbete, men utan USA, dess forskare, politiker och det inrikespolitiska spelet i landet, hade antagligen klimatet inte blivit den dominerande fråga som den är idag.

Som en följd av mötet i Villach kallade senaten under hösten 1985 till flera senatsförhör om global uppvärmning. De första om klimatet sedan 1970-talet. Vid ett senare senatsförhör, 1986, berättade Robert Watson vid NASA: *"Jag tror att global uppvärmning är något ofrånkomligt. Det är en fråga om när och hur mycket."* Senatsförhören väckte ett intresse hos ett antal kongressmedlemmar, även om klimatförändringar ännu så länge inte var en stor fråga hos den amerikanska allmänheten. Något som James Hansens vittnesmål i senaten 1988 ändrade på. Det fick stort genomslag i media och Hansens varning förstärktes av en ovanligt varm sommar, skogsbränder i Yellowstone och en kraftfull orkan som härjade i USA:s närhet. Orkanen som fick namnet Gilbert var en kategori 5-orkan och den drabbade framförallt Jamaica och Yucatánhalvön i Mexiko. Amerikansk press skyllde såväl skogsbränderna som orkanen Gilbert på den globala uppvärmningen. Mer om USA:s roll längre fram. Här nöjer vi oss med att konstatera att risken för en global uppvärmning var i fokus i USA under slutet av 1980-talet. Inte minst under 1988, då en het sommar och en högljudd forskare skapade rubriker. Något som säkert stärkte stödet för FN-resolutionen och processen mot en klimatkonvention.

IPCC:s första rapport

År 1990 var det dags för IPCC att presentera sin första rapport. Arbetsgrupp 1 kom fram till att det ännu inte går att se någon mänsklig påverkan. De klimatvariationer som varit stämmer visserligen med modellerna, men de ligger också inom de naturliga variationernas ramar. I rapporten sägs att det var varmare under århundradena runt 1100-talet, den medeltida värmeperioden, än under slutet av 1900-talet och att århundradena under lilla istiden var riktigt kalla. Glaciärerna i Sydamerika, Nordamerika, Himalaya, Afrika, Nya Zeeland och Europa började smälta under slutet av 1800-talet. Den globala temperaturen har varierat kraftigt under de senaste 1 000 åren och den globala temperaturen i slutet av 1900-talet ligger någonstans mellan den kallaste och den varmaste perioden.

Slutsatsen som går att dra av rapporten är att klimatförändringar inte är något nytt och att temperaturen under slutet av 1900-talet inte är unik. Arbetsgrupp 1 varnar dock för att klimatmodellerna visar att temperaturen kommer att stiga med 0,3 grader per årtionde under de närmsta 100 åren om utsläppen av växthusgaser inte begränsas.

Riokonferensen 1992

FN:s konferens om miljö och utveckling i Rio i början av juni 1992 blev ett storslaget evenemang. Maurice Strong var tillbaka som generalsekreterare, och han kunde räkna in 172 nationer.

Under Stockholmskonferensen fanns en tydlig motsättning mellan norr och söder. U-länderna såg de rika ländernas miljöambitioner som ett sätt att ”dra upp stegen bakom sig”; inte släppa upp de fattiga till de rika ländernas nivå. I Rio var tonen lite annorlunda. Strong konstaterade i sitt inledningstal att nyckelfrågor för konferensen var i-ländernas ohållbara livsmönster, ett ekonomiskt system som negligerade ekologiska kostnader, befolkningsexplosionen och de ökade klyftorna mellan rika och fattiga. Det mest anmärkningsvärda var att han dömde ut den ekonomiska tillväxtmodellen: *”Den här tillväxtmodellen och dess produktions- och konsumtionsmönster är inte hållbar för de rika, och den kan inte upprepas av de fattiga. Att fortsätta på den inslagna vägen kan leda till slutet för vår civilisation.”* Strongs tema i sitt öppningstal för tankarna till vad Ingemund Bengtsson sa efter Stockholmsmötet när han fick frågan om nödvändigheten att begränsa industriländernas tillväxt för att på så sätt hjälpa u-länderna: *”Det är en fråga som FN-systemet kommer att arbeta vidare med.”*

Nord-syd-perspektivet genomsyrade även denna konferens. Skuldlättnader för tredje världens länder blev en stor fråga. U-länderna ville ha kompensation från i-länderna om de skulle göra åtaganden som att skydda biologisk mångfald. Riokonferensen kom att till stor del handla om ekonomi.

Klimatkonventionen, United Nations Framework Convention on Climate Change, slutförhandlades under mötet. Det blev i väsentliga delar en kopiering av Montrealprotokollet. En klimatkonvention, utformad som konventionen för skydd av ozonlagret, var till fördel för utvecklingsländerna, om de tvingande åtgärderna begränsades till rika länder. Några tvingande åtgärder innebar dock inte överenskommelsen, men de industrialiserade länderna i Västeuropa och dessutom Japan, Nya Zeeland, Australien, Kanada och USA skulle gå före och inte öka sina utsläpp av växthusgaser till år 2000, jämfört med basåret 1990. Övriga industrialiserade länder, forna östblocket, skulle bidra med teknisk och ekonomisk hjälp till u-länderna.

De fossila bränslena är motorn i de enskilda ländernas ekonomi och därmed också i den globala ekonomin. Det har ofta sagts att en begränsning av utsläppen från de fossila bränslena drabbar det ekonomiska systemets hjärta och att det är det som gör klimatkonventionen till en så stor utmaning. Det är visserligen sant, men det är också den faktor som gör att länderna tagit på sig utmaningen. Det var nyckeln till att världens länder kom överens om en klimatkonvention i Rio trots att den vetenskapliga hårdvalutan saknades.

Under många år hade oljan setts som en begränsad resurs och sedan 1970-talet var också i-länderna medvetna om att oljan kunde användas som ett politiskt och ekonomiskt påtryckningsmedel. EU var exempelvis mycket beroende av import av olja och klimatkonventionen kunde användas som en pusselbit i energiomställningen. Den öppnade också för teknikutveckling och nya branscher där i-länderna kunde utnyttja sitt tekniska försprång.

Många av i-länderna hade börjat ställa om sina energisystem för att komma bort från oljeberoendet. Inte minst gällde det de europeiska länderna, men också exempelvis Japan. Forna östblockets mycket energikrävande industri höll på att helt rasa samman, så för de länderna var inte klimatkonventionen någon belastning, åtminstone inte i närtid. Även om de också skulle göra åtaganden för att begränsa utsläppen.

Den stora majoriteten länder hade inga åtaganden. För de länderna var det fritt fram att fortsätta släppa ut växthusgaser och det var en förutsättning för en optimal ekonomisk utveckling bland tredje världens länder. En utveckling som alla länder, även i-länderna skulle tjäna på. Konventionen skulle göra det lättare och mindre dyrt för u-länderna att tillgodose sina behov av olja, åtminstone i teorin.

Det hade också växt fram en miljömedvetenhet hos stora grupper i i-länderna, speciellt bland de mer välutbildade och inflytelserika grupperna i samhället. Det fanns goodwill att hämta för de styrande. En klimatkonvention var också tilltalande för de krafter som verkade för ökad överstatlighet, som Rom-klubben och EU. Det var säkert en orsak till att Helmut Kohl och Jacques Delors också lyfte fram koldioxidhotet. Kohl var en sann EU-vän och kom att arbeta för att bredda och fördjupa EU-samarbetet. Han räknas också som en av eurons ”fäder”. Delors var EU-kommissionens ordförande 1985–1995. Sammantaget innebar omständigheterna att i-länderna delvis såg konventionen som en möjlighet.

1992 var republikanen Bush president i USA, och en av de ”stora” frågorna i Rio var om Bush skulle komma till mötet eller inte. USA:s delegation i Rio leddes av demokraten Al Gore, som då satt i senaten, och han hade under hela sin politiska karriär haft klimatet och hotet om en växthuseffekt som en huvudfråga. Gore hade haft Roger Revelle som lärare under sina collegestudier. Revelle har beskrivits som en växthuseffektsteoretiker och själv ansåg han sig vara ”växthuseffektens fader”. Al Gore, som inte alltid hade de bästa betygen under sin skolgång, var tydligen en uppmärksam elev under Revelles lektioner. USA skrev under klimatkonventionen redan i Rio, och ratificerade konventionen den 15 oktober samma år, 1992, vilket var före Sverige. Så här långt var alltså USA inte på något sätt en bromskloss.

Under Riomötet gjordes också en rad andra överenskommelser, bland annat förhandlades det fram en konvention om biologisk mångfald och ett program för hållbar utveckling, Agenda 21. Överenskommelser som sedan dess har blivit en del av det politiska arbetet på såväl nationell som lokal nivå. Det var också i Rio som miljöorganisationerna på allvar bjöds in till de styrandes bord.

Även om förarbetet för en klimatkonvention och Agenda 21 gjordes före mötet, så var det i Rio allt knöts samman och visades upp för världen. Vid det avslutande toppmötet deltog ca 120 stats- och regeringschefer varav 105 höll korta anföranden. President Bush slog fast att tillväxt är förändringsmotorn och miljöns vän. Han inbjöd sina kollegor att omedelbart påbörja implementeringen av klimatkonventionen genom att i-länderna skulle träffas den 1 januari 1993 och presentera sina handlingsplaner. Fidel Castro konstaterade att det var de rika länderna som stod för utsugningen av miljön. Jag kunde som åhörare konstatera att Castro fick de kraftigaste applåderna. Jag har läst i dokument från regeringen att president Aristide från Haiti fick längst applåder, och att det berodde på att Haiti nyligen hade drabbats av en naturkatastrof. Enligt mina anteckningar och min minnesbild var bifallet för Castro utan konkurrens och jag lyssnade på alla statschefer. Castros popularitet bland Riokonferensens deltagare handlade inte så mycket om Kubas ideologi utan mer om att Castro stod upp mot den rika världen. Det var inte enbart ekonomiska aspekter eller rädsla för klimatförändringar som gjorde att tredje världens länder välkomnade klimatkonventionen. Konventionen gav i-länderna en känga. Den ”straffade” den rika världen. De länder som exploaterat och kolonialiserat stora delar av övriga världen.

Politikerna åkte hem från Rio för att göra hemläxan. Till skillnad från en diffus konvention om biologisk mångfald och en till intet förpliktigande Agenda 21 hade klimatkonventionen mål som var lätta att kommunicera och som kunde fungera som medel för att nå andra mål. Klimatet var på väg att bli den stora miljöfrågan. Klimatet ersatte oljeberoendet som det främsta motivet för en energiomställning, inte minst i Sverige.

Kairo 1994

Befolkningsfrågan, den stora domedagsfrågan under flera årtionden, levde fram till 1990-talet. Sista gången fokus sattes på befolkningsplanering var vid FN:s stora befolkningskonferens i Kairo 1994, International Conference on Population and Development (ICPD). Mötet samlade 20 000 deltagare trots att det varnades för att terrorister skulle slå till mot konferensen. Vi som var där hämtades på flygplatsen av bussar med beväpnad eskort. Fortsättningen blev också dramatisk fast på ett annat sätt. Stämningen i Kairo var betydligt kärvare än i Rio två år tidigare, för att uttrycka det milt. I Rio fanns det en vilja att komma överens, inte minst var man överens om att man var emot president Bush.

I Kairo var oenigheten stor i nästan allt. I-länderna var oense när det gällde familjeplanering. U-länder var också oense. Kina drev en hård ettbarnspolitik. För en del u-länder var familjeplanering en ickefråga. Abortfrågan splittrade katoliker och protestanter. Jag sände ett Studio Ett-program därifrån. Vi diskuterade behovet av familjeplanering, men också hur fokus allt mer inriktades mot utveckling och kvinnans rättigheter.

Befolkningsfrågan och familjeplanering var inget som enade FN:s länder och därmed var det heller ingen fråga som FN-systemet ville prioritera. Såväl FN som Sverige bytte strategi i befolkningsfrågan. I en skrift från regeringen 20 år efter Kairo sägs: *"Kairokonferensen kan ses både som slutpunkten för det svenska pionjärarbetet inom befolknings- och familjeplaneringsområdet och som startpunkten för ett nytt synsätt baserat på det nya begreppet sexuell och reproduktiv hälsa."* Något förenklat kan man säga att i Rio 1992 föddes klimatfrågan under enighet och i Kairo 1994 dog befolkningsfrågan under oenighet. Regimskiftet var naturligt. Klimatfrågan har en helt annan potential för FN än vad befolkningsfrågan har och hade. Befolkningsfrågan ställer krav på utvecklingsländerna. Klimatfrågan ställer krav på de rika länderna. Klimathotet är globalt. Ett hot som manar till enighet och överstatlighet.

Det som förenar gårdagens miljödebattörer som Borgström och dagens miljörörelse är uppfattningen om att människan överexploaterar jordens resurser. Vi lever över tillgångarna och det är inte hållbart. När Borgström gav ut "The Hungry Planet" 1965 var jordens befolkning ungefär 3,3 miljarder. Lösningen enligt Borgström och dåtidens miljödebattörer var att begränsa befolkningsökningen, eftersom fler människor tär mer på resurserna. Idag är vi knappt 8 miljarder och den lösning som förespråkas är att begränsa människors användning av jordens resurser.

Det går dock inte att nonchalera befolkningsfrågan. Mellanöstern, norra Afrika och Sahel söder om Saha ra har snabbt växande befolkningar. Områden där vattentillgången normalt är knapp och där bra jordbruksmark är begränsad. När regnen uteblir, vilket har skett många gånger och kommer att ske även i framtiden, får det svåra konsekvenser. Mellan åren 1968 och1973 drabbades Sahel av torka från Atlantkusten till Afrikas horn. Då svalt människorna på grund av torkan. Sex torra år som följdes av upprepade torkperioder under 1970- och 1980-talen. Då, 1970, hade Sudan 10 miljoner invånare, idag 40 miljoner. Då hade Niger 4 miljoner, idag 20 miljoner. I Etiopien bodde 28 miljoner mot över 100 miljoner idag. Det vatten som en person kunde tillgodoräkna sig under torkan 1970 måste räcka till 4 personer idag om förutsättningarna för övrigt är desamma. Marginalerna har med andra ord krympt. Syrien har under de senaste 100 åren drabbats av torka ett antal gånger. 1970 bodde där 6 miljoner. 2010 var siffran 21 miljoner.

1995 Klimatkonventionens första möte

Våren 1995 träffades länderna som skrivit under

klimatkonventionen i Berlin för konventionens första uppföljningsmöte, Conference of the Parties, förkortat COP 1. Under mötet i Berlin kom länderna överens om att det som beslutats i Rio inte var tillräckligt för att möta hotet om en global uppvärmning. Sedan Berlinmötet 1995 har ländernas delegater träffats årligen. COP 2 hölls i Geneve 1996 och sedan var det dags för Kyoto att stå värd.

IPCC:s andra rapport

IPCC presenterade sin andra stora rapport 1995. Arbetsgrupp 1 skulle under senhösten mötas för att slutformulera och klubba innehållet i gruppens rapport. Mötet ägde rum i Madrid mellan den 27 och 29 november. På plats fanns 177 delegater från 96 länder, 14 NGO:s och 28 forskare.

Arbetsgrupp 1:s första rapport 1990 hade alltså kommit till slutsatsen att det inte gick att se att människan påverkat klimatet. Sedan dess hade klimatkonventionen skrivits under och ratificerats av ett stort antal länder. Den hade trätt i kraft den 21 mars 1994. I USA hade Al Gore blivit vice president.

Exakt vad som hände under Madridmötet är svårt att fastslå. Det finns olika versioner, men i stort sett överensstämmer de. Det som framförallt skiljer versionerna åt är om allt skedde enligt regelverket. John Houghton, som då var vice ordförande i IPCC, ledde förhandlingarna. Enligt hans version var förhandlingarna hårda och några av formuleringarna i Sammanfattning för beslutsfattare diskuterades livligt. Framförallt formuleringar som byggde på innehållet i utkastet till kapitel 8 i rapporten. Ett kapitel som handlar om att upptäcka klimatförändringar och förstå dess orsaker.

Vad som stod i utkastet kan jag inte med säkerhet säga. Jag har endast andrahandsuppgifter att gå på. Enligt en version löd originaltexten: *"Det bästa svaret vi har just nu är att vi inte vet."* Vad som än stod i utkastet så var IPCC-delegaterna inte nöjda utan man ville ha en skrivning där det framgick att människan påverkar klimatet. Enligt Hougthon diskuterades olika formuleringar och något förslag diskuterades i en och en halv timme. Den formulering som togs fram på mötet och som kom att skrivas in i sammanfattningen var *"the balance of evidence suggests discernable human influence"*, vilket ungefär betyder att när bevisen vägs mot varandra så tyder det på en mänsklig påverkan (på klimatet) som är urskiljbar. En formulering som alltså inte fanns med i rapporten. Även om formuleringen *"discernable human influence"* var suddig och öppnade för olika tolkningar, var den viktig, för att inte säga nödvändig, för den politiska processen.

Enligt Houghton var det Storbritannien som kom med förslaget om *"discernable human influence"* sent under förhandlingarna. Enligt andra källor ska det ha varit Bert Bolin som framförde det. I vilket fall enades man om det.

På plats fanns Benjamin Santer, en av huvudförfattarna till kapitel 8. Till vardags arbetade han på ett federalt forskningscenter i USA. Efter mötet var det han som redigerade texten i kapitel 8 så att innehållet stämde med det som delegaterna kommit överens om. Hela paketet klubbades sedan på ett IPCC-möte i Rom. Det var alltså efter mötet i Madrid som *"the balance of evidence suggests discernable human influence"* kom att skrivas in i rapporten.

En intressant detalj är att US State Department skrev ett brev till John Houghton veckorna före Madrid-mötet, där amerikanska utrikesdepartementet poängterade vikten av att inga avgörande beslut angående formuleringarna i kapitlen fick tas, innan delegaterna på mötet hade fått säga sitt. En kvalificerad gissning är att vice president Al Gore hade ett finger med i spelet.

Efter det att slutversionen av rapporten publicerats uppstod en infekterad debatt. Fredrik Seitz som bland annat varit ordförande i the National Academy of Science anklagade IPCC för fusk och korruption i en artikel i Wall Street Journal, på grund av de ändringar som gjordes i kapitel 8 och i sammanfattningen efter Madridmötet. Bert Bolin som var ordförande för IPCC, John Houghton och Luiz Gylvan Meira Filho, som båda var vice ordförande, skrev ett svar. De tre klargjorde att det som låg på bordet i Madrid var ett utkast och att de ändringar som delegaterna från de olika länderna framförde på mötet skulle vägas in i den slutgiltiga versionen. Ändringarna förnekades inte. Svarsargumentet var att IPCC:s regelverk hade följts. Även Benjamin

Santer skrev ett svar och argumenterade på samma sätt som Bolin, Meira och Houghton.

Året efter, 1996, publicerade Santer tillsammans med T.P. Barnett, en av de övriga huvudförfattarna till kapitel 8, och tre andra mycket tunga namn inom klimatforskningen, Jones, Bradley och Briffa, en vetenskaplig artikel om möjligheten att spåra mänsklig påverkan i klimatförändringarna. I studien berättas att kunskap om hur mycket klimatet naturligt kan variera är avgörande för möjligheten att upptäcka mänsklig påverkan i de klimatobservationer som görs, och att den kunskapen saknas. Artikelförfattarna avslutar artikeln med att säga: *"Våra resultat borde fungera som en varning till de som är angelägna att jaga mänsklig påverkan i observerade data. De naturliga variationerna är nämligen inte tillräckligt kända och följaktligen inte representerade i klimatmodellerna"* (Barnett). Santer gjorde med andra ord ändringarna i rapporten mot bättre vetande.

Det var viktigt för klimatkonventionen att arbetsgrupp 1 "rättade in sig i ledet". Det hade inte varit bra för processen om arbetsgrupp 1 i sin rapport inte hade sett någon mänsklig påverkan. Något som dessutom hade ställt arbetsgrupp 2 och 3 i dålig dager. Arbetsgrupp 2 skulle efter Madridmötet presentera sin delrapport och varna för katastrofala följder av en av människan orsakad klimatförändring och arbetsgrupp 3 skulle sen komma med förslag på åtgärder för att minska koldioxidutsläppen. Därefter väntade Kyotomötet och den överenskommelse som skulle göras där.

Det har skrivits en hel del om Madridmötet och det har beskrivits som avgörande. Det var då som det kunde fastställas att människan påverkade klimatet och det var avgörande, inte minst för Kyotoprotokollet, enligt Houghton som också har hävdat: *"IPCC prövades och kom ut oskadda i Madrid."* Det var då som klimatvetenskapen inrättade sig i den politiska fållan, har andra menat.

Madridmötet var kanske inte avgörande men det var då som IPCC:s roll blev tydlig.

Kyoto 1997 - COP 3

Två år senare träffades representanter från världens länder i Kyoto i Japan för det tredje COP-mötet.

Huvuduppgiften under mötet var att förhandla fram vilka regler, inom klimatkonventionens ramar, som skulle gälla efter år 2000. Bindande och konkreta utsläppsmål, jämfört med basåret 1990, skulle bestämmas för vart och ett av i-länderna. Den här gången skulle också forna östblocket inkluderas i de länder som skulle begränsa sina utsläpp av växthusgaser.

Mycket hade hänt sedan Rio 1992. Inte minst hade de olika ländernas möjlighet att leva upp till konventionens ambitioner förändrats. USA satt med Svarte Petter. EU-länderna kunde åka till Kyoto med vetskapen att EU minskat utsläppen jämfört med basåret 1990. Visserligen var det bara två länder inom EU som hade minskat sina utsläpp, men det var å andra sidan EU:s två största ekonomier, Tyskland och Storbritannien. Tyskland med 15 procent och Storbritannien med 10 procent. Luxemburg hade också minskat utsläppen men det är oväsentligt i sammanhanget. Alla andra länder inom EU hade ökat sina utsläpp. Tyskland och Storbritannien hade skäl att tacka Ronald Reagan och Margaret Thatcher för framgångarna i klimatarbetet. I Tysklands fall berodde minskningen på Berlinmurens fall och landets återförening. Under basåret 1990 spydde Östtysklands stora och ineffektiva industri ut stora mängder koldioxid. Den industrin hade kollapsat och med den försvann också stora utsläppsmängder. Thatcher hade förändrat energipolitiken i Storbritannien, men att förändra energimixen sker inte över en natt eller några år. Under basåret 1990 var fortfarande Storbritanniens utsläpp av koldioxid stora, men i takt med att kolkraftverken ersattes med gas och kärnkraft minskade utsläppen.

Även de forna östblocksländerna som omfattades av klimatkonventionen hade minskat sina utsläpp sedan 1990. Precis som i forna Östtyskland hade den ineffektiva och energislukande industrin till stor del lagts ner. De baltiska länderna halverade exempelvis sina utsläpp under 1990-talet. USA hade däremot ökat sina utsläpp. Ekonomin tuffade på och till skillnad från länder som Sverige, Frankrike och Storbritannien hade ingen ny kärnkraft tagits i drift efter 1978 och haveriet i kärnkraftsreaktorn i Harrisburg.

USA skulle behöva göra stora satsningar för att kunna minska sina utsläpp jämfört med 1990, samtidigt som EU och forna östblocket skulle ligga bra till för att nå de mål som skulle bestämmas i Kyoto, och det utan att behöva anstränga sig alltför mycket.

Det som framförallt gjorde att USA vid tiden för Kyotomötet såg med viss misstänksamhet på klimatkonventionen var Kinas ekonomiska tillväxt som hade tagit fart i början av 1980-talet och med en för varje år starkt växande industriproduktion var Kina på väg att bli en ekonomisk stormakt. USA:s industri fick allt svårare att klara konkurrensen och det var USA:s politiker väl medvetna om. USA hade i det läget svårt att fördyra användningen av fossila bränslen eller ersätta dem med mer kostsamma alternativ, samtidigt som Kina inte behövde göra några åtaganden.

En stor majoritet av USA:s kongressmedlemmar ansåg, med all rätt, att den globala användningen av fossila bränslen inte skulle minska bara för att USA gjorde det. Trenden fanns där. En allt större del av de globala utsläppen kom från tredje världens länder. Kina och andra tillväxtländer som Mexiko, Brasilien och Indien behövde inte oroa sig för utsläppssiffror, även om de sköt i höjden.

På sommaren 1997, i god tid före mötet i Kyoto, röstade senaten i USA igenom den så kallade Byrd-Hagel resolutionen. Den innebar att USA inte skulle gå med på att minska utsläppen om inte u-länderna samtidigt åtog sig att göra begränsningar. Ett kommande protokoll skulle heller inte få skada den amerikanska ekonomin. Röstsiffrorna blev 95–0. USA:s senat menade att om de globala utsläppen ska begränsas krävs det att alla länder bidrar. I annat fall flyttar bara delar av industrin till länder som inte har några åtaganden.

USA:s delegation åkte till Kyoto i vetskap om att det krävdes att även u-länderna var beredda att göra åtaganden för att en ny överenskommelse skulle ha en chans att godkännas av kongressen.

Nu var det inte tal om att u-länderna skulle gå med på att göra detta. Förhandlingarna handlade om i-ländernas åtaganden för perioden fram till 2012. I den amerikanska delegationen fanns det dock optimister som menade att om USA åtog sig samma beting som i Rio, att fram till 2012 hålla utsläppen på samma nivå som 1990, fanns chansen att avtalet skulle kunna passera kongressen (Hovi).

Dåvarande vicepresidenten Al Gore kom till Kyoto i förhandlingarnas slutskede och tog över scenen. USA kan bättre än så, menade Gore. Det slutade med att USA åtog sig att minska utsläppen med 7 procent jämfört med basåret 1990. EU skulle minska sina utsläpp med 8 procent och Japan med 6 procent, för att nämna några andra exempel. Fortfarande var det bara i-länderna som hade åtaganden.

Redan innan bläcket på pappret hade hunnit torka hördes kritiken hemma i USA. Avtalet är designat för att ge vissa länder en fri resa. Tanken med avtalet är också att höja energipriserna i USA och bibehålla en FN-byråkrati som ska fördela de globala resurserna menade exempelvis senator Larry E. Craig från Idaho i en intervju i Washington Post den 11 december. Craig var ordförande för the Republican Policy Committee. Några av klimatkonventionens mål, som att stärka FN:s makt och vara ett instrument för att omfördela ekonomisk makt och resurser, i första hand olja, låg inte i linje med amerikanska intressen.

Tiden har delvis besannat Craigs och senatens farhågor. Kyotoprotokollet minskade inte de globala utsläppen, tvärtom. Den kraftigaste ökningen av de globala koldioxidutsläppen skedde från slutet av 1990-talet fram till den ekonomiska krisen 2007/2008. Samtidigt flyttade industriproduktion från väst, och inte minst USA, till låglöneländer. Länder där användningen av energi inte är lika effektiv som i i-länderna. Om klimatkonventionen och Kyotoprotokollet bidrog till den snabba utsläppsökningen efter 1998 låter jag vara osagt, men klart är att den stora ökningen skedde i de länder som inte hade några åtaganden enligt Kyotoprotokollet. Detta var inte designat för att minska de globala utsläppen, utan för att omfördela utsläppen.

Frågan är varför Gore agerade som han gjorde. Han visste att senaten aldrig skulle godkänna det framförhandlade protokollet. President Clinton lade heller aldrig fram protokollet för senaten. En konspiratorisk förklaring som nämnts är att

Gore ville gynna amerikansk industri gentemot övriga i-länder. Han visste att USA inte skulle gå med, men att övriga i-länder skulle göra det. I och med att Gore gick med på 7 procent för USA:s räkning fick han EU, Kanada, Australien och Japan att äta sig kraftiga utsläppsminskningar. En mer trolig förklaring är att Gore ville framstå som en politiker som står i första ledet i "kampen mot klimatförändringarna". En investering i personen Gore.

Varför skrev då EU under Kyoto? Det har sagts att man inte var medvetna om hur det amerikanska politiska systemet fungerade. Man trodde att om Al Gore skrev under ett avtal hade USA förbundit sig att leva upp till överenskommelsen. Det låter märkligt. EU:s förhandlare måste ha varit medvetna om Byrd-Hagel-resolutionen. EU och övriga länder som ställde sig bakom det framförhandlade förslaget måste också ha förstått att det var ett protokoll som inte skulle ha någon begränsande effekt på de globala utsläppen.

IPCC ska stödja klimatkonventionen

Även om IPCC-delegaterna under Madridmötet 1995 pressat fram skrivningar som pekade mot en mänsklig påverkan var hotbilden fortfarande diffus. Det starkaste i IPCC:s andra rapport var, som ovan nämnts: *"När man väger samman bevisen pekar det mot att mänsklig påverkan på det globala klimatet är urskiljbar."* I rapporten sägs också: *"Vår förmåga att kvantifiera mänsklig påverkan på det globala klimatet är för närvarande begränsad"* och *"1900-talet var åtminstone lika varmt som något annat århundrade efter 1400".*

Skulle processen kunna leva vidare om nästföljande IPCC-rapport, den tredje, inte skruvade upp hotbilden? FN-systemet och medlemsländerna insåg att IPCC måste bli tydligare, oavsett vetenskapligt underlag. Hur ska man annars tolka det som hände på IPCC-mötet i Wien i oktober 1998? På mötet antogs nämligen de i kapitel 4 nämnda arbetsprinciperna som ska styra IPCC:s arbete.

Den politiska sfären kände sig uppenbarligen tvungen att peka med hela handen genom att anta arbetsprinciper som att IPCC ska stödja klimatkonventionen och att IPCC ska fokusera på klimatförändringar orsakade av människan. Visserligen var det allmänt accepterat bland klimatforskare, och hade varit så sedan 1950-talet, att koldioxid är en växthusgas som potentiellt kan påverka klimatet och visst fanns det forskare som målade upp ett klimathot, men de två IPCC-rapporter om klimatet och klimatförändringar som då hade publicerats, 1990 och 1995, hade inte kunnat belägga att växthusgaserna haft någon påverkan. Det enda avsnitt i rapporten 1995 som pekade på att växthusgaserna hade haft påverkan hade inte formulerats av forskarna som sammanställt rapporten, utan av IPCC-delegaterna på mötet i Madrid. Med tanke på hur långt den politiska processen hade avancerat, med Kyotoprotokollet på plats, är det förståeligt att politikerna önskade en mer kraftfull uppbackning från de forskare som sammanställer IPCC:s rapporter.

Sveriges delegat vid mötet i Wien var för övrigt Lars Westermark från Naturvårdsverket. Att FN-systemet och medlemsländerna vill styra klimatforskningen med fast hand betyder inte att klimatkonventionen skapades enbart för att vara ett instrument att driva fördelnings-, energi- och maktfrågor. Klimatfrågan är inte svart eller vit. Det är en på alla sätt oerhört komplex fråga.

.

Buenos Aires 1998 - COP 4

I november 1998 var det dags för det fjärde COP-mötet, ett möte som hölls i Buenos Aires. Det hände inte så mycket under förhandlingarna som pågick i knappt två veckor. Vi var bara tre svenska journalister på plats varav en från Naturvårdsverkets tidning Miljöaktuellt. Stämningen i den svenska delegationen var som vanligt familjär och välkomnande. Det blir så på de stora FN-mötena. Vi blir som ett lag, vi journalister och den svenska delegationen. Andra medspelare är representanter för miljörörelsen. Alla som är med på mötet och kan intervjuas av oss journalister delar samma uppfattning; förhandlingarna går alltför trögt och många länder har alltför låga ambitioner.

Den intima relationen mellan oss journalister och den svenska delegationen blev extra tydlig i Buenos Aires. Vi var ju inte så många journalister och vi bodde på samma hotell som den svenska delegationen. Vi gick ibland ut och åt tillsammans och vi analyserade läget tillsammans. Jag hade planerat ett antal jobb efter mötet, bland annat ett besök på en estancia med tio tusen kor och med enorma fält med sojabönor, majs och vete. Något som jag berättade en kväll vid middagsbordet. En ambassadör i delegationen anmälde genast sitt intresse att följa med. Det var fler som var intresserade. Vi fyllde en bil morgonen efter att mötet hade avslutats och lämnade Buenos Aires för Pampas. Samtalsämnet i hotellets reception den morgonen handlade om señor Larsson i den svenska delegationen, som åkt hem till Sverige och tagit rumsnyckeln med sig. Señor Larsson var Kjell Larsson, nybliven svensk miljöminister.

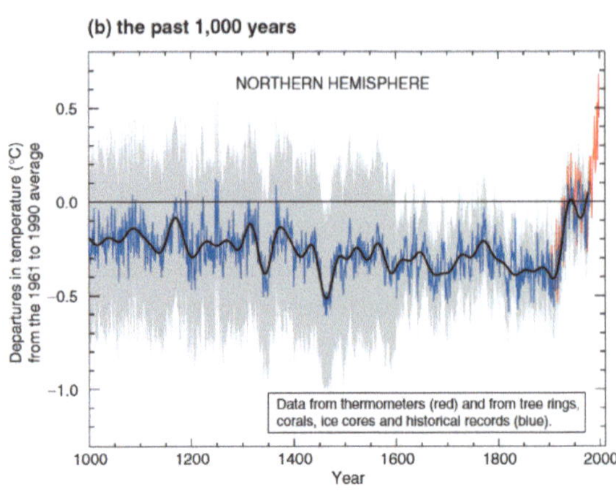

Temperaturutvecklingen under de senaste 1 000 åren enligt Mann. IPCC 2001. Det blåa strecket i hockeyklubban är proxydata, framförallt trädringar. Det röda är en version av uppmätta sommartemperaturer.

IPCC:s tredje rapport

De nya arbetsprinciperna gav resultat direkt. IPCC:s tredje rapport kom 2001 och i den fastslog IPCC att det var människan som påverkat klimatet; *"det finns nya och starkare bevis för att den största delen av den observerade uppvärmningen under de senaste 50 åren beror på mänskliga aktiviteter".*

Det nya starka beviset och det som IPCC lyfte fram som den stora nyheten i rapporten var den så kallade hockeyklubban. Den gav en helt ny bild av temperaturutvecklingen på norra halvklotet. Den medeltida värmeperioden var borta. Lilla istiden var borta. Temperaturkurvan som presenteras i rapporten ser ut som en hockeyklubba, och den sträcker sig 1 000 år bakåt i tiden. Den visar på en svag men konstant avkylning fram till åren runt 1900, då temperaturen vänder i det närmaste rakt uppåt.

Hockeyklubban gjorde intryck. Tre forskare, Mann, Bradley och Hughes hade tagit fram kurvan. Michael Manns namn stod först. Mann och hans kollegor använde i första hand trädens årsringar men också iskärnor och koraller från olika platser på norra halvklotet. De sista årtiondena på kurvan bestäms av en version av uppmätta sommartemperaturer. Kurvan som finns med i kapitel 2 är också "huvudnumret" i Sammanfattning för beslutsfattare och fick en enorm betydelse i debatten.

Det är intressant att jämföra hockeyklubban

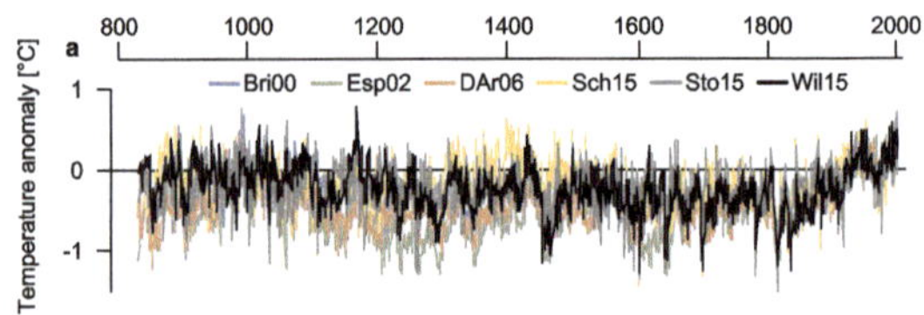

Temperaturutvecklingen under de senaste dryga 1 000 åren enligt Esper.

med de senaste studierna som behandlar hur temperaturen på norra halvklotet har förändrats enligt proxydata. Esper, som vi såg i ett tidigare kapitel, täcker in hela hockeyklubbans period, och lite till åt båda hållen. Den ger ett helt annat intryck, och all uppvärmning i slutet av perioden sker från början av 1800-talet till mitten av 1900-talet. Uppvärmningen börjar därmed nästan 100 år tidigare än i Manns kurva.

De forskare som var involverade i arbetet med kapitel 2 var dock inte eniga om hockeyklubbans kvaliteter. Chris Folland var en av två koordinerande huvudförfattare i arbetet med kapitel 2. Den 22 september 1998 skickade han ett mail till några av de övriga som var inblandade i arbetet med kapitlet, där han bland annat skrev: *"Ett proxy diagram som visar på temperaturförändringarna är en klar favorit för beslutsfattarnas sammanfattning."* Han fortsätter på följande sätt i mailet: *"But the current diagram with tree ring data only somewhat contra-*

dicts the multiproxy curve and dilutes the message rather significantly".

Arbetsgrupp 1 gör som nämnts ingen egen forskning utan hämtar information från publicerad forskning och i det här fallet fanns det ett antal kurvor som beskrev temperaturen i historisk tid att välja mellan. Det Folland säger till sina medarbetare är att Manns kurva är en klar favorit, och att det förslag som medarbetarna diskuterar som historisk temperaturkurva och som bygger på enbart trädens årsringar motsäger Manns kurva och suddar ut budskapet på ett ganska märkbart sätt. Keith Briffa, som är på gång att publicera en temperaturkurva som bygger på trädens årsringar svarar samma eftermiddag. Han är kritisk till Chris Follands förslag och pekar på en rad andra kurvor som motsäger Manns kurva. *"Jag vet att Mike tycker att hans kurva är bäst, men han kan också vara alltför avvisande till andra data och möjligtvis alltför säker på sina egna (eller borde jag säga i hans användning av andras)".* Han tar i mailet också upp osäkerheter som finns i metoderna för att återskapa temperaturer i förfluten tid och förespråkar istället att man i kapitlet ska visa på mångfalden av kurvor. Han skriver vidare: *"I know there is pressure to present a nice tidy story as regards apparent unprecedented warming in a thousand years or more in the proxy data but in reality the situation is not quite so simple."* Han fortsätter: *"Ja, jag tror att proxydata visar att det varit ovanligt varmt under de senaste årtiondena, men jag tror att det var lika varmt för tusen år sedan. Jag tror inte att temperaturen sakta men säkert blivit kallare under de senaste 1 000 åren, och jag tar strid för att det finns starka bevis för stora klimatförändringar sedan senaste istiden."*

Jones gjorde slut på diskussionen genom att skapa tre hockeyklubbor under månaderna efter mailväxlingen. Han tog sin egen kurva som han hade haft med i en studie. Den visar att temperaturen steg kraftigt från mitten av 1800-talet fram till 1940, och att det då var som varmast. Varmare än 1980-talet som är det sista årtiondet i kurvan. Jones gjorde om den till en hockeyklubba genom att ta bort slutet av sin kurva som enbart byggde på proxydata och erätta den delen med uppmätta sommartemperaturer för norra halvklotet, samma metod som Mann använde. Jones gjorde dessutom likadant med en temperaturkurva av Briffa, som i original visar på en avkylning från 1930-talet och framåt. Där tog Jones bort drygt 30 år i slutet av kurvan, och la dit uppmätta sommartemperaturer.

Briffa som hade tagit fram en trädringskurva som visar på en avkylning från 1930-talet fram till början av 1990-talet och som var kritisk till hockeyklubban, fick nu se sin egen kurva förvandlas till hockeyklubba. Briffa jobbade på Climate Research Unit vid University of East Anglia i Norwich och hade Jones som chef.

Jones gjorde alltså om två kurvor som i original pekade på en avkylning från 1930-talet fram till 1990-talet så att de i stället visade en kraftig uppvärmning under andra delen av 1900-talet. Dessutom fick Manns kurva vara med. Jones tre hockeyklubbor blev omslag på WMO:s årliga klimatrapport för år 1999. Den som läste WMO-rapporten fick intrycket av att det nu fanns tre vetenskapligt publicerade artiklar som visade på att temperaturkurvan för de senaste 1 000 åren ser ut som en hockeyklubba. Jones och WMO presenterade nämligen kurvorna på ett sätt som gjorde att de uppfattades som original och inte som modifierade. WMO är som nämnts ett FN-organ och IPCC:s uppdragsgivare, så efter det var det självklart att hockeyklubban skulle få en framskjuten plats i den kommande IPCC-rapporten.

Hösten 2009 läckte ett stort antal mail ut. De var hackade från Climate Research Unit, och bland mailen fanns de som citerats ovan och likaså ett mail som Jones skrev efter att ha gjort klart figuren till WMO-rapporten. *"Jag har just gjort klart Manns Nature trick genom att lägga till de uppmätta temperaturerna för de sista 20 åren på varje serie och från och med 1961 på Keith´s (Briffas - min anmärkning) för att dölja nedgången."* Det blev en diskussion om vad Jones menade med *"trick"* och *"hide the decline".* Forskarvärlden försvarade Jones. *"Handen på hjärtat: vem i stundens hetta har inte någon gång valt ett olämpligt ord?"* skrev exempelvis sex Lundaforskare i en debattartikel i Sydsvenskan i början av december 2009.

Debatten om vad Jones menade var en pseudodebatt. Däremot diskuterades inte om det var god vetenskaplig praxis att göra om kurvor som pekade på en avkylning efter 1940 till kurvor som visade på en kraftig uppvärmning under samma period, utan att tydligt nämna att det var en "bearbetning" av de i vetenskapliga sammanhang presenterade originalkurvorna.

Mobergs vågrörelse

Svenska forskare, med Anders Moberg i spetsen, kom år 2005 med en vetenskaplig artikel med en temperaturkurva som sträcker sig 2 000 år tillbaka i tiden. Mobergs kurva, till skillnad från hockeyklubban, böljar sig fram. Den visar att var varmare under århundradena runt 900 än under slutet av 1900-talet och att det var kallt under lilla istiden.

Mobergs och hans medförfattares artikel är också intressant ur ett annat perspektiv. I studien finns en "brasklapp" medskickad. Författarna skriver: *"Det här medför inte att den globala uppvärmningen under de senaste årtiondena enbart har naturliga orsaker, då modellexperiment som enbart använder naturliga faktorer inte kan återskapa uppvärmningen."* Brasklappen, antydan att växthusgaserna ligger bakom dagens uppvärmning, har inget med artikeln i övrigt att göra. Moberg och hans medförfattare redovisar inga som helst modellexperiment i artikeln. Det är inte deras område. Mobergs artikel var en av de första som hade med brasklappen. Idag är det vanligt med brasklapp, antingen direkt i artikeln, i pressreleasen eller i en kommentar från artikelförfattarna.

Mobilisering

Briffas mail ovan visar att det fanns en press på forskarna som var med och skrev IPCC-rapporten 2001 för att de skulle komma med "rätt" slutsatser; *"pressure to present a nice tidy story as regards apparent unprecedented warming"*. De politiska besluten var tagna och skulle genomföras. Det fanns dessutom en tidtabell. IPCC:s bidrag var viktigt, men för att leva upp till målen och ställa om energisystemen krävdes mer än att sätta press på forskarna som skrev för IPCC. Det krävdes också en omfattande mobilisering av samhället. Myndigheter som skulle genomföra de beslut som regeringen tagit när det gällde klimatfrågan, forskare utanför IPCC som kunde ge stöd åt den förda politiken, lobbygrupper som kunde påverka opinionen, intressenter som kunde ställa sig bakom målen genom att "lockas" med framtida vinster etc.

I Sverige tillsattes 1998 en parlamentarisk klimatkommitté. Slutbetänkandet lades fram i april år 2000 och där sägs bland annat: *"Det är väsentligt att i-länder ska föregå med gott exempel. Hela samhället ska engageras vid ett genomförande av klimatpolitiken. En omfattande informationskampanj ska riktas till allmänheten och samhället i övrigt om växthuseffekten och om möjligheter till medverkan att begränsa klimatpåverkan genom egna åtgärder samt om nödvändigheten av skärpta styrmedel. Statsmakternas styrning av bland annat myndigheterna är väsentliga för genomförandet av klimatpolitiken. Myndigheternas uppgifter i samband med klimatpolitiken bör därför anges i instruktion och regleringsbrev för de myndigheter som är särskilt betydelsefulla i sammanhanget."*

Kommitténs arbete grundade sig på politiska beslut som gick tillbaka till 1993 då riksdagen tog beslut om att leva upp till åtagandet från Rio.

Sveriges tredje rapport till klimatkonventionen antogs av regeringen hösten 2001. I rapporten berättar regeringen: *"Fram till idag har den svenska allmänhetens miljökunskaper och miljömedvetenhet vuxit, så att en majoritet nu är medveten om sambandet mellan högre temperaturer och klimatförändringar. Vidare anser de flesta svenskar att det är nödvändigt att minska användningen av olja och bensin, som är fossila bränslen. Allmänhetens medvetande och kunskaper om klimatfrågan har ökat genom den ökade uppmärksamhet som denna fråga fått genom informationskampanjer från olika organisationer och myndigheter samt genom press och etermedia. Ansvaret för att höja allmänhetens medvetenhet och att ge information om klimatfrågan ligger på ett stort antal myndigheter som Naturvårdsverket, SMHI, Energimyndigheten, Vägverket, Konsumentverket och Statens institut för ekologisk hållbarhet. Intresseorganisationer som Naturskyddsföreningen, Världsnaturfonden WWF och Ekocentrum spelar också en viktig roll för att höja allmänhetens medvetande."*

I rapporten sägs att centrala myndigheter, med regionala och lokala motsvarigheter, har som uppdrag att vara expertorgan men att uppdraget också inkluderar att genomföra regeringens politik och beslut. Vid den här tiden var Naturvårdsverket den myndighet som var "IPCC-ansvarig", nationell kontaktpunkt, och om Naturvårdsverkets roll i klimatarbetet skriver regeringen: *"Naturvårdsverket bedriver under 2000–2002 ett informationsprojekt kring klimatfrågan. Projektet har kommuner, skolor och näringsliv som primära målgrupper. Man arbetar i projektet med inriktningen att man ska bidra till förändrade attityder om behovet av åtgärder och styrmedel samt göra allmänheten mer mottaglig för information om hur vi med egna åtgärder kan bidra till minskade utsläpp av klimatgaser. Naturvårdsverket ska också klarlägga näringslivets behov av klimatinformation och producera undervisningsmaterial inom klimatområdet till högstadiet och gymnasiet."*

Naturvårdsverket skulle alltså informera på ett sådant sätt att människors attityder till regeringens åtgärder och styrmedel, som exempelvis koldioxidskatt, blev mer positiva. Idag är det en annan statlig myndighet, SMHI, som är nationell kontaktpunkt och som har ansvar för kontakterna med IPCC. Jag tror vi kan utgå från att deras uppdrag är detsamma som det som Naturvårdsverket hade i början av 2000-talet.

I rapporten till klimatkonventionen år 2001 berättas bland annat att regeringen tilldelat fem organisationer pengar för att bedriva en folkbildningskampanj kring klimatfrågan, Folkbildningsförbundet, Svenska FN-förbundet, Svenska Kyrkan, Svenska Naturskyddsföreningen och Röda Korset. Bland annat ska kampanjen: "*Visa att det finns en vilja hos Sveriges befolkning att minska utsläppen och att de nationella besluten om reduktionsmål skulle kunna skärpas."*

I rapporten berättas att man exempelvis kommer att använda sig av radio, tv och internet i kampanjen.

Skolans arbete nämns också: "*Miljöarbetet i svenska skolor för grundläggande utbildning växer kontinuerligt och klimatfrågan ingår som en del i det arbetet."* Ett sätt för politikerna att mobilisera stöd för den beslutade energi- och klimatpolitiken är att ”styra” forskningen. Det gör man och det har man gjort genom att ange mål och samtidigt finansiera. Ett exempel är Stockholm Environment Institute, som finansieras av den stiftelse som regeringen inrättade 1989. Dessutom bidrar staten årligen med mer pengar. Staten utser styrelsen och institutet ska arbeta för ’hållbar utveckling”.

Ett annat exempel är Rossby center som bildades 1997. Centret, som har till uppgift att jobba med klimatmodeller för att göra analyser över det framtida klimatet, är en del av SMHI. Det är med andra ord en statlig myndighet som sorterar under miljödepartementet och som därför har till uppgift att bedriva en folkbildningskampanj kring klimatfrågan. Det betyder att klimatmodellerna bör komma fram till resultat som stöder regeringens politik.

En stor del av statens forskningspengar är på ett eller annat sätt öronmärkta för ”hållbar utveckling” och för att ge stöd för den förda energi- och klimatpolitiken. Mistra, stiftelsen för miljöstrategisk forskning, är en statlig stiftelse. Skattepengar har förts över från staten och de förvaltas sedan av stiftelsen. Mistra inrättades 1994 och delar årligen ut runt 200 miljoner kronor.

Formas, ett statligt forskningsråd under Miljö- och energidepartementen, bildades i januari 2001. Formas fokuserar på hållbar utveckling och delar ut en miljard om året.

Energimyndigheten delar årligen ut en bra bit över en miljard i forskningspengar. Myndigheten bildades 1998. Målet är att genomföra de energipolitiska målen som att minska utsläppen av växthusgaser och öka användningen av förnybar energi. (Informationen ovan är inhämtad hösten 2018)

Klimatforskningen har flyttat tyngdpunkten från grundforskning och förutsättningslöst sökande efter ny kunskap till tillämpad forskning som visar på klimathotet, dess konsekvenser och hur hotet kan elimineras. Universitet och högskolor har anpassat sig. En titt på de svenska universitetens och högskolornas hemsidor ger en bild av hur beroende delar av det svenska forskarsamhället idag är av klimatfrågan (hösten 2018).

Liknande utveckling har skett runt om i världen. Det finns numera ett stort antal institut som forskar om ”climate change” och som i många fall också har climate change, som en del av namnet. Inom FN-systemet definieras climate change som en klimatförändring direkt eller indirekt orsakad av förändringar av atmosfärens sammansättning, som i sin tur beror på utsläppen av växthusgaser. Även exempelvis NASA använder climate change när de syftar på klimatförändring orsakad av människan. Det finns med andra ord många forskningsinstitut som har fokus på de av människan orsakade klimatförändringarna och som har klimathotet och de politiska målsättningarna att minska utsläppen av växthusgaser att tacka för sin existens.

Ett forskningsprogram som haft mänsklig påverkan i fokus är USA:s Global Change Research Program. Statliga pengar som går till klimatforskning i statlig regi. Ett annat institut vars fokus är den av människan orsakade klimatförändringen är Potsdam Institute for Climate Impact Research, även om climate change saknas i namnet.

Miljörörelse i förändring

Miljörörelsen under 1970-talet var något helt annat än dagens. Då var miljörörelsen i opposition mot etablissemanget. Det var enskilda personer som på något sätt drabbades som i första hand engagerade sig, som då ett antal kvinnor som plockade blåbär tröttnade på att besprutas med hormoslyr och åkte till Stockholm för att protestera, eller som när ett antal människor stoppade fällningen av 13 almar i Kungsträdgården. Det var tänkt att almarna skulle ge plats åt en tunnelbanestation och en kiosk.

Idag finansieras miljörörelsen till stor del av makthavarna och de etablerade miljöorganisationerna kan snarare ses som etablissemangets språkrör än som dess opponent. En betydande del av Naturskyddsföreningens verksamhet finansieras exempelvis av skattemedel. Dels genom ett direkt statligt bidrag, dels genom Sida som bekostar en stor del av Naturskyddsföreningens internationella verksamhet. Sammanlagt ligger det statliga stödet årligen, åtminstone fram till 2017, på mer än det dubbla jämfört med intäkterna från medlemsavgifterna. År 2014 fick Naturskyddsföreningen pengar både av energimyndigheten och EU för att arbeta med ett projekt för att öka kunskapen om individuell klimatpåverkan.

Även EU stöder de miljöorganisationer som är på plats i Bryssel. European Environmental Bureau, en paraplyorganisation där bland andra Naturskyddsföreningen och Fältbiologerna ingår, får en stor del av sina kostnader täckta direkt från EU eller från medlemsländerna. Deras uppgift är att påverka EU:s miljöpolitik, men också att verka för ökad förståelse för EU:s miljöpolitik. EU:s stöd till miljöorganisationerna går tillbaka till 1990-talet. Artikel 12 i rådets beslut 97/872: Avsikten är att de bidrag som ges inom programmet (vilka täcker både löpande kostnader och aktiviteter) skall göra det möjligt för icke-statliga miljöorganisationer att genomföra olika aktiviteter som gynnar miljön i EU och samhället i stort. Syftet med dessa aktiviteter är bl.a. att minska avståndet mellan medborgarna och EU genom att göra politiken mer lättbegriplig och engagerande.

En hög post inom miljörörelsen ger goda möjligheter att höras och synas i media och kan fungera som en språngbräda till andra attraktiva jobb eller styrelseuppdrag. En av orsakerna till att det blivit så är klimatfrågan. Det är en fråga där miljörörelsen och politikerna har stor nytta av varandra.

Klimatfrågan politiskt avgjord

I början av 2000-talet var klimatfrågan politiskt avgjord i Sverige. Politiska åtaganden hade gjorts, nationellt och internationellt. Politiska mål hade satts upp. Klimatpolitik var en del i partiernas program. Samhällets aktörer, allt från statliga myndigheter till kyrka och skola, var mobiliserade. Spelreglerna började komma på plats. Ekonomiska styrmedel gjorde att aktörer på marknaden anpassade sig. Forskningsanslagen fördelades på ett sätt som den akademiska världen inte kunde missförstå. Miljörörelsen backade upp och fick bra betalt för hjälpen. Internationellt var den också avgjord, i så måtto att FN:s medlemsländer tagit en rad beslut. Klimatkonventionen och uppföljningen, Kyotoprotokollet, fanns på plats och åtaganden var gjorda.

Många länder i väst hade slagit in på samma väg som Sverige. Det var i det här läget som de två studierna som belyste ökad instrålning publicerades i Science och som kunskapen om de "nyupptäckta" klimatsystemen, AMO i Atlanten och PDO i Stilla havet, började spridas bland klimatforskare. Den politiska sfären var naturligtvis inte intresserad. Man hade redan en förklaring till klimatförändringarna som var mycket bättre lämpad som underlag till politiska beslut. En förklaring som kunde användas och som hade använts som medel att nå politiska mål och som man i länder som Sverige börjat forma stora delar av samhället kring. Dessutom hade det redan investerats alltför mycket politisk prestige i klimatfrågan för att det skulle vara intressant att granska den rådande bilden.

Det som händer med en vetenskaplig fråga som omfamnats av politiker, forskare, näringsliv, miljörörelse, kyrka och en rad andra aktörer är att den blir statisk. Vetenskapen kan plötsligt ändras, en ny insikt förändrar bilden. Det ligger inte i politiska partiers, forskares eller miljörörelsens intresse att hela tiden kritiskt granska sina egna ståndpunkter, speciellt inte frågor som är profilfrågor och som bidrar till den egna ekonomin.

Därmed inte sagt att klimathotet är en konspiration, men det går inte att bortse från egenintresset hos en rad aktörer.

Sternrapporten

Svensk media hade i början av 2000-talet ännu inte tagit klimatfrågan till sina hjärtan. Inte på det sätt som kännetecknar dagens rapportering. Expressen hade runt år 2005 en kampanj mot det höga bensinpriset. Men så kom Sternrapporten.

Sir Nicholas Stern, tidigare chefsekonom på världsbanken, skrev rapporten på uppdrag av Tony Blair, dåvarande premiärminister i Storbritannien. Stern målade upp ett dystert framtidsscenario och det var framförallt de fattigare länderna som skulle drabbas. Om vi inte agerar kommer klimatförändringarnas kostnader motsvara minst en femprocentig förlust av världens BNP per år, från nu och för all framtid. Men det skulle också kunna stiga till 20 procent eller mer. I rapporten berättas att temperaturen kan komma att öka med 2 till 3 grader inom 50 år, om vi fortsätter som idag och att risken för att temperaturen stiger till över fem grader under de första årtiondena under nästa århundrade är minst 50 procent. Följden av uppvärmningen blir, enligt Stern, extremt väder, minskad matproduktion, stigande havsnivåer, ekosystem som förstörs och arter som utrotas. Förutom havsyteförändringar var det samma bild som forskarna på 1970-talet tecknade. Då var det den globala avkylningen som bar skulden.

Det absolut lättaste och säkraste att beräkna för Stern var BNP-utvecklingen. Redan där uppstår problem. Även om världens ekonomer slår sina kloka huvuden ihop kan de inte med säkerhet säga hur BNP utvecklas ens under de kommande tre - fyra åren. Hur den utvecklas på sikt om användningen av fossila bränslen begränsas är omöjligt att förutsäga. Vi kan heller inte förutsäga hur extremvädret kommer att utvecklas, eller människans påverkan på det framtida extremvädret. Ur ett vetenskapligt perspektiv var den helt meningslös.

En obekväm sanning

År 2006 kom också Al Gores film, An Inconvenient Truth (En obekväm sanning). Filmen är ett föredrag som Gore håller inför publik. I en av sekvenserna visar föredragshållare Al Gore en bild av glaciären på toppen av Kilimanjaro som var tagen 30 år tidigare. Det bör med andra ord ha varit runt 1975. Sedan visar han en nytagen bild av samma glaciär. Jämförelsen mellan de två bilderna visar att glaciären krympt under de senaste 30 åren. En självsäker föredragshållare visar hur halten av koldioxid accelererat under den här tiden och får publikens applåder.

Glaciären på Kilimanjaros topp har krympt under mer än 100 år och att så sker har varit känt lika länge. Vi vet också att avsmältningen var som snabbast under åren runt 1900 och har sedan dess skett i allt långsammare takt. Gore nämner inget om perioden fram till 1975. Det är fotot som togs 30 år tidigare som är utgångspunkt för Gores berättelser. Filmen bjuder på ett antal liknande ”felaktigheter”.

Jag såg filmen under en flygresa och jag kommer ihåg att jag tyckte synd om Gore. Forskarna och experterna kommer att håna honom för alla grova fel, tänkte jag. Som bekant fick filmen i stället stort genomslag. I Guardian Weekly 22-26 september 2006 skriver Jonathan Freedland i en analys eller snarare ”hyllning”, att budskapet verkligen trängde in i hans medvetande och att det funnits få filmer med större politisk kraft. *”Bevisen på en varmare värld framträder inför dina egna ögon. Och, Gore förklarar, det medför konsekvenser, med översvämningar i Europa såväl som tornados och orkaner tvärs över Amerika, som kulminerade med orkanen Katrina förra året”*, skriver Freedland. *”Don't shoot the messenger”*, var rubriken på Freedlands analys.

Filmen hade visats i Cannes redan under våren och Aftonbladet skrev då: *"Al Gores film vill öppna våra ögon"* och *"Den bygger på ett föredrag som Al Gore gett tusentals gån ger, och har mycket övertygande fakta". "Gore tog Cannes med storm"*, skrev DN.

"Världens hetaste fråga", var rubriken i Fokus i första septembernumret 2006. Artikeln fortsätter: *"Nu kommer Al Gores korståg mot växthuseffekten till Sverige. Mitt i valrörelsen lanserar förre vicepresidenten filmen om klimatkrisen som skapat en grön våg i USA."*

Senare det året blev Al Gore rådgivare till Tony Blair, då premiärminister i Storbritannien. Al Gore var inte ensam bland Blairs rådgivare att lyfta fram klimathotet. Den brittiska regeringens vetenskaplige chefsrådgivare vid den här tiden var professor Sir David King. I en artikel i tidningen The Independent den 2 maj 2004 citeras King där han säger att inom hundra år är det troligt att Antarktis kommer att vara den enda kontinent där människan kan bo, om inget görs för att stoppa den globala uppvärmningen. King var den brittiska regeringens rådgivare åren 2000–2007. På den brittiska regeringens hemsida går det att läsa följande om Kings tid som vetenskaplig rådgivare: *"...during which time he raised awareness of the need for governments to act on climate change."* King blev senare regeringens Special Representative for Climate Change.

Blair, Gore och Stern, en trio som satte djupa spår i klimatdebatten under 2006, men utan David King hade kanske inte Blair vänt sig till Gore och Stern.

IPCC:s fjärde rapport

I månadsskiftet januari/februari 2007 samlades IPCC-delegaterna i arbetsgrupp 1 i Paris för att diskutera och godkänna den fjärde rapporten om klimatet och klimatförändringar, och för att presentera Sammanfattning för beslutsfattare. En sammanfattning som var mer alarmerande än den föregående från 2001.

Extremväder, som orkaner, torka och skyfall, hade ökat. Människan låg bakom uppvärmningen. I sammanfattningen betonades att klimatmodellernas prognoser överensstämde med den snabba uppvärmningen sedan 1990. Ett påstående som inte hade stöd i rapporten. I rapporten redovisas, som jag nämnt tidigare, att instrålningen hade ökat sedan 1980-talet och att den ökningen tillfört mer energi/värme till klimatsystemet än vad ökningen av växthusgaser i luften beräknades ha gjort. Det var förväntat att den informationen skulle saknas i sammanfattningen. Det hade varit svårt för tjänstemännen i IPCC att godkänna ett innehåll i Sammanfattning för beslutsfattare som skulle undergräva klimatkonventionen och spoliera de egna regeringarnas klimatpolitik.

Mötet i Paris avslutades med en presskonferens där slutsatserna presenterades. Medias rapportering var ingen uppmuntrande läsning. "Jordens temperatur stiger allt snabbare", var rubriken på DN:s första sida. *"Rapporten är den skarpaste varningen hittills till världens makthavare. Den globala uppvärmningen har redan börjat accelerera. Och det är människan som ligger bakom uppvärmningen genom de ökade utsläppen av växthusgaser"*, skrev DN och illustrerade bland annat med en teckning med texten *"Jorden blir fyra grader varmare"*.

Miljöminister Andreas Carlgren och Peter Eriksson, språkrör för miljöpartiet, intervjuades också i DN och båda ansåg att läget var ännu allvarligare än vad som framgick av rapporten. *"Det är ett väldigt försiktigt dokument utifrån det kunskapsläge vi har. Jag är säker på att en stor majoritet av forskarna anser att läget är mycket värre än det som beskrivs i IPCC-rapporten"*, sa Peter Eriksson.

Expressen hade temat "Rädda vår jord" och rubriker som "Så förstör vi vår jord". Sidorna om klimatrapporten var, som i de flesta andra tidningar, flera. Bilderna på bland annat smältande isberg och översvämmade områden var många. Expressen berättade också om en annan rapport som avslöjade att det satsas miljoner för att vilseleda om hotet. I rapporten sägs att ExxonMobil sponsrar organisationer i syfte att sprida falsk information om klimatförändringarna. *"Det här är en av de största och mest lyckade desinformationskampanjer sedan tobaksindustrin vilseledde allmänheten om riskerna med rökning"*, skrev Expressen.

Att det inte hade skett någon uppvärmning på närmare tio år, enligt vad de globala temperaturkurvorna då visade nämndes inte av media. Att IPCC har som uppdrag att stödja klimatkonventionen och att delegaterna kommer från departement och statliga myndigheter var inget som media reflekterade över. När media berättade om vad som framkom vid IPCC:s presskonferens i Paris hänvisades till rapporten, men det var Sammanfattning för beslutsfattare som IPCC presenterade vid presskonferensen. Det var från den som media och de som uttalade sig hämtade sin information. Om man inte nöjde sig med pressreleasen.

Tidningen Nature

Det var den 22 januari 2009 och jag läste som vanligt DN under tiden jag åt frukost. Rubriken "Snabb värmeökning i Antarktis överraskar" gjorde att jag satte kaffet i vrångstrupen. Artikeln täckte hela sidan och i artikeln berättas att tvärtemot vad tidigare rön antytt blir Antarktis varmare. Dessa tidigare uppskattningar har ofta framförts av så kallade klimatskeptiker som betvivlar att människans utsläpp av växthusgaser gör jorden varmare, skrev DN.

Jag blev inte mindre förvånad när jag upptäckte att det var en världsnyhet. CNN, CBS och BBC, alla berättade samma historia. Det var en studie i tidskriften Nature som media hänvisade till. Nature hade lanserat "nyheten" stort. I en presskonferens som kunde följas på nätet hade huvudförfattaren, Eric Steig, bland annat sagt: *"Det nya är att vi har gått tillbaka ända till 1957 då ett antal mätstationer placerades ut på Antarktis och det är då man upptäcker att det skett en uppvärmning på 0,6 grader."* En graf som finns med i studien visar att såväl västra som östra Antarktis blivit varmare sedan slutet av 1950-talet, men att all uppvärmning skedde från 1950-talet till början av 1970-talet.

Det som gjorde att artikeln blev en världsnyhet var, förutom att Nature slog på stora trumman, att den tycktes visa att den globala uppvärmningen nu även nått området kring Sydpolen. IPCC hade i rapporten 2007 pekat ut Antarktis som det område på jorden som ännu inte "drabbats" av den globala uppvärmningen. I Sammanfattning för beslutsfattare skriver IPCC: *"Det är troligt att det skett en betydande uppvärmning orsakad av människan under de senaste 50 åren på alla kontinenter med undantag från Antarktis."* Nu hade Steig och hans medförfattare raderat ut den meningen. Antarktis var inte längre ett undantag.

Margareta Hansson, docent i meteorologi vid Stockholms universitet, intervjuades i DN. Hon konstaterade: *"Antarktis uppvärmning blir svår att förklara utan att räkna in människans utsläpp av växthusgaser."* Sveriges Radio berättade att nu har forskarna visat att även Antarktis drabbats av klimatförändringar och blivit varmare. Professor Per Holmlund intervjuades i Ekot och han menade att situationen är allvarlig. *"Det här är någonting man kommer att tala om i nästa IPCC-rapport"*, sa Per Holmlund i Ekot.

Alla som hade följt klimatutvecklingen på Antarktis visste att det inte fanns någon som helst nyhet i Steigs artikel. Under 25 års tid hade det publicerats vetenskapliga artiklar som berättat om temperaturutvecklingen sedan 1957 och som kommit fram till att det skedde en snabb uppvärmning i Antarktis under 1960-talet och början på 1970-talet. I en studie från 1984 konstaterar Raper att mellan 1957 och 1982 steg Antarktis temperatur med 0,74 grader. I en studie från 1996 berättar Jones att mellan 1957 och 1994 blev Antarktis 0,57 grader varmare, och det finns ett antal artiklar med liknande resultat.

Det som Steig och Nature presenterade som en världsnyhet var den då etablerade kunskapen och dessutom en exakt kopia av den temperaturkurva som IPCC hade presenterat i rapporten 2007, två år tidigare. Jag ringde upp huvudförfattaren Eric Steig. Jag sa att jag blev förvånad både över artikeln och över genomslaget eftersom det inte fanns något nytt i studien. Jag sa att jag också noterat att Joe Comiso, en av medförfattarna till artikeln, kommit fram till samma resultat och använt så gott som samma metod redan för nio år sedan, och att en rad publicerade temperaturkurvor har haft samma utseende. Eric Steig "pudlade" och höll med om att hans temperaturkurva var en kopia av den IPCC presenterat två år tidigare. Det är heller inte så konstigt att exempelvis Joe Comiso kom till samma resultat för nio år sedan, eftersom vi har utgått från samma mätresultat, menade Steig. Varför då rubriker som "Antarctica study challenges warming skeptics" och "Antarctica Not Immune From Global Warming"? *"Det var media som insisterade på att presentera vår forskning på det här sättet"*, sa Steig. Intervjun sändes i P1 den 3 februari 2009.

I 2013 års sammanfattning av IPCC:s rapport

var skrivningen ungefär densamma som 2007. Antarktis var fortfarande undantaget. Det som gjorde att IPCC i rapporten 2007 konstaterade att det inte går att se någon mänsklig påverkan på temperaturen i Antarktis var att det då inte skett någon uppvärmning under de senaste 30 åren, från 1970-talet och framåt. När 2013 års rapport skrevs hade den tidsperioden sträckts ut till nästan 40 år. Nu har det gått ännu längre tid.

Det kan tyckas anmärkningsvärt att Nature, en vetenskaplig tidskrift med mycket hög prestige, publicerar en vetenskaplig artikel som är en kopia av tidigare studier och dessutom slår så hårt på trumman att det blir en världsnyhet. För den som följer klimatforskningen var Antarktisartikeln ingen engångsföreteelse. Nature har under årens lopp publicerat ett antal klimatartiklar och kommentarer som har det gemensamt att de är mycket alarmistiska och att de vid en närmare granskning, precis som Antarktisartikeln, visar sig vara "mycket skrik för lite ull".

Det kan också tyckas anmärkningsvärt att ingen forskare tog bladet från mun och berättade att studien inte kom med något nytt. De svenska forskare som kom till tals i media måste ha vetat att Steigs temperaturkurva var en kopia av ett stort antal tidigare studier.

En dagstidning som håller hög profil i klimatfrågan är den brittiska tidningen The Guardian. Tidningen publicerar artiklar med rubriker som: "Ending climate change requires the end of capitalism. Have we got the stomach for it?" (18 mars 2019). Förutom att kräva kapitalismens död har The Guardian också dammat av domedagsprofeten Paul Ehrlich som i en intervju den 22 mars 2019 förutspår att *"civilisationens kollaps kommer nästan säkert inom ett par årtionden"*.

Köpenhamn 2009 - COP 15

Ett stort steg mot en ny överenskommelse om att begränsa utsläppen av växthusgaser var tänkt att tas i Köpenhamn senhösten 2009, då klimatkonventionens länder skulle mötas för femtonde gången.

Inför mötet presenterade UNEP, FN:s miljöprogram, en rapport med budskapet att klimatförändringarna kommer snabbare och tidigare än man trott, och att hastigheten och omfattningen av klimatförändringarna nu överträffar de förutsägelser som gjordes i den senaste IPCC-rapporten som publicerades 2007, och som handlar om klimatförändringar fram till och med 2005. I förordet till kompendiet skriver Ban Ki-moon, FN:s dåvarande generalsekreterare: *"Klimatet förändras. Bevisen finns överallt runt oss. Och om vi inte agerar, kommer vi att se katastrofala konsekvenser som stigande havsnivåer, torka och svält."*

Vad hade då hänt under perioden 2006 till 2009? Hade uppvärmningen accelererat? Tvärtom, temperaturen sjönk mellan 2005 och 2009. Det visade vid den här tiden de temperaturkurvor som togs fram av NASA eller brittiska Met Office (Kennedy and Parker). De kurvor som IPCC normalt hänvisar till. Det är vid tiden för Köpenhamnsmötet som forskare mer allmänt började tala om en uppvärmningspaus, eftersom temperaturen då inte hade stigit på tio år. I juni 2008 intervjuade jag David Parker, brittiska Met Office och en av huvudförfattarna till IPCC 2007, och han pratade om *"slight cooling"* (Sveriges Radio P1).

Vare sig det handlat om klimatkonventionens möten eller IPCC-möten så har mönstret varit detsamma sedan 2007. Ja, redan tidigare än så. Höga FN-chefer som varnar för katastrof, alarmistiska rapporter som presenteras i nära anslutning till mötet och en totalt okritisk mediarapportering. Inte ens det faktum att antalet deltagare vid mötena blir allt fler har väckt någon kritik. En del länder har vid de senaste COP-mötena representerats av fler än 400 ditflugna officiella delegater. Rekordet är från COP-mötet i Bonn 2017 och lyder på 492 officiella delegater från ett och samma land (se mötets deltagarlista). FN stod för notan, flyg, hotell och traktamente. Vilket FN gör för en del länder.

Klimatpolitik - ingen miljöfråga

Inför klimatkonventionens möte i Cancún, året efter Köpenhamnsmötet, gjordes en intervju med Ottmar Edenhofer, en av flera vice ordförande i IPCC:s arbetsgrupp 3. Intervjun publicerades i Neue Zürcher Zeitung den 14 nov 2010. I artikeln citeras Edenhofer som säger att klimatpolitik inte längre har så mycket med bevarandet av miljön att göra och att nästa klimatmöte i Cancún i själva verket är ett ekonomiskt möte under vilket fördelningen av världens resurser kommer att förhandlas. Artikelns rubrik var "Klimapolitik verteilt das Weltvermögen neu".

IPCC:s femte rapport

Arbetsgrupp 1:s femte rapport presenterades hösten 2013 i Stockholm och det är den första/enda IPCC-rapport som är mindre alarmistisk än den närmast föregående. Jag har hänvisat till den ett antal gånger, så det mesta som följer har jag nämnt tidigare.

IPCC kan i rapporten 2013 inte se någon ökning när det gäller extremväder som torka och orkaner, vilket rapporten 2007 berättade om. Enligt IPCC 2013 går det heller inte att se några förändringar över tid när det gäller nederbörd.

Rapporten stör också tvivel vad det gäller påståendena att det är växthusgaserna som styr den globala medeltemperaturen och att det är ökningen av växthusgaser som är orsaken till de senaste 30 årens uppvärmning.

Klimatmodellernas tillkortakommande när det gäller att förklara temperaturförändringarna sedan 1800-talet är väldokumenterad i rapporten. IPPC kan exempelvis inte förklara den snabba och globala uppvärmningen under 1900-talets första hälft, utan framkastar en rad olika teorier som naturliga interna variationer i klimatsystemet, mänsklig påverkan och/eller solen.

I rapporten redovisas också mätresultat som tyder på att ökad instrålning vid jordytan, Surface Solar Radiation (SSR), är huvudorsak till de senaste 30 årens uppvärmning. Mätresultat som stärks av att antalet soltimmar runt om i världen har blivit fler.

Det är förståeligt att IPCC i Sammanfattning för beslutsfattare inte nämner den ökade instrålningen. Kyotoprotokollet sträckte sig fram till 2012, men förlängdes till att gälla fram till 2020. Förhandlingar väntade om vad som skulle hända sen och att i det läget komma med en rapport vars budskap är att andra faktorer än utsläppen av växthusgaser ligger bakom de senaste årtiondenas uppvärmning hade varit minst sagt överraskande. Delegaterna i IPCC är, som nämnts, från departement och statliga myndigheter och deras uppdrag är att ge stöd åt klimatkonventionen. Därmed inte sagt att växthusgaserna saknar betydelse.

Paris 2015 - COP 21

Frankrike stod som värd för COP 21 då klimatkonventionens fortsättning efter Kyoto skulle avgöras. Barack Obama fanns på plats i Paris och höll ett tal där han manade till handling. Han konstaterade i talet att *"vi är den första generationen som känner av klimatförändringarna och den sista som kan göra något åt dem"*. Inget land är immunt mot klimatförändringarna poängterade Obama och som exempel nämnde Obama sitt besök i Alaska tidigare under året, där glaciärerna smälter och permafrosten tinar. Det han inte berättade var att Alaskas temperatur vid den tiden inte hade stigit sedan 1977. I ett uttalande efter det att Parismötet var avslutat sa Obama: *"Idag kan det amerikanska folket vara stolt...eftersom den historiska överenskommelsen är en hyllning till det amerikanska ledarskapet. Under de senaste sju åren har vi gjort USA till global ledare i kampen mot klimatförändringar."*

För såväl Frankrike som USA var det viktigt att Parismötet blev en framgång. I maj 2014 träffades John Kerry, USA:s utrikesminister, och Frankrikes utrikesminister Laurent Fabius. Vid ett möte med pressen efteråt sa den franske utrikesministern att vi har 500 dagar på oss för att undvika klimatkaos. Det var ett tema som Fabius höll fast vid och i juni 2014 var han på omslaget till en fransk veckotidning. Han poserar som en meteorolog framför en karta och i texten på omslaget står bland annat: *"500 dagar för att rädda planeten."*

Enligt tidningen The Telegraph den 6 dec 2015 lär den franske utrikesministern i juni 2014 också ha sammankallat Frankrikes väderpresentatörer och uppmanat dem att nämna väderkaos i sina prognoser. Ett möte som fick Philippe Verdier, chefsmeteorologen på den statliga TV-kanalen France 2, att skriva en bok om klimatet, där Verdier kritiserar hur klimathotet målas upp och där han berättar att klimatmodellerna som IPCC använder inte är helt tillförlitliga. Boken publicerades strax innan Parismötet. Verdier fick omedelbart sparken från den statliga TV-kanalen.

USA:s roll - del 2

USA:s presidenter har direkt och indirekt haft en avgörande betydelse för klimatfrågans framgång. Som tidigare nämnts var klimatfrågan i fokus i USA under de sista åren av 1980-talet, med senatsförhör och en ovanligt varm sommar. Såväl kongress som media satte tryck på Reaganadministrationen att göra något och Reagan initierade därför det tidigare nämnda United States Global Change Research Program (USGCRP).

George H W Bush, som tillträdde 1989, hade i sin valkampanj tagit upp klimatfrågan och medias intresse för miljöfrågor blev inte mindre efter det att Exxon Valdez släppte ut stora mängder olja i Prince William-sundet i mars 1989. År 1990 antog kongressen United States Global Change Research Program, för att bättre förstå, förutsäga och bemöta såväl naturliga som av människan orsakade klimatförändringar. USGCRP styrs av en kommitté som är direkt underställd Vita huset. Programmet är till för att stödja statlig forskning och pengarna fördelas mellan 13 regeringsorgan. De flesta pengarna går till NASA, USA:s federala myndighet för luft- och rymdfart, och NOAA som sorterar under handelsdepartementet.

Under Clinton/Gore, 1993–2000, växte anslagen till programmet och fokus kom att inriktas på de av människan orsakade klimatförändringarna. Från 1995 och framåt låg budgeten vissa år på en bra bit över 2 miljarder dollar. Det betydde att en betydande del av den globala klimatforskningen gjordes inom den amerikanska statens ramar.

När George W Bush, president 2001–2009, blev vald möttes det av skepsis bland klimatforskarna, och även bland delar av det övriga forskarsamhället. Clinton och Gore hade skaffat sig ett starkt stöd bland klimatforskarna. Inte minst tack vare de generösa anslagen till USGCRP. Bushadministrationen hade till och med svårigheter att hitta en kandidat som var villig att åta sig jobbet som vetenskaplig rådgivare till presidenten. Den som så småningom accepterade tjänsten var Jack Marburger, vetenskapsman och demokrat, och han blev som följd av utnämningen starkt kritiserad av sina kollegor och utesluten ur vissa vetenskapliga sammanhang. Under sin andra mandatperiod skar Bush ner anslagen till USGCRP och det blev mindre pengar till klimatforskarna vid NASA och NOAA.

Barack Obama, som efterträdde Bush, gjorde klimatet till en prioriterad fråga och pengarna till USGCRP växte. Forskningsprogrammet var under Obamas tid underställd John Holdren och Vita huset presenterade USGCRP med underrubriken "13 regeringsorgan - en vision". På Vita husets hemsida stod att läsa: *"President Obama tror att ingen utmaning utgör ett större hot mot våra barn, vår planet och framtida generationer än klimatförändringar - och att inget annat land på jorden är bättre rustat för att leda världen mot en lösning."*

År 2010 utsåg Obama Tom Karl till ordförande för USGCRP. Karl var då chef för NOAA:s National Climatic Data Center (NCDC). Sedermera chef för National Centers for Environmental Information (NCEI). I sin egenskap av ordförande för USGCRP representerade Karl handelsdepartementet. En första uppgift för honom blev att ta fram en handlingsplan för USGCRP för åren 2012 till 2021. En handlingsplan som sedan John Holdren, Obamas vetenskaplige rådgivare, presenterade för senaten. Handlingsplanen var helt inriktad på de av människan orsakade klimatförändringarna. En mycket stor del av budgeten, som under de sista åren då Obama var president låg nära tre miljarder dollar, gick i första hand till NASA och NOAA, men även EPA (USA:s motsvarighet till Naturvårdsverket) fick en del pengar.

Karl hade en central roll i arbetet med att verkställa Obamas ambitioner i klimatfrågan, bland annat som ordförande i USGCRP och som en av USA:s delegater vid IPCC-mötet i Stockholm 2013. Under den här tiden var han i sin roll som chef och aktiv forskare vid NCDC, sedermera NCEI, den person i världen som hade störst inflytande över den globala temperaturkurvan. En viktig insats gjorde Karl när han några månader innan Parismötet hösten 2015 tog fram en ny metod för att beräkna den globala medeltemperaturen (Karl 2015). En metod som gjorde att uppvärmningspausen försvann. Karl menade att pausen till största delen berodde på att fel smugit sig in i havstemperaturkurvan. Det i sin tur var en följd av att mätresultaten i allt större utsträckning kom från bojar. Bojarna har visat sig mer korrekta och trovärdiga än fartygsdata som har visat för höga temperaturer, skriver Karl i studien från 2015. När det har blivit allt fler bojmätningar i mixen av data har det lett till att mätningarna inte visat någon uppvärmning trots ett varmare hav. Uppvärmningen har dolts av övergången till allt fler bojdata. En tänkbar följd borde därför bli att NOAA justerar ner de mätresultat som kommer från kylvattenmätningar så att de anpassas till de mer korrekta bojmätningarna. Karl gör tvärtom, och justerar upp vad studien anser vara korrekta mätningar från bojar, genom att lägga till 0,12 grader på varje bojobservation, så de får ett värde som ligger i nivå med vad studien anser vara felaktiga mätresultat från kylvattenmätningarna; *"to make the buoy data equivalent to ship data on average requires a straightforward addition of 0.12 to each buoy observation"*.

Nej, jag har inte missförstått Karl, som justerar det man anser vara korrekta data till data som man anser är felaktiga. Eftersom det fanns ett stort antal bojar ute i världshaven redan det varma året 1998 skulle man kunna tänka sig att det året blev ännu varmare när NOAA la till 0,12 grader på de bojdata som ingår i temperatursiffran för det varma året 1998. Men Karl hittade ett sätt att inte justera upp havstemperaturerna från åren runt år 2000, och då försvinner pausen. Då stiger den globala temperaturen även under första delen av 2000-talet.

Såväl NASA som NOAA började genast använda sig av den nya metoden att justera havsytetemperaturerna och uppskrivningen av de senaste årens havstemperturer har bidragit till att nya värmerekord har slagits.

NOAA och GISS kunde presentera sina "nya kurvor" strax innan Parismötet, då världens nationer samlades för att besluta om kommande minskningar av utsläppen av växthusgaser. Idag är Karl pensionerad och när jag skrev till honom på hans mailadress fick jag följande svar: *"I have retired from Federal Service after nearly 41 years."* Tom Karl hade under sin aktiva tid en mängd olika roller. Han var inte bara ansvarig för de temperaturdata som formar såväl USA:s som de globala temperaturkurvorna, utan han var dessutom den som i hög grad formade kurvorna. Han var statlig tjänsteman och som sådan underställd regering och president. Han var den som på Obamas uppdrag formade den klimatpolitik Obama beställt. Han höll i den penningpåse som Obama tilldelat den statliga klimatforskningen och det låg naturligtvis i hans intresse att se till att penningpåsen fylldes på. Jag nämnde honom tidigare, i samband med en rapport som presenterades under 1999, där han hade en ledande roll. En rapport som konstaterade att klimatforskningen saknar bra klimatdata och som slog fast att klimatsystemet är kaotiskt, dynamiskt och ickelinjärt. Karls syn på klimatforskning och klimatsystem förändrades med åren.

En annan person som har och har haft avgörande inflytande över hur de globala temperaturkurvorna har formats är Carl Mears. Jag berättade att University of Alabama i Huntsville (UAH) tar fram en global temperaturkurva som bygger på satellitmätningar. Det gör även Remote Sensing Systems (RSS) i Kalifornien, där Mears under många år varit den ledande forskaren. RSS har ett nära samarbete med NASA.

Varken RSS eller UAH visade på någon uppvärmning från 1998 fram till dess att den starka El Niñon under 2015 och 2016 så småningom böjde temperaturkurvan uppåt. Den konservative Texassenatorn Ted Cruz, som för övrigt tävlade mot Trump om att bli presidentkandidat för det republikanska partiet i valet 2016, hävdade i media, i senatsförhör och i tal att satellitmätningarna visar att det inte sker någon global uppvärmning. Mears, frontfigur vid RSS, gillade uppenbarligen inte att framstå som argument för "klimatskeptikern" Cruz, så Mears gick i svaromål mot honom. Mears hävdade att satellitmätningarna inte var lika trovärdiga som GISS och NOAA:s temperaturkurvor.

Det kan tyckas lite märkligt att en forskare dels går i svaromål mot en politiker och dels nedvärderar sina egna resultat. Det var därför inte oväntat det som hände därefter. Under 2016 och 2017 justerade RSS sina temperaturkurvor, med resultat att det blev en uppvärmning även under första delen av 2000-talet. Cruz förlorade sitt argument.

Trots att RSS temperaturkurvor efter justeringen, inte minst den som visar temperaturen i luften närmast jorden, blivit brantare räknat från 1979 än vad tidigare versioner visat, räcker det inte för att nå klimatmodellernas siffror. Olika modeller kommer fram till olika värden, men Remote Sensing Systems justerade data når vissa perioder inte ens upp till de modeller som visar på lägst uppvärmningstakt. RSS skriver på sin hemsida (januari 2020): *”The troposphere has not warmed quite as fast as most climate models predict. Note that this problem has been reduced by the large 2015-2106 El Niño event, and the updated version of the RSS tropospheric datasets.”* RSS beskriver det faktum att mätresultaten inte stämmer med modellerna som ett ”problem”. Man skulle kunna tycka att det vore ett större problem om temperaturen stiger lika snabbt som modellerna visar, men det är de låga temperaturerna som är problemet, inte modellerna. ”Problemet” reduceras efter justeringen.

I USA har klimatet blivit en fråga som polariserar samhället. En polarisering som växt under åren. Polariseringen i USA har förstärkts av Green New Deal, som handlar om att helt ställa om energisystemet och det snabbt på grund av ”klimathotet”. Green New Deal innebär också grundläggande förändringar i USA:s ekonomiska politik. Två demokratiska politiker, Alexandria Ocasio-Cortez och Ed Markey, har aktualiserat begreppet och står bakom ett reformpaket som presenterades under 2019. Ett reformpaket som har fått en central roll i debatten och där inte minst de ekonomiska förslagen, som skulle föra USA ett antal steg åt vänster, har mött starka reaktioner från konservativt håll. Förslagen backas upp av miljögrupper som Jordens vänner, Greenpeace och Sierra Club.

När det gäller inställningen till klimatkonventionen har det varit större samsyn mellan republikaner och demokrater, åtminstone fram till de senaste åren. Det beror i första hand på att de som har varit valda till kongressen sett klimatkonventionen som ett sätt att fördela resurser och stärka FN:s makt. Det var också vad Edenhofer, vice ordförande i IPCC arbetsgrupp 3, sa inför mötet i Cancún. Det som skiljer Edenhofer och de folkvalda i USA är att de senare inte är direkt förtjusta över att FN har makt att fördela resurser på ett sätt som riskerar att missgynna USA. När senaten inför Kyotomötet röstade igenom Byrd-Hagel-resolutionen var det i första hand ett nej till att USA skulle binda sig för utsläppsbegränsningar om inte tredje världens länder gjorde detsamma.

10 IPCC:s specialrapporter

Under 2018 och 2019 presenterade IPCC tre specialrapporter. De har fått ett eget kapitel eftersom de skiljer sig märkbart från IPCC:s tidigare rapporter om klimatet och klimatförändringar. Arbetsgrupp 1:s rapporter om klimatförändringar har fram till och med rapporten 2013 enbart handlat om klimatsystemet och dess påverkan på kontinenter, hav och is. Specialrapporterna är ett samarbete mellan de tre arbetsgrupperna och har fokus på "klimathotet". Specialrapporterna försöker inte bevisa att ökningen av växthusgaser har lett till klimatförändringar utan de utgår från att alla förändringar beror på människans utsläpp av växthusgaser. Den relativa självständighet som de forskare som arbetade fram arbetsgrupp 1:s rapporter hade fram till och med assessmentrapporten 2013 är antagligen ett minne blott.

Global Warming of 1,5°C. Rapporten berör ytterst knapphändigt klimatsystemet och den kan inte jämföras med arbetsgrupp 1:s rapport från 2013 som ligger på en helt annan vetenskaplig nivå. Global Warming of 1,5°C lämnar inget utrymme för tvekan eller alternativa förklaringar. All uppvärmning sedan mitten av 1800-talet beror på människans utsläpp av växthusgaser. En uppvärmning på 1°C.

En studie som specialrapporten hänvisar till är Haustein. I denna görs jämförelse mellan perioden 1850–1879 och 2017. Haustein kommer fram till följande: Mänsklig påverkan, utsläppen av växthusgaser, har lett till en temperaturökning på 1.01 grader. De krafter som räknas som naturliga, den totala solstrålningen och partiklar från vulkanutbrott, har sammantaget lett till en avkylning på en hundradels grad. Det betyder, enligt Haustein, att väsentligen all observerad uppvärmning sedan 1850–1879 beror på mänsklig påverkan.

I rapporten framställs den globala uppvärmningen som det största och i princip det enda hotet människa och natur.

IPCC skriver att det är människor som bor i låg- och medelinkomstländer som drabbas värst. Även de som bor på mindre öar, i megastäder och i kustregioner drabbas och hänvisar till en studie av Albert. I studien går att läsa att ett mindre antal hushåll på Salomonöarna och i Alaska har tvingats flytta på grund av att havet eroderat stränderna.

Att stränder eroderas är en del av en ständigt pågående process. En del stränder eroderas och andra växer till. Det finns, som nämnts, flera studier som har ett globalt perspektiv, och som visar att fler stränder växer till än som eroderas. Det finns ett antal studier som visar att korallöarna växer till. IPCC väljer en studie som tittat på två platser där stränderna eroderar och drar sedan mycket långtgående slutsatser.

Kuststäder och deltalandskap hotas, och hotet kommer från höjda havsnivåer, skriver IPCC, med tillägget att lokaliserad landsänkning och förändring av vattenflödet i floderna kan potentiellt förvärra effekten. IPCC borde känna till att marken sjunker i så gott som alla större deltalandskap runt om i världen och i ett mycket stort antal kuststäder och kustregioner, som en följd av mänsklig aktivitet som inte har med klimatet att göra. Landsänkningar som kan vara 100 gånger större än havsytehöjningen.

"Värmeöeffekten kan ofta förstärka värmeböljor i städerna", skriver IPCC. Eftersom värmeöeffekten i stora städer kan handla om 5–10 grader borde skrivningen varit att värmeböljor kan förstärka värmeöeffekten.

I rapporten nämns att ekosystemen förändras. Rapporten hänvisar exempelvis till en studie som kommer fram till att fåglarna i Kina lägger ägg tidigare på våren nu än under den kalla perioden runt 1970. Den förändring som beskrivs är den som skett från den kalla perioden, under 1970- och 1980-talen, och fram till idag. Att ekosystem har förändrats flera gånger under de senaste dryga 100 åren tas inte upp.

Genom modellkörningar har forskare kommit fram till att 6 procent av insekterna riskerar att förlora mer än hälften av de områden de kan finnas i, om temperaturen stiger med 0,5 grader, enligt rapporten. Hot mot insekter som inte har med klimatet att göra tas inte upp. Trafik och vindkraftverk dödar enorma mängder insekter visar studier från Tyskland. Miljögifter dödar insekter. Ett annat hot är ljusföroreningar. Det är exempelvis inte många platser i Europa som inte påverkas av artificiellt ljus på natten. Få studier har gjorts i ämnet, det är inte där forskningspengarna finns, men de som har gjorts kommer fram till att ju större ljusföroreningar desto större negativ påverkan på nattaktiva fjärilar och insekter.

I november 2019 kom en studie i ämnet som berättar en helt annan historia (MacGregor). Så här inleds artikeln: *"Kraftiga minskningar av insekternas biomassa har rapporterats flitigt, trots att det saknas kontinuerliga insamlingsdata av infångad biomassa från mätstationer som varit i drift under längre tid. Kraftiga minskningar som inte stöds av den databas som har de längsta mätserierna av insektspopulationer."* MacGregor har använt sig av data från 34 mätstationer runt om i Storbritannien. Mätstationer där nattfjärilar har fångats in och vägts sedan 1967. Det gör att man har ett årligt mått på den infångade biomassan av nattfjärilar under 50 år, perioden från 1967 till 2017. Nattfjärilar är oerhört viktiga för pollinering och som mat för bland annat fåglar och fladdermöss. Det sker en kraftig uppgång i biomassan från slutet av 1960-talet till början av 1980-talet. Sen sjunker biomassan, men nedgången är inte alls lika stor som ökningen fram till början på 1980-talet, vilket gör att biomassan är betydligt större idag än under slutet av 1960-talet. Den totala biomassan är ett viktigt mått eftersom det visar hur mycket mat som finns för arter som äter insekter, och hur mycket växter som konsumerats av nattfjärilarna. I pressreleasen står att det saknas bevis för en "insekts Armageddon"; *"no evidence of the supposed 'Insect Armageddon'"*. MacGregor skriver att nattfjärilar är en god indikator på hur andra insektspopulationer har förändrats, eftersom det finns många olika sorters nattfjärilar, hela skalan från generalister till extrema specialister.

Tillbaka till Global Warming of 1,5°C. Rapporten trycker hårt på att den uppvärmning som redan skett främst har drabbat de fattiga och det är också de som får betala priset för kommande klimatförändringar. IPCC skriver: *"Poverty and disadvantage have increased with recent warming about (1 °C) and are expected to increase for many populations as average global temperature increase from 1 °C to 1,5°C and higher."*

Rapporten har också förslag på hur konsekvenserna av klimatförändringarna ska lindras. Jag återkommer till innehållet i Global Warming of 1,5°C .

Special Report on the Ocean and Cryosphere in a Changing Climate. IPCC:s specialrapport om hav och is presenterades i september 2019. Rapporten är precis som Global Warming of 1,5°C ett samarbete mellan de tre arbetsgrupperna. De studier som rapporten hänvisar till är visserligen många, men det beror på att rapporten handlar om allt från klimat till ekosystem och transporter.

Studierna verkar handplockade så att de pekar i en och samma riktning, och även vad som hämtas från studierna tycks noga utvalt. Rapporten berättar exempelvis att det globala snötäcket (i praktiken snötäcket på norra halvklotet) under våren har minskat kraftigt sedan mitten av 1960-talet. Det var då som satellitmätningarna började. Rapporten hänvisar till Estilow. Mycket riktigt så visar Estilow att snötäcket under våren har minskat, men studien berättar också att under såväl höst som vinter har snötäcket ökat. Det nämns inte i rapporten.

Klimatförändringarna sätts heller inte in i något större sammanhang eller längre tidsperspektiv. Avsnittet om Arktis handlar så gott som uteslutande om vad som hänt under de senaste decennierna. Man tar avstamp i den kalla perioden under 1970- och 1980-talen. På så vis blir rapporten begränsad till den senaste klimatförändringen. Uppvärmningen under 1900-talets första hälft eller den avkylning som sedan följde behandlas inte.

Climate Change and Land. Rapporten skiljer sig från de övriga två specialrapporterna, eftersom rapporten ingående beskriver andra hot än klimatförändringar.

Tre fjärdedelar av den isfria landytan är påverkad av människan, och landförsämringar sker i stora delar av de områdena, skriver IPCC. En uppskattning som förs fram i rapporten är att det sker landförsämring i en fjärdedel av den isfria landytan, något som har negativ påverkan på drygt tre miljarder människor. Landförsämring är en komplex företeelse där ofta en rad faktorer samspelar, som expansion av åkermark, ohållbar skötsel av såväl åkermark som betesmark, överbetning, annan råvaruindustri som skogsbruk och gruvdrift, infrastruktur och städernas expansion.

Hur bebyggelse och infrastruktur breder ut sig över åkermark ser vi också i Sverige, inte minst i de allra bördigaste delarna, som Skåne och Halland.

Rapporten nämner också bland annat osäkra arrendevillkor, äganderättsfrågor, stöd som leder till ohållbart brukande, brist på tekniska kunskaper som bidragande orsaker till landförsämring. Bakomliggande drivkrafter är ökad konsumtion av varor från jordbruk och skogsbruk, och inte minst befolkningsökningen.

En faktor som enligt rapporten bidrar till ökenspridning och landförsämring, men som inte har med brukande att göra, är invasiva arter (främmande arter). Arter som inte finns naturligt i ett område men som kommit dit, sprider sig snabbt och tränger undan arter som tillhör det naturliga ekosystemet.

Vad som exakt menas med landförsämring och ökenspridning definieras inte i rapporten. Man hänvisar bland annat till The World Atlas of Desertification där det konstateras att det saknas möjlighet att göra globala kartläggningar av landförsämring och ökenspridning (Cherlet). Det finns inget enhetligt sätt att mäta, ingen enhetlig definition och uppskattningarna varierar beroende på den tidsperiod som åsyftas. Landförsämring och ökenspridning är med andra ord subjektiva och också kontroversiella begrepp. Jag har nämnt att ökenspridning är en prioriterad fråga för FN. Samtidigt vet vi att det sker en förgröning av planeten och att öknarna inte tycks breda ut sig i ett globalt perspektiv, även om det finns områden där det sker. Med det sagt kvarstår det faktum att markanvändningen är avgörande för en ”hållbar utveckling” och därmed människans framtid.

Rapporten konstaterar vidare att 46 procent av jordens landyta har torrt klimat och det är där ökenspridningen sker, men bara i en liten del av de torra områdena. Men det är områden med relativt stor befolkning. I antal handlar det om 630 miljoner invånare, eller närmare fyra gånger så många jämfört med åren runt 1950. Ju fler människor i ett område där naturens marginaler är små, desto större risk för ökenspridning. Jag har nämnt att studier som behandlar förgröningen i området söder om Sahara konstaterar att undantag från förgröning är tätbefolkade områden.

Områden där det är stor risk för ökenspridning/landförsämring ligger framförallt i den fattigare delen av världen. Rapporten säger också att befolkningen i de torra områdena beräknas öka dubbelt så snabbt som invånarna i den övriga delen av jorden.

Rapporten pekar också på att våtmarker har gjorts om till jordbruksmark. Även om arealerna inte är så stora bidrar våtmarkerna med viktiga ekosystemtjänster som buffert vid översvämningar, ger påfyllning till grundvattnet, minskar risken för övergödning av hav och sjöar och är viktiga områden för den biologiska mångfalden.

Den globala skogsarealen har minskat med tre procent sedan 1990. Det har skett en avskogning i tropikerna, men en ökning utanför tropikerna. Tropiska skogar sänker temperaturen medan skog, där det är snö under delar av året, höjer temperaturen. Ett obrutet snötäcke reflekterar mer av den inkommande strålningen än mörk skog.

Rapporten återkommer flera gånger till att

landförsämring är ett resultat av ett komplext samspel mellan sociala, ekonomiska och miljömässiga faktorer. Orsakerna till landförsämring/markförstöring skiljer sig därför från plats till plats.

Vilken betydelse har då klimatförändringarna för landförsämringen? IPCC ställer sig frågan om klimatförändringar kan kopplas till markförsämring; *"the question here is whether or not climate change can be attributed to land degradation."* Svaret blir att det är en extrem utmaning att koppla landförsämring till klimatförändringar eftersom det är hur marken brukas som är avgörande för markförstöring; *"attribution of land degradation to climate change is extremely challenging"*.

Klimatförändringarnas roll är med andra ord så liten att den är svår att urskilja, enligt rapporten. Det kan till och med vara så att klimatförändringar tvingar fram ett mer hållbart brukande av marken som i sin tur leder till att utvecklingen går åt motsatt håll, att redan förstörd mark repar sig, skriver IPCC. Enligt rapporten finns det inte mycket forskning som kopplar landförsämring till klimatförändringar. Däremot finns det mer forskning om klimatförändringar som ett hot, något som kan förstärka effekten av andra faktorer som orsakar landförsämring.

IPCC gör försök i rapporten att presentera konkreta exempel där klimatförändringarna har lett till landförsämring i ett globalt perspektiv. Andelen döda träd i skogarna runt om i världen har ökat på grund av torka och värmestress, skriver IPCC och hänvisar till Allen, en studie från 2010. Men Allen säger något annat. Visserligen nämner Allen ett antal studier som redovisar att träd har dött i relativt stor omfattning, vid olika tillfällen och på olika platser runt om i världen, och att det ligger i linje med projektioner om fler döda träd i ett förändrat klimat. Enligt Allen har dock inte effekterna av klimatförändringar isolerats i de studier som gjorts. Det viktigaste som sägs i studien är att *"nuvarande observationer är otillräckliga för att fastslå att någon global trend är på gång"*.

Jag har tidigare nämnt att i Kalifornien har antalet träd per ytenhet ökat dramatiskt och därmed har också fler träd dött av torka. I Sverige ser vi hur gran planteras på torra marker där tall klarar sig bättre. Orsaken till det är att älgen föredrar tall framför gran och om tall planteras kommer många plantor att förstöras av betande älgar. Markägarna bedömer att den ekonomiska risken är mindre om gran planteras, trots att torkskadorna i skogen lär öka.

Även om klimatförändringar har en direkt negativ påverkan på mark kan klimatförändringar vara underordnade annan mänsklig påverkan, enligt rapporten. IPCC tillägger dock att det finns tre undantag, kusterosion, permafrost som smälter och bränder. I de fallen har klimatförändringar en stark påverkan. När det gäller bränder konstateras i rapporten att den brunna arealen minskar i ett globalt perspektiv, men pekar ut klimatförändringar som orsak till att bränderna ökar i vissa områden. Framförallt menar IPCC att bränderna kommer att öka, men har svårt att plocka fram vetenskapliga belägg. Detta är naturligt eftersom studie efter studie visar att andra faktorer, inte minst markanvändningen, är avgörande för vildmarks- och skogsbränders utbredning och intensitet.

När det gäller kusterosion hänvisar IPCC bland annat till en studie som handlar om att mangroveskogar kommer att klara sig bra i ett framtida klimat och till en studie som bygger på modeller som utgår från vågor vid ett par platser vid USA:s östkust. Svaga bevis för påståendet och IPCC nämner inte de studier där det konstateras att land växer på havens bekostnad och att fler stränder växer än som eroderas.

Rapporten Climate Change and Land målar upp en rad faktorer som har och har haft en negativ påverkan på marken, men har mycket svårt att belägga att klimatförändringar har haft betydelse. Det blir påståenden som inte håller fullt ut när de granskas.

Än svårare är det för IPCC att hävda att klimatförändringar lett till minskad matproduktion. För när det gäller livsmedelsförsörjningen har världen klarat sig bra så här långt. Tillgången på mat har ökat med mer än 30 procent sedan 1961, för var och en av jordens invånare, skriver IPCC. Med tanke på att jordens befolkning under den här tiden ökat från 3 miljarder till knappt 8 miljarder betyder det en mycket kraftig ökning av matproduktionen.

I rapporten finns även statistik från FAO, FN:s livsmedels- och jordbruksorganisation, som visar hur avkastningen från de tre vanligaste grödorna i världen, ris, majs och vete, har förändrats sedan 1961. Idag skördas mer än dubbelt så många ton ris per hektar som 1961. Majs närmar sig tre gånger så många ton och vete har nått tre gånger så stor avkastning som 1961. Viktiga orsaker till den ökade produktionen är konstbevattning och gödsling.

IPCC menar att klimatförändringarna ändå har minskat avkastningen och hänvisar till Iizumi. Forskarna bakom den studien har genom datamodeller försökt jämföra skördarnas utveckling från förindustriell tid med genomsnittet för åren 1980–2010, om enbart klimatbetingelser och vad grödorna kräver av klimatet tas med i beräkningarna. Modellerna visar då en svag minskning av avkastningen för majs och vete. Det är inte så lätt att göra den jämförelsen eftersom man då måste ha en ganska exakt bild av såväl skördarnas avkastning i förindustriell tid som klimatet där grödorna odlades. Två studier från 2019, och som därmed inte är med i rapporten, ger olika bilder av klimatförändringar och skördar. Gao utgår från satellitbilder och har tittat på hur avkastning och produktion av tio viktiga grödor har förändrats under perioden 1982 till 2015. Forskarna kommer fram till att den skördade arealen växt med 23 procent medan avkastningen (produktion på en viss yta) har växt med 39 procent. Sammantaget ger det en kraftig ökning av den totala matproduktionen.

I en annan studie konstateras att klimatförändringar redan haft en negativ påverkan på skördarnas avkastning (Ray). Ray har jämfört väderdata och ländernas skördedata och ser då en negativ trend i ett antal områden, bland annat i länder som Sydafrika och Zimbabwe, där avkastningen i jordbruket minskat sedan 1990-talet. En negativ utveckling som forskarna tillskriver klimatet, eftersom det är den enda variabeln i studien som kan tänkas påverka skörderesultatet. Det är sant att det sydafrikanska jordbruket har halkat efter. En orsak kan vara att Sydafrika är ett mycket våldsamt land. Antalet mord ligger årligen på runt 20 000 personer, och bönderna är en extra utsatt grupp eftersom de bor avskilt och dessutom är relativt välbärgade. Morden på bönder ökade kraftigt efter Mandelas tid vid makten. Den våldsamma perioden och den otrygghet som infunnit sig och jordbrukets försämrade avkastning har sammanfallit i tid.

I Zimbabwe kan den minskade avkastningen tidsmässigt kopplas till Mugabes jordreformer, då de vita jordägarna tvingades bort från sina gårdar. Mugabe var för övrigt mycket flitig, inte minst i FN-sammanhang, med att ta upp klimatförändringarna i sina tal och påtala de rika ländernas ansvar. Grannlandet Mocambique har tydligen haft bättre tur med klimatförändringarna för där har jordbrukets avkastning ökat sedan 1990-talet.

Tillbaka till IPCC:s rapport om klimatförändringar och land. IPCC skriver att matproduktionen i världen måste öka med 50 procent fram till 2050 för att kunna föda världens växande befolkning. En befolkning som växer snabbast i världens mer torra områden, där risken för markförstöring är stor och tillgången på vatten är liten. IPCC skriver också att den ökade produktionen av bioenergi kommer att leda till att konkurrensen om mark hårdnar. En annan faktor som gnager på den produktiva åkermarken, enligt rapporten, är urbaniseringen. Omvandlingen av åkermark till bebyggelse och infrastruktur kommer att leda till förluster i matproduktionen, enligt IPCC.

Går det att klara utmaningen att föda jordens växande befolkning, samtidigt som den fjärdedel av jordens isfria landyta som ännu inte är påverkad av människan förblir opåverkad? Det kräver till att börja med tillgång till vatten för konstbevattning och tillgång till gödsel. I rapporten varnas för att såväl gödsel som vatten är begränsade resurser. Det krävs också att de faktorer som rapporten pekar på och som leder till markförstöring åtgärdas, allt från att stoppa spridningen av främmande arter till att reglera äganderättsfrågor.

Om det svinn som sker mellan matproduktion och konsumtion minskar skulle det väsentligt öka tillgången på föda. En dryg fjärdedel, 25–30 procent, av maten förloras eller blir till avfall. IPCC skriver också att 2 miljarder av jordens invånare är överviktiga.

Rapporten pekar på fyra viktiga framtidsfrågor: Markanvändningen, att befolkningsökningen sker i "fel" områden, tillgång till gödsel och överutnyttjandet av naturresurser, exempelvis vatten. Fyra utmaningar som det globala samhället står inför, och att de behandlas är rapportens stora styrka. Lever exempelvis Indien på lånad tid när de använder allt mer grundvatten för att med hjälp av konstbevattning producera mat till en snabbt växande befolkning?

Korruption, brist på demokrati, stora skillnader mellan rika och fattiga inom länderna, social otrygghet och ineffektiv administration är faktorer som försvårar en hållbar markanvändning och möjligheten att försörja en växande befolkning, men som inte nämns i rapporten.

En femte avgörande fråga är hur mycket av naturen som kan förbli opåverkad av människans aktivitet. Den frågan kan naturligtvis räknas in under markanvändning men förtjänar en egen rubrik. Varje dag knaprar vi på de områden som upprätthåller biologisk mångfald och ger oss ekosystemtjänster. Matproduktion, urbanisering, vägar, gruvor och inte minst vindkraft och bioenergi kommer att kräva enorma ytor av det som idag är "orörd natur".

I samband med att rapporten offentliggjordes presenterade IPCC ett antal "Headline Statements" (rubrikuttalanden) som kortfattat sammanfattar det budskap som IPCC vill att rapporten förmedlar. Budskapet formuleras i den andra rubriken: *"Klimatförändringar har haft negativ påverkan på livsmedelsförsörjningen och kontinenternas ekosystem och också bidragit till ökenspridning och markförstöring i många regioner"*. Allt som IPCC förmedlar i Headline Statements handlar om växthusgaser och klimatförändringarnas negativa påverkan. Lite elakt kan man säga att det hade varit bra om de som skrev Headline Statements hade läst rapporten. Men det är IPCC:s uppgift att sätta klimatet i fokus, oavsett vilken betydelse klimatet har. Hoppa över Headline Statements, men läs gärna rapporten.

Kommentar

Det dominerande budskapet i Global Warming of 1,5°C är att klimatförändringarna, orsakade av den rika världen, förstärker existerande orättvisor: *"Många sårbara och fattiga människor är beroende av aktiviteter som jordbruk som är mycket mottagliga för temperaturhöjningar och variationer i nederbörden"*, skriver IPCC och hänvisar till en studie av Leichenko och Silva 2014. Visst är det så att många fattiga bönder runt om i världen drabbas av klimatets nyckfullhet. Klimathändelser har alltid drabbat människan, och inte minst de som odlat. Det är därför också sant, som IPCC skriver, att *"klimatvariationer och klimatförändringar är välkända faktorer som kan förvärra fattigdomen, särskilt i länder där fattigdomen är utbredd"*.

IPCC drar därför slutsatsen att jämlikhet, hållbar utveckling och fattigdomsbekämpning bäst sker inom ramen för klimatåtgärder; *"equity, sustainable development and poverty eradication are best understood as mutually supportive and co-achievable within the context of climate action"*.

Det går att se utvecklingen av fattigdom, dess orsaker och hur den ska bekämpas på fler sätt än vad IPCC gör. Extrem fattigdom definieras av Världsbanken som när en person har en köpkraft på mindre än 1,9 dollar per dag (2011 års penningvärde). År 1990 levde 36 procent av jordens befolkning i extrem fattigdom. Andelen hade krympt till 10 procent 2015 (Världsbanken 2018). I The Millennium Development Goals Report 2015 framgår det att år 1990 levde 47 procent av invånarna i utvecklingsländerna i extrem fattigdom. En andel som till 2015 hade minskat till 14 procent. Antalet extremt fattiga minskade från 1,9 miljarder människor 1990 till runt 800 miljoner 2015. Sedan dess har antalet människor som lever på mindre än 1,9 dollar minskat ytterligare och i februari 2020 var antalet 600 miljoner, enligt World Poverty Clock. En kraftig minskning av den globala extrema fattigdomen. Sen kan det diskuteras hur långt två dollar om dagen räcker. Det ska tilläggas att siffrorna i det här avsnittet är från februari 2020, innan coronaviruset fick global spridning.

Den globala trenden hindrar inte att den extrema fattigdomen ökar i vissa länder (februari 2020). De flesta länder där fattigdomen ökar finns i Afrika. Ett land är Nigeria där fler än 100 miljoner människor lever i extrem fattigdom. Landet är tio gånger mer tätbefolkat än Sverige med stora skillnader mellan regioner när det gäller ekonomisk utveckling, stor arbetslöshet och konflikter i norra delen av landet. I Asien är det tre länder där en allt större andel av befolkningen hamnar i extrem fattigdom, Yemen, Afghanistan och Papua Nya Guinea. Yemen och Afghanistan är konfliktområden. Papua Nya

Guinea är ett av världens minst utvecklade länder, med hög kriminalitet och där sexuellt våld är mycket vanligt förekommande. Andra länder i Asien där en stor del av befolkningen lever i extrem fattigdom är Turkmenistan och Nordkorea. Två diktaturer där all opposition är förbjuden. Turkmenistan är ett genomkorrupt land som på många sätt jämställs med Nordkorea. När det gäller Syrien saknas data. I Amerika är det också tre länder där andelen extremt fattiga ökar. Venezuela, Haiti och Belize. Haitis grannland, Dominikanska republiken, har en mycket låg andel extremt fattiga.

Det är svårt att se någon koppling mellan ett varmare klimat och förändringar i antalet fattiga, vare sig vi pratar om minskningen av fattigdom i Kina eller ökningen i Venezuela.

Låt oss gå tillbaka till 1990-talet, då fler människor än idag var fattiga trots betydligt färre invånare på jorden. Jag har nämnt konferensen i Rio 1992 och FN:s stora befolkningskonferens i Kairo 1994. Året efter Kairo samlades delegater från världens länder till en FN-konferens om social utveckling. World Summit for Social Development 1995 hölls i Köpenhamn och handlade till stor del om fattigdomsbekämpning. 117 stats- och regeringschefer fanns på plats, vilket var ungefär lika många som i Rio.

Vi (SR Studio Ett) sände flera timmars direktsändning från mötet och till vår sista sändning samlade vi en sal full med delegater, NGOs och experter med olika åsikter och från olika länder. Det blev hela havet stormar och efteråt förstod nog varken vi som var där eller lyssnarna vad programmet hade handlat om. Det fanns så mycket att tycka till om.

Mötet resulterade i flera dokument, bland annat kom länderna överens om ett "Programme of Action" där det sägs att det inte finns en global lösning för att bekämpa fattigdom utan det krävs landspecifika åtgärder. Varje land ska ta fram nationella strategier för fattigdomsbekämpning som ska innehålla konkreta mål och tidsramar och varje land ska orientera sin ekonomiska politik och nationella budget mot fattigdomsbekämpning och ökad jämlikhet. Programmet handlar mycket om att kvinnans rättigheter och möjligheter måste stärkas som ett led i fattigdomsbekämpningen. Länderna uppmanades att förstärka utbildningen på alla nivåer, försäkra att fattiga barn får tillgång till utbildning och föra en utvecklingspolitik som gynnar låginkomstsamhällen. Ökad demokrati, hållbar ekonomisk utveckling och arbete åt alla finns också med i programmet. Däremot sägs inget om klimatåtgärder.

Året efter var det dags för 1990-talets fjärde stora FN-möte, Fourth World Conference on Women, som hölls i Peking. Resultatet av mötet blev bland annat en deklaration och en handlingsplan. I dokumenten går att läsa att det framförallt är kvinnor som hamnar i fattigdom och att en stor majoritet av världens fattiga är kvinnor. "*Kvinnors fattigdom är direkt relaterad till avsaknad av ekonomiska möjligheter och oberoende, brist på ekonomiska resurser inkluderat kreditmöjligheter, ägande av mark och arv, tillgång till utbildning och samhällsservice. Deras deltagande i beslutsprocessen är också mycket begränsat*", enligt handlingsplanen. Världens regeringar uppmanades att ändra sin ekonomiska och sociala politik så att kvinnor får samma möjligheter som män.

FN:s syn på hur fattigdom ska bekämpas och hur jämlikhet ska uppnås har förändrats, och det går att förstå varför. Det finns många vackra ord i de dokument som togs fram i Köpenhamn och Peking, och i viss mån i Kairo, men för många av länderna har det stannat vid orden i dokumenten. Det fanns och finns ingen tanke på att driva en social och ekonomisk politik som gynnar de fattigaste eller ger kvinnor samma möjligheter som män. De stora mötena i Kairo, Köpenhamn och Peking enade inte världens länder, snarare tvärtom. Ska FN kunna utöva makt måste de ha medlemsländernas stöd och då är klimatfrågan en klok prioritering. Klimatfrågan ställer inte de krav på låg och medelinkomstländer som dokumenten från 1990-talets möten ställer. I Global Warming of 1,5°C är det de rika ländernas agerande som är i fokus. Det är de rika ländernas utsläpp av växthusgaser som orsakat och orsakar fattigdom och ojämlikhet. Låg- och medelinkomstländerna har betalat priset för de rika ländernas utveckling. Det senare är samma budskap som Indira Gandhi framförde i sitt tal under konferensen i Stockholm 1972: "*Många av dagens välmående länder har skaffat sig sitt överskott genom att dominera andra raser och länder.*"

Att de rika länderna har en skuld att betala delas av politiker, inte bara i låg- och medelinkomstländer, utan också av många av den rika världens politiker. Så var det i Stockholm 1972 och så är det på 2000-talet. Jacques Chirac, dåvarande president i Frankrike, sa i ett tal på klimatmötet i Haag i Holland år 2000: "*No matter if the science of global warming is all phony... climate change provides the greatest opportunity to bring about justice and equality in the world*" (live-rapportering från Haag av CEI:s reporter Chris Horner).

IPCC kombinerar skuldfrågan, som har haft och har stort stöd, med klimatfrågan. Det är klimatförändringarna orsakade av den rika världen som har lett till fattigdom och ojämlikhet, och det är genom klimatåtgärder som fattigdom kan bekämpas och jämlikhet uppnås, enligt Global Warming of 1,5°C. Jag är inte säker på att det var det som Indira Gandhi menade i sitt tal.

Trots att många av världens länder varit dåliga på att följa uppmaningar från 1990-talets FN-möten har fattigdomen i världen minskat. Det beror varken på FN eller klimatåtgärder, utan på en global ekonomisk tillväxt där rika länder som USA haft en avgörande betydelse. De rika ländernas konsumtion har varit en förutsättning för att andelen extremt fattiga har minskat, framförallt i Kina och Indien. Långt ifrån alla låg- och medelinkomstländer har dock dragit nytta av den globala ekonomiska tillväxten.

Den ekonomiska tillväxten är också förklaringen till varför antalet omkomna i klimat- och väderrelaterade naturkatastrofer minskat trots en snabb global befolkningstillväxt. Ekonomisk utveckling har skapat helt andra möjligheter att mildra konsekvenserna av naturkatastrofer. Our World in Data skriver: "*Those at low incomes are often the most vulnerable to disaster events: improving living standards, infrastructure and response systems in these regions will be the key to preventing deaths from natural disasters in the coming decades.*"

11 Uppdatering

Klimat och väderhändelser

År 2021 inträffade en rad spektakulära väderhändelser. Kraftiga skyfall drog fram över provinsen Henan i Kina under andra halvan av juli. Mest nederbörd under 24 timmar föll i staden Songshan. Där uppmättes 365 millimeter från morgonen den 19 juli till morgonen den 20. Värst drabbades dock mångmiljonstaden Zhengzhou som fick 617 mm under tre dygn. Media berättade om 25 döda, varav de flesta dog när tunnelbanan i staden översvämmades. Lokala myndigheter har senare rapporterat att sammanlagt dog 300 personer som en följd av översvämningarna.

I augusti 1975 förde tyfonen Nina med sig stora regnmängder till ungefär samma område, vilket bland annat ledde till att en stor damm, 20 mil sydväst om Zhengzhou, kollapsade. Drygt 25 000 personer omkom av de framrusande vattenmassorna och enligt vissa uppskattningar (Wikipedia) dog ytterligare 200 000 som en följd av översvämningarna. I en vetenskaplig studie från 2017 (Yang) anges den totala dödssiffran till drygt 125 000. Yang skriver också att 10 miljoner förlorade sina hem.

Det är två faktorer som gör att antalet döda blev så mycket större 1975. Det regnade betydligt mer och intensivare då. Mätstationen i Linzhuang fick över 1600 mm under tre dagar och det dygn då det föll mest regn kom 1005 mm. Tolv mätstationer uppmätte mer än 900 mm under perioden 5-7 augusti. De flesta långt över 1000 mm. Den andra och mest avgörande faktorn är den ekonomiska utvecklingen som gjort Kina betydligt mindre sårbart för naturkatastrofer.

Även Tyskland drabbades av skyfall under sommaren 2021. Den mätstation som uppmätte den största regnmängden under 24 timmar var Rheinbach-Todenfeld, som mellan den 14 och 15 juli fick 158 mm, d.v.s. mindre än en sjättedel jämfört med Linzhuang 1975. Även det tyska 60-minuters rekordet är betydligt högre än vad som föll under ett dygn i Rheinbach-Todenfeld. Miltzow, i den nordligaste delen av Tyskland, fick 200 mm den 15 september 1966.

Det svenska officiella dygnsrekordet är 198 mm, så mycket regnade det i Fagerheden i Norrbotten den 28 juli 1997. Officiella rekord, enligt SMHI, kan bara sättas vid permanenta mätstationer. Vid en tillfällig mätstation i Karlaby i Skåne föll 237 mm den 6 augusti 1960. Privatpersoner har rapporterat in betydligt större regnmängder än så. Vånga i nordöstra Skåne fick 260 mm den 31 juli 1959. SMHI skriver på sin hemsida: *"Det allra värsta skyfallet vi känner till är från Fulufjället i nordvästra Dalarna den 30-31 augusti 1997. Ett våldsamt åskregn drog fram med stor förödelse som följd. SMHIs station Storbron som inte ligger i det värst drabbade området mätte "bara" 131 mm under ett dygn men med en enkel privat mätutrustning vid Rösjöstugan mättes 276 mm. Uppskattningsvis föll det 300-400 mm längre söderut längs östra sidan av fjället."*

Ett skyfall i södra Sverige som är värt att notera var det som Söderköping upplevde den 9 juli 1973. Observatören i Söderköping skrev i sin journal att *"för Söderköpings del har den gångna månaden varit av både ondo och godo. Tidigare torka behövde mer än väl kompenseras men att som den 9 få 164 mm på fem timmar var i mesta laget".*

Det globala 24-timmars rekordet är från 1966. Mellan den 7 och 8 januari föll 1825 mm i Foc Foc på ön Réunion i Indiska oceanen. I Cerrapunji i Indien regnade det 9300 mm under juli 1861. Det betyder i genomsnitt 300 mm om dagen i 31 dagar i sträck.

En tredje spektakulär väderhändelse under 2021 var värmeböljan i sydvästra Kanada och nordvästra USA i slutet juni. I Lytton i Kanada nådde temperaturen 49,6 grader. Det är varmare än vad som någonsin uppmätts i exempelvis Sydamerika eller Europa. Den högsta uppmätta temperaturen i Sydamerika är från den 11 december 1905. Då var det 48,9 grader i Rivadavia i norra Argentina.

Det finns flera naturliga förklaringar till en kraftig uppvärmning, som transport av varm luft, att ett högtryck blockeras över en region eller att ett område haft torrt väder som torkat ut marken. Om marken är fuktig så har fukten en avkylande effekt eftersom en del av den inkommande strålningen då går åt till avdunstning i stället för att värma mark och luft. En tidigare nämnd faktor som kan bidra till en kraftig och snabb uppvärmning är föhneffekten (adiabatisk uppvärmning). När torr luft sjunker värms den av det allt högre lufttrycket. Temperaturen stiger med en grad per 100 meter. SMHI nämner ett exempel på sin hemsida: *"Den 15 november 1993 uppmättes hela +15 grader på Åreskutan. En mer rimlig temperatur på detta berg då hade varit -5 grader. Luften strömmade från sydväst över de höga bergen i södra Norge mot Jämtland."*

Om en rad naturliga faktorer samverkar kan det skapa väderfenomen långt utanför de normala ramarna. När det gäller värmeböljan i sydvästra Kanada och nordvästra USA vet vi att ett högtryck fastnat mellan två lågtryck. Ett ihållande högtryck som gav mycket varmt och soligt väder. Det hade också varit ovanligt torrt i området under en längre period.

Lytton, där rekordnoteringen uppmättes, är en liten ort med 250 invånare. Platsen ligger knappt 200 meter över havet men de närliggande bergen når över 2 000 meter. Det går att förklara det som hände med naturliga orsaker, men väldigt svårt att förklara enbart utifrån en global uppvärmning på en grad. Därmed inte sagt att den globala uppvärmningen eller mänsklig påverkan saknade betydelse.

Intressant att notera är att samtidigt som det rådde extrem hetta i delar av Nordamerika var det ovanligt kallt i stora delar av Sydamerika. Kall luft från Antarktis hade transporterats norrut och täckte en stor del av kontinenten. Argentina, Uruguay, Paraguay, Bolivia och södra Brasilien hade temperaturer som låg mer än 15 grader under det normala och på många håll snöade det.

Två klimathändelser som inte fick någon större uppmärksamhet i media var att Sydpolen upplevde det kallaste vinterhalvåret sedan mätningarna började för 60 år sedan och att tillväxten av inlandsisen på Grönland låg en bra bit över det normala under säsongen 2020/2021 (National Snow and Ice Data Center och DMI).

Det som också hände under 2021 var att IPCC presenterade sin sjätte rapport om klimatet och klimatförändringar (det vetenskapliga underlaget). Det som skiljer denna rapport från de fem övriga är att den har ett tydligare fokus på att försöka bevisa att dagens klimatförändringar lett till ett extremare väder och att det är människans utsläpp av växthusgaser som är orsak såväl till extremväder som till den globala uppvärmningen. Här följer några exempel.

Instrålning: I rapporterna 2007 och 2013 framgår det att instrålningen har ökat och att den tillförda extraenergin borde ha bidragit till en stor del av den globala uppvärmningen sedan 1980-talet (se kapitel 3). I rapporten 2021 har den ökade instrålningen "glömts bort" som viktig faktor, trots att ett stort antal vetenskapliga studier under senare år visat på minskad molnighet och ökad instrålning.

Havsytans höjning: Intrycket läsaren får av IPCC:s "Sammanfattning för beslutsfattare" (2021) är att haven stiger allt snabbare. IPCC berättar att den globala havsnivån höjdes med i genomsnitt 1,3 millimeter per år mellan 1901 och 1971, medan höjningen mellan 2006 och 2018 var 3,7 mm per år. Det som IPCC inte nämner är att höjningstakten har varierat under de senaste dryga 100 åren. Även mellan 1901 och 1971 steg haven snabbt under en lång period, medan det inte skedde någon höjning alls från slutet av 1950-talet fram till 1971.

I 2013 års rapport och även i ”Sammanfattning för beslutsfattare” skriver IPCC att under perioden med satellitmätning, 1993-2010, var höjningstakten 3,2 mm per år och att haven troligtvis steg lika snabbt, 3,2 mm om året, mellan 1920 och 1950.

En intressant detalj när det gäller havsnivåns höjning under 2000-talet är det stora bidraget från vattenkonsumtionen. Vi är snart åtta miljarder människor på planeten och stora mängder vatten pumpas upp från underjorden för bevattning och annan användning. Vatten som förr eller senare hamnar i haven och bidrar till höjningen. Under senare år med 0,6 mm per år enligt rapporten 2021. Det sägs också att under en stor del av 1900-talet bidrog människans aktivitet, genom dammbyggen, i stället till att mer av nederbörden stannade på kvar kontinenterna, något som bromsade höjningen av havsnivån. IPCC beräknar att haven i genomsnitt skulle ha stigit med ytterligare 0,15 mm per år under perioden 1900-1990 om dammar inte hade byggts.

Lägger man ihop vad som sägs i rapporterna 2013 och 2021 ger det vid handen att under perioden 1920-1950 bidrog klimatet, d.v.s. isar som smälte och ett allt varmare hav till en höjning på 3,35 mm per år. Under perioden 2006-2018 var bidraget från smältande isar och varmare hav 3,10 mm per år (3,7-0,6). Haven steg något snabbare på grund av klimatfaktorer under perioden 1920-1950 än under någon period under de senaste 30 åren.

Extremväder: Sett till en rad publicerade studier under senare år och till mätresultaten går det inte att fastslå tydliga globala trender när det gäller extremväder eller att med säkerhet koppla de förändringar som ändå har skett till global uppvärmning. Det var också det som IPCC-rapporten 2013 kom fram till och rapporten 2021 förändrar inte den bilden. Det visar exemplet extrem nederbörd. IPCC skriver i kapitel 11 (2021), som handlar om extremväder, att mängden regn som kan falla under en dag eller fem dagar i rad troligtvis har ökad sedan 1950 i de landområden där det finns tillräckligt med data för att kunna göra bedömningar *”Since 1950, the annual maximum amount of precipitation falling in a day or over five consecutive days has likely increased over land regions with sufficient observational coverage for assessment”.* Det är Nordamerika, Asien och Europa som IPCC då syftar på. IPCC nämner i sammanhanget fyra faktorer som kan bidra till att nederbörden blir mer intensiv; påverkan från havens klimatsystem, renare luft, ett varmare klimat och allt större städer.

För att vattenånga ska bilda vattendroppar krävs en partikel där vattenångan kan kondensera och bilda en droppe. Ju fler partiklar i luften desto mindre droppar. Renare luft betyder färre partiklar, större droppar och därmed intensivare nederbörd.

När luften blir varmare kan den innehålla mer vattenånga och därmed borde skyfallen bli fler och intensivare i ett varmare klimat.

Jag har berättat om värmeöar, att städerna blir varmare än omgivningen och när en stad växer ökar också skillnaden i temperatur mellan stad och omgivande landsbygd. När varm stadsluft möter kallare luft stiger den, avkyls och regn faller. Allt fler studier visar att i stora städer och i vindriktningen utanför storstadsområdena är det vanligare med intensiva skyfall än i området i övrigt.

IPCC bygger i första hand sitt påstående på att skyfallen troligen blivit vanligare i Asien, Nordamerika och Europa på en studie av Sun (2020).

Sun och hennes kollegor har tittat på perioden 1950-2018 och skriver att ökningen av såväl skyfall som den globala medeltemperaturen på nytt bekräftar en statistiskt signifikant koppling mellan extrem nederbörd och temperatur. Det är tre områden där skyfallen blivit markant fler, östra delen av USA, sydöstra Kina och norra delen av Europa och då framför allt Skandinavien. Det är nederbördstrenderna i de områdena som gör att ökningen av skyfall är större än vad som kan förväntas om slumpen hade fått avgöra, enligt Sun.

Sambandet mellan ökningen av skyfall i de tre områdena och uppvärmning försvinner dock vid en närmare granskning. I USA sammanfaller området med fler skyfall med USA:s värmehål, d.v.s. den del av USA där temperaturen inte ökat. Tänkbara förklaringar till att skyfallen blivit fler trots att det inte har blivit varmare kan vara renare luft och/eller växande storstadsområden.

I sydöstra Kina har skyfallen visserligen blivit fler sedan mitten av 1900-talet, men hela ökningen sker fram till början av 1980-talet. Därefter blir skyfallen snarast färre. Det visar exempelvis Li i en studie från 2019. Studien täcker in perioden 1960-2010 och visar att under 2000-talet är skyfallen något färre än under slutet av 1900-talet. En tänkbar förklaring till att ökningen upphör i början av 1980-talet kan vara att partiklarna i luften då blev fler. När den ekonomiska tillväxten tog fart och energibehovet ökade blev luften smutsigare. I studien framgår också att det är en betydande skillnad i utvecklingen mellan megastäder som Shanghai och Guangzhou och områdena utanför städerna. Trenderna är visserligen desamma, men skyfallen är fler i megastäderna och ökningen fram till 1980-talet var större. Kopplingen global uppvärmning-fler skyfall stärks inte av exemplet sydöstra Kina.

En annan studie som rör Kinas större städer och extrem nederbörd är Zhou (2017). Forskarna kommer fram till att i några av storstäderna har den extrema nederbörden minskat, vilket Zhou förklarar med smutsigare luft och därmed fler partiklar, medan det har skett en ökning av extrem nederbörd i andra storstäder.

När det gäller Sverige visar statistik från SMHI att under perioden 2000-2010 var skyfallen många och intensiva. Från 2010 och framåt är skyfallen få och medelvärdet är det lägsta på 100 år. Från slutet av 1920-talet till början av 1940-talet var skyfallen lika många och intensiva som under 2000-talets första årtionde. Väljer man 1950 som startår så faller 1930-talets skyfall bort, medan det andra årtiondet med många skyfall, 2000-2010, ligger i slutet av den undersökta perioden och då går det att med statistikens hjälp hävda att den intensiva nederbörden ökat sedan mitten av 1900-talet. I ett 100-års perspektiv går det alltså inte se någon ökning.

Det är svårt att förklara Sveriges två perioder med många skyfall och som inträffat med 70 års mellanrum, med renare luft, ett varmare klimat eller växande storstäder. Det kan vara så att nederbörden i Sverige påverkas av klimatsystemen i Atlanten. I IPCC-rapporten 2021 nämns i samband med extrem nederbörd i Australien en studie av Jakob och Walland (2016). Jag har också nämnt den i ett tidigare kapitel. Jakob och Walland ser inget samband mellan temperatur och extrem nederbörd i Australien, däremot en tydlig koppling mellan nederbörd och klimatsystemet ENSO i Stilla havet, d.v.s. La Niña- och El Niño-händelser.

Sun och hennes kollegor gör det alltför enkelt för sig när de endast tittar på de två faktorerna skyfall och global uppvärmning. Även om skyfallen ökar på en del håll i världen betyder det inte med automatik att det beror på den globala uppvärmningen. IPCC säger heller inte i kapitel 11 i rapporten 2021 att sambandet mellan global uppvärmning och fler skyfall är bevisat. I kapitlet sägs att det är troligt att den extrema nederbörden ökat i Asien, Nordamerika och Europa. Vilket är förväntat, inte minst med tanke på att luften blivit renare och städerna större.

Även under 2021 har det publicerats ett stort antal vetenskapliga studier som rör klimatet och som visar på dess komplexitet. Här är några som borde fått en större plats i media. Fraser och Cunningham visar att Golfströmmen inte har tappat i styrka. *"We see no significant AMOC weakening trend over the last 120 years"*, skriver forskarna. Till samma slutsats kom exempelvis Rossby 2020.

Burkart har undersökt vad som leder till störst hälsorisker, om det är när temperaturen är under det normala eller över det normala. Forskarna hämtade sitt underlag från ett antal länder runt om i världen och fann att kyla är en större hälsorisk än hetta *"in most locations a higher disease burden can be attributed to low temperature exposure"*.

Loeb konstaterar att den globala uppvärmningen under perioden 2005-2019 till största delen beror på ökad instrålning. Det är för övrigt ett ämne som berörs i ett antal studier som publicerats under 2021. Augustine och Hodges har tittat på hur instrålningen förändrats i USA från 1996-2019. De ser ett trendbrott 2012. Fram till dess ökade instrålningen kraftigt men därefter minskar den, även om minskningen inte är lika tydlig som ökningen. Forskarna skriver: *"Cloud cover was the primary source of brightening och dimming over U.S. from 1996 to 2019."* I en studie (Sfica) som berör förändringar i molntäcket över Europa visar forskarna att i stora delar har molntäcket minskat men att i den sydvästra delen har det skett en liten ökning. Förändringarna kopplas till AO och NAO, d.v.s. klimatsystem i Atlanten. I en studie av Wang berättas att ökad instrålning haft stor betydelse för avsmältningen av Grönlands is under 2000-talet. Till samma resultat kom Hahn 2020. Hahn konstaterar att minskad molnighet över Grönland under perioden 1994-2017 lett till ökad instrålning och ett varmare klimat.

Kommentar

Klimatet är i ständig förändring. Det ser vi när vi tittar i backspegeln och förändringarna kan vara stora. Extremväder är ingen ny företeelse, men människan har aldrig varit så väl förberedd för extrema väderhändelser som idag. Det har blivit varmare sedan 1800-talet, men hur mycket varmare vet vi inte. Människan påverkar klimatet och det på flera sätt. Koldioxid är en växthusgas och om koldioxidhalten i luften ökar leder det säkert till en uppvärmning, allt annat oförändrat. Men hur stor del av uppvärmningen sedan 1800-talet som beror på utsläppen av växthusgaser vet vi inte. För att kunna göra den bedömningen och för att kunna ta fram prognoser för framtidens klimat måste vi ha mycket mer kunskap om de naturliga klimatförändringarna. Det är bilden jag försökt teckna i boken och den förändras varken av den senaste forskningen eller den senaste IPCC-rapporten.

Fossil energi och utsläpp

År 2010 stod de fossila bränslena, kol, olja och naturgas för 87 procent av världens energikonsumtion. År 2020 hade den andelen sjunkit något, till drygt 83 procent (BP:s årliga rapport). Vi använder dock mer fossil energi idag än 2010, eftersom användningen av energi har ökat. Sedan 2010 har de fossila bränslena ökat dubbelt så mycket som bioenergi, vind- och solkraft tillsammans, räknat i mängden energi. Varje år, fram till 2020, har användningen av fossil energi ökat mer än användningen av förnybar energi. 2020 var dock ett speciellt år och såväl användningen av energi som utsläppen av koldioxid minskade. Den förnybara energin fortsatte dock att öka och svarade under 2020 för 5,7 procent av den globala energikonsumtionen. Preliminära siffor tyder på att 2020 var ett hack i kurvan och att konsumtionen av de fossila bränslena ökar kraftigt under 2021.

Kina och Indien stod tillsammans för 38 procent av världens koldioxidutsläpp under 2020. USA, Kanada, Tyskland, Storbritannien, Japan, Australien och de övriga 31 OECD-ländernas sammanlagda utsläpp stannade vid 33,4 procent. Fram till 2019 var OECD-ländernas utsläpp större än Kinas och Indiens. OECD-länderna har dessutom stadigt minskat sina utsläpp under de senaste tio åren, medan utsläppen från Kina och Indien ökar.

Kinas stod för knappt 31 procent av världens koldioxidutsläpp under 2020, mer än dubbelt så mycket som USA:s utsläpp. Kinas utsläpp är 218 gånger större än Sveriges och det är antagligen lågt räknat eftersom det är officiella siffror, och räknat per person är Kina på god väg att släppa ut dubbelt så mycket som Sverige. Kina var det enda land, förutom Iran och några mindre länder, som ökade utsläppen under 2020 (BP).

Av den totala mängd energi som Kina använde under 2020 kom drygt 84 procent från fossila bränslen och 5,3 procent kom från förnybara källor som vind, sol, biobränsle och avfall. Drygt 63 procent av all el i Kina produceras med kol och Kina fortsätter att bygga ut kolkraft i snabb takt. Under 2020 byggdes motsvarande mer än ett stort kolkraftverk i veckan och under första halvåret 2021 pågick byggande av kolkraftverk motsvarande Tysklands totala kolkraftskapacitet gånger två (Global Energy Monitor). Betydligt mer än så är planerat att byggas.

432 nya kolgruvor planeras eller är redan på väg att öppnas runt om i världen. En fjärdedel av den kapaciteten finns i Kina.

Även utomlands bygger Kina kolkraftverk. Under 2020 finansierade Kina kolkraft utomlands motsvarande Tysklands kolkraftskapacitet. Kinas intresse av att bygga kolkraft utomlands har dock plötsligt svalnat och i ett tal i FN i september 2021 sa president Xi Jinping att Kina ska upphöra med detta. Det finns en rad skäl till varför Kinas väljer att stoppa finansiering av kol utomlands. Något som jag återkommer till.

En ny järnvägslinje, tänkt att transportera kol från Inre Mongoliet till Jiangxiprovinsen, är färdigbyggd. Det handlar om transport av uppåt 200 miljoner ton årligen.

Även om utbyggnaden av kolkraft fortsätter i Kina så kommer Kina att behöva ställa om från kol till andra energikällor, dels för att kolet orsakar luftföroreningar och dels för att Kinas koltillgångar är begränsade. Om inte Kina minskar andelen kol i energimixen kommer landet att bli alltför beroende av kolimport. Det gör att Kina på sikt är inriktat på andra energilösningar än kol. Därför för Kina en expansiv global energipolitik för att få tillgång till gas och olja, och har gjort så under 2000-talet. För Kina handlar energipolitik om att säkra tillgången på energi. Det är en förutsättning för ekonomisk tillväxt och stabilitet i landet.

En viktig del i den politiken är BRI-programmet (One Belt One Road). BRI lanserades formellt av president Xi Jinping 2013 och har kallats en kinesisk "Marshallplan" eller "Kinas nya sidenvägar". Programmets tentakler når så långt bort som Sydamerika och täcker in runt 70 länder. BRI handlar bland annat om att bygga infrastruktur som terminaler för flytande gas (LNG) i främmande hamnar och gas- och oljeledningar. Enligt "The road from Paris" (Patricia Adams 2018) strävar Kina efter att säkra LNG från länder som Angola, Peru, Trinidad och Tobago, Indonesien och Malaysia.

Pipelines har byggts under senare år och nya är på gång. År 2013 stod en gasledning från Myanmar till Kina klar och 2017 togs en ny oljeledning i bruk. Ledningarna går från hamnstaden Kyaukphyu vid Bengaliska viken och har förkortat och underlättat sjötransporterna av olja och gas från Mellanöstern till Kina. Importen av olja och gas från Mellanöstern har ökat kraftigt under senare år. Qatar exporterade exempelvis tre gånger så mycket olja till Kina 2017 jämfört med 2014.

Ryssland har också blivit en allt större exportör av olja till Kina och fördubblade den exporten mellan 2014 och 2017. Oljeimport ska säkras, inte bara från Mellanöstern och Ryssland, utan också från länder som Angola, Colombia, Kazakstan, Kongo, Sydsudan, Brasilien och Venezuela och under 2018 passerade Kina USA som världens största oljeimportör.

Kina blev under 2018 också världens största importör av naturgas och knuffade ner Japan till andra plats. En stor gasledning från Ryssland till Kina, Power of Siberia, har nyligen tagits i bruk och planer finns för ytterligare en ledning mellan de två länderna. Kinas framtida behov av olja och gas är också huvudorsaken till Kinas aggressiva politik i Kinesiska sjön.

Kina satsar också hårt på att förbättra kommunikationerna inom landet och till andra länder. Den nya flygplatsen i Peking kommer när den är fullt utbyggd att hantera 100 miljoner passagerare årligen och under de närmaste 15 åren, fram till 2035, planerar Kina att bygga 200 nya flygplatser runt om i landet (Simple Flying 16 januari 2019). Coronakrisen kan naturligtvis innebära att planer skjuts på framtiden.

Kina står alltså för nästan en tredjedel av de globala utsläppen. Media ger gärna en annan bild av Kinas "klimatambitioner". Svenska Dagbladet skrev den 9 mars 2017 att Kina skrotar kolet. SVT publicerade den 31 maj 2017 en artikel med rubriken "Kina tar ledningen i klimatfrågan". I artikeln står att läsa: *"Med ett USA som tar avstånd från globalt klimatsamarbete så blickar många österut i stället. Kina slår rekord i förnybar energi, och allt fler ser nu landet som en verklig ledare i klimatsamarbetet."* Kinas stora användning av fossila bränslen och växande koldioxidutsläpp hindrade inte Dagens Nyheter från att hävda *"satellitbilder visar att Kinas kolkraft är på väg att möta sotdöden"* (11 oktober 2018). I en TT intervju i oktober 2021 hävdade Måns Nilsson, vd för Stockholm Environment Institute, att kolanvändningen i Kina minskar. Kolanvändningen i Kina har ökat år från år, vart och ett av de senaste åren, och den ökade även under 2020.

Det är nog inte i Kina som de stora framtida utsläppsökningarna kommer att ske. Orsaken till det är att Kinas ekonomi alltmer kommer att bygga på service och tjänster och mindre på tillverkning. Kina kommer att bli rikare, vilket leder till fler resor och mer konsumtion. Den utvecklingen är på gång och tillverkningsindustrin flyttas successivt till andra länder som kommer att få ekonomisk utveckling, ökad energianvändning och snabbt ökande utsläpp. Året före coronakrisen såg vi vad som hände när länder som Vietnam, Bangladesh och Indonesien fick fart på den ekonomiska tillväxten.

Vietnam ökade sina utsläpp med drygt 20 procent under 2019, vilket berodde på en blomstrande ekonomi. Handelskriget mellan Kina och USA gynnade Vietnam. Bangladesh ökade sina utsläpp med 17,7 procent under 2019 och Indonesiens utsläpp steg med 8,8 procent. De tre länderna har en sammanlagd befolkning på 550 miljoner, mer än EU och Storbritannien sammantaget. Den största delen av de tre ländernas befolkning bor på landsbygden så förutom befolkningstillväxt kan vi också förvänta oss en snabb urbanisering. Andra länder med stora befolkningar och där utsläppen i framtiden kan förväntas öka kraftigt är exempelvis Pakistan, Egypten och Etiopien. Förhoppningsvis kan även länder som Nigeria få fart på ekonomin.

Under de närmast åren är det dock Kina och Indien som kommer att sätta djupast avtryck i den globala utsläppsstatistiken. Det bor närmare 2,8 miljarder människor i de två länderna. Människor som förväntar sig fortsatt ekonomisk utveckling för det är långt kvar innan invånarna når samma standard som i Europa eller Nordamerika. BNP per invånare är sex gånger större i USA än i Kina och Tysklands BNP per invånare är 24 gånger större än Indiens (Världsbanken).

Förutom ekonomisk utveckling kommer urbaniseringen att bidra till att utsläppen ökar. I Kina bor ungefär 64 procent av invånarna i städerna (Världsbanken 2020) . Det kan jämföras med USA där siffran är 80 eller Sverige där 88 procent av invånarna lever i urban miljö. I en rapport från Harvard Kennedy School 2018 skriver författarna att under de närmaste 15 åren, fram till 2035, beräknas närmare 300 miljoner människor i Kina flytta från landsbygd till städer och 50 000 skyscapers (höghus med fler än 40 våningar) kommer att behöva byggas. Hur Kina kommer att hantera urbaniseringsprocessen som pågår i landet blir avgörande för de globala utsläppen under de kommande tio åren, enligt rapporten. År 2018 levde 60 procent av Kinas befolkning i städerna så utvecklingen följer den trend som rapporten pekade ut.

Indien beräknas inom tio år gå om Kina som världens folkrikaste land. Indien ligger efter i ekonomisk utveckling och inte minst lever betydligt fler indier energisnåla liv på landsbygden. Endast 35 procent av landets invånare bor i städerna. Det betyder att ungefär 900 miljoner lever på den indiska landsbygden eller lika många som det bor i USA, Japan och EU sammantaget. Om vi beräknar att 65 procent av Indiens invånare bor i städerna i mitten av århundradet, betyder det att stadsbefolkningen då har ökat med ungefär 630 miljoner, befolkningsökning plus flytt från landsbygden till städerna. En ökning av stadsbefolkningen som gör att Indien behöver bygga ut städerna med motsvarande 70 London under de närmaste 30 åren.

Energiomställningen

Energibehovet i världen har ökat för vart år, om vi bortser från 2020, och utbyggnaden av sol, vind och biobränslen har endast kunnat täcka en mindre del av den ökningen. Det är därför utsläppen av växthusgaser också har ökat. Om det globala energibehovet skulle ha nått sitt maximum under 2020, vilket är en orealistiskt tanke, och om utbyggnaden av den förnybara energi fortsätter i samma takt som under de senaste åren skulle det dröja 150-175 år innan de fossila bränslena är ersatta. Problemet blir att den el som då produceras till stor del är väderberoende.

En omställning till dagens förnybara energi kräver enorma mängder naturresurser. IEA (International Energy Agency) skriver i en rapport från 2021 att det handlar om en energiomställning från det bränsleintensiva till det materialintensiva *"The shift from a fuel-intensive to a material-intensive."* Behovet av de mineraler som idag finns i begränsade mängder som nickel, kobolt, koppar, litium, jordartsmetaller m. fl. är många gånger större för att bygga vind- och solkraft än för att bygga gas- och kärnkraft. Solkraft kräver sex gånger mer av den typen av mineraler än gaskraft, för att producera samma mängd el. Vindkraft till lands kräver nio gånger mer mineraler och vindkraft till havs 14 gånger mer mineraler än gaskraft. En elbil kräver sex gånger mer mineraler än en bensindriven bil, enligt IEA.

Än större blir skillnaden när det handlar om den yta som måste tas i anspråk. I en rapport från Profu/Energimyndigheten 2018 sägs att det i Sverige finns 316 000 hektar mark som med fördel kan användas för att producera solkraft. Mark som har "lågt alternativvärde" och som kan ge 120 TWh (terrawattimmar) el med hjälp av solen, enligt rapporten. För att solkraft ska kunna producera lika mycket el som Sverige använder, vilket är 140 TWh, skulle solcellsanläggningarna behöva ett 350 00 hektar stort område. En yta som motsvarar nästan en halv miljon fotbollsplaner med samma storlek som Friends arena. Hösten 2020 invigdes en solcellspark i Strängnäs. Den beräknas ge lite mindre el per hektar än vad Profu kalkylerar med i sin rapport, så 350 000 hektar solcellsparker för att producera den el Sverige behöver idag är en realistisk siffra.

Enligt en rapport från Energiföretagen som kom hösten 2021 så kan elanvändningen i Sverige komma att mer än fördubblas till 2045 och då krävs en yta för solcellsparker på minst 800 000 hektar, motsvarande 1 120 000 fotbollsplaner, för att producera den mängd el som Sverige då behöver. Om man skulle lägga de fotbollsplanerna på rad skulle de räcka tre varv runt jorden, vid ekvatorn.

Om Bangladesh i en framtid skulle använda lika mycket el per invånare som Sverige idag och om befolkningen inte ökar, skulle en tredjedel av landet täckas av solceller, om landet väljer det alternativet. Nu är solceller något mer effektiva i Bangladesh än i Sverige men det skiljer inte mycket, enligt Världsbankens solatlas. Solceller tappar i effektivitet när temperaturen stiger över 25 grader. Lägg därtill att solceller bara producerar el när solen skiner, att solceller behöver bytas ut efter 20-25 år och att de på platser med många partiklar i luften behöver tvättas ibland, så förstår man varför Bangladesh satsar på kärnkraft.

De två första reaktorerna i kärnkraftverket Rooppur är snart färdigbyggda och beräknas börja producera el 2023 respektive 2024. I ett uttalande i oktober 2021 säger premiärminister Sheikh Hasina att målet är att bygga ytterligare ett kärnkraftverk *"If we are able to build another nuclear power plant, we will no longer face a power crisis"* (nyhetsbyrån Bangladesh Sangbad Sangstha). Det är ett ryskt företag som bygger Rooppur, men Kina har aviserat att de är intresserade av att bygga nästa kärnkraftverk.

En vindkraftspark behöver en yta som är 450 gånger större än ett gaskraftverk för att producera samma mängd el (Zalk och Behrens). Antalet studier som uppmärksammar vindkraftverkens effekt såväl på det lokala klimatet som på den biologiska mångfalden växer för vart år.

De enorma ytor som vind- och solkraft behöver och att anläggningarna har kort livslängd jämfört med exempelvis en kärnkraftsreaktor indikerar att sol- och vindkraft även kräver betydligt större mängder betong, stål, glas och aluminium än vad som går åt vid byggande av gas- och kärnkraftverk. Det gör att skillnaden i använd yta blir än större om man lägger till alla ingrepp i naturen som inte minst gruvindustrin kommer att orsaka. Enbart gruvindustrins nödvändiga expansion för att tillfredsställa vind- och solkraftens behov av mineraler kan blir ett större hot mot biologisk mångfald än om motsvarande energi produceras av fossila bränslen. Det menar Sonter i en studie från 2020: *"These new threats to biodiversity may surpass those averted by climate change mitigation."*

Avfall från vind- och solkraft kommer att bli ett enormt problem. Det enda tänkbara är återvinning, men det är dyrt och svårt att få att fungera globalt. I stora delar av världen kommer uttjänta solpaneler att hamna på deponi eller grävas ner. Detsamma gäller för vindkraftverkens vingar. De betong och stålfundament som ett vindkraft vilar på kommer att förbli i marken.

Sol och vind kräver också att det finns annan produktion som levererar när det inte blåser eller när solen inte skiner, och som kan stabilisera systemet. För att ett elsystem som ska leverera el till kunderna ska kunna fungera tillfredsställande måste det tillföras och användas lika mycket el i varje ögonblick. Vattenkraft, kärnkraft och fossilkraft med sina stora turbiner har helt andra förutsättningar att skapa ett elsystem utan störningar, jämfört med ett system med stora mängder sol- och vindkraft. Även när det redan finns elproduktion i ett land som mer än väl täcker behovet och som därmed kan tillhandhålla reservkraft och stabiliseringskraft, är det mycket dyrt att bygga ut sol- och vindkraft. Det visar med all tydlighet Tyskland som är det land där kunderna betalar mest för elen.

Ett alternativ till reservkraft är att spara el från vind- och sol när de ger överskott. Det kan göras med batterier eller vätgas. Av elöverskottet som ska bli till vätgas försvinner en tredjedel när elen blir till vätgas, sen försvinner ytterligare en tredjedel när vätgasen ska producera el.

Biobränsle kräver visserligen ingen expansion av gruvindustrin, men tar stor plats, både på jordbruksmark och i skogen. I USA odlas majs för etanolproduktion på ungefär 16 miljoner hektar åkermark (United States Department of Agriculture). Det är en yta som är fyra gånger större än den yta som eldhärjades av bränder i USA under "rekordåret" 2015. Problematiken med palmolja har jag nämnt.

Kommentar

Indien är Asiens tredje största ekonomi, efter Kina och Japan, och därmed en av världens största ekonomier. Indien har exempelvis en mycket stark IT-sektor och är en stor vapenproducent. Jordbruket sysselsätter en stor del av befolkningen och trots att ett gynnsamt väder under 2021 ledde till rekordskördar måste jordbruket effektiviseras. Det är ohållbart att halva befolkningen i ett modernt land lever av jordbruk.

Indien står inför enorma utmaningar och att skaffa jobb till alla som måste lämna de små jordbruken är kanske den största. Urbaniseringen och alla de nya jobb som måste skapas kräver fortsatt snabb ekonomisk tillväxt. Indien är fortfarande ett fattigt land, sett till hur de flesta människorna lever. Jag nämnde att BNP per invånare i Tyskland är 24 gånger större än i Indien.

Nästan exakt 90 procent av den energi som används i Indien kommer från fossila bränslen och 4,5 procent kommer från förnybara energikällor (BP:s årliga statistik). Om Indien skulle använda lika mycket energi per invånare som Kina skulle Indien behöva producera fem gånger mer energi än idag. Sverige använder tio gånger mer energi per invånare än Indien. Att både kraftigt öka användningen av energi och ersätta den befintliga fossila energin med biobränslen, vind- och solkraft inom några årtionden är en utopisk tanke.

Kina har aviserat att målet är att ha 1 200 GW sol och vind till år 2030. Media publicerade uppgiften i oktober 2021 under rubriken "Grön omställning". Lever Kina upp till målsättningen att ha den mängden sol- och vindkraft 2030 betyder det att landet producerar 1 000 TWh mer el från sol och vind om tio år än vad landet gör idag. Kinas elanvändning har ökat med närmare 400 TWh per år under de senaste åren, så håller den trenden i sig kommer Kina att behöva producera 4 000 fler TWh 2030, varav sol och vind i bästa fall kan stå för en fjärdedel av ökningen. Skulle dessutom elbilarna bli fler så behöver den totala produktionsökningen bli än större.

För Kina handlar inte energipolitiken om att bli koldioxidneutral utan, som nämnts ovan, om att ha tillgång till billig och tillförlitlig energi, vilket är en förutsättning, inte bara för stabilitet i landet, utan också för Kinas ambitioner på den internationella scenen.

Kina bygger därför ut all slags energiproduktion. Jag har nämnt att landet vill säkra tillgången till gas och olja genom BRI. Kina är storkonsument av olja men har relativt liten produktion inom landets gränser. Kina bygger däremot ut sina oljeraffinaderier och är på god väg att passera USA som det land som har störst raffinaderikapacitet.

Landet har under senare år byggt nya vattenkraftverk i Tibet och i november förra året berättade media i Kina om ett nytt gigantiskt vattenkraftsprojekt i Tibet. Det handlar om en damm i floden Yarlung Tsangpo som när den passerar gränsen till Indien får namnet Brahmaputra. Dammen beräknas kunna producera tre gånger mer el än världens idag största vattenkraftsdamm, De tre ravinernas damm i sydvästra delen av Kina.

Den planerade dammen i Yarlung Tsangpo är ett mycket kontroversiellt projekt, miljömässigt och med tanke på att dammen kommer att förändra flödet i den stora flod som är viktig både för Indien och Bangladesh.

Inom något årtionde kommer Kina att vara världsledande i fråga om kärnkraft, både när det gäller att ha egen kärnkraftsproduktion och att bygga kärnkraft utomlands. Hösten 2021 är 18 kärnkraftsreaktorer under konstruktion i Kina enligt World Nuclear Association som också skriver på sin hemsida: *"China's policy is to go global with exporting nuclear technology"* och att det finns ett politiskt mål att inom en tioårsperiod bygga 30 reaktorer utomlands som en del av BRI. Det är en anledning till att Kina inte längre har samma intresse av att bygga kolkraft utomlands. En annan anledning är att Kina blir alltmer beroende av import av kol och ju fler länder som satsar på kol desto större är risken för höga kolpriser. Det finns en tredje anledning som jag återkommer till.

Sol och vind har sin plats i den breda energimix Kina eftersträvar, inte minst för att den förnybara energin minskar behovet av att importera energi.

Det är enbart rika västländer som har möjlighet och ambition att ställa om till förnybar energi. En omställning som i så fall inte kan ske utan stora ekonomiska och sociala kostnader, ett överutnyttjande av naturen och genom exploatering av fattigare länders naturresurser. Att inom EU:s gränser producera all den förnybara el som skulle krävas för att göra EU koldioxidneutralt lär inte vara möjligt. Det kommer att krävas import.

Ingafallen i den nedre delen av Kongofloden kan komma att bli en viktig leverantör till EU. Idag finns där två mindre vattenkraftverk, men det har under en tid funnits planer på ett enormt vattenkraftsprojekt, Grand Inga. En serie vattenkraftverk som tillsammans skulle ge dubbelt så mycket el som De tre ravinernas damm i Kina. Grand Inga skulle kunna producera el motsvarande 37-38 kärnkraftsreaktorer av den storlek som finns i Forsmark. Grand Inga skulle kunna bli ett mycket stort tillskott till elproduktionen i södra Afrika, men finansieringen har varit ett problem. I juni 2021 meddelade Kongos regering att man nu kommit överens med det australienska gruvföretaget Fortescue Metals Gruop om att företaget ska bygga Grand Inga. Fortescue planer, enligt deras styrelseordförande Andrew Forrest, är att använda elen från Grand Inga till att göra vätgas, som sen ska exporteras (Reuters 15 juni). Det är Europa och Nordamerika som har de ekonomiska resurserna att köpa vätgasen, som i EU kan bli till el. Något kontrakt är dock inte undertecknat, så det återstår att se om det i slutändan blir Fortescue som bygger. Oavsett om Grand Inga kommer att leverera vätgas till EU eller inte så kommer EU att bli beroende av energiimport för att klara omställningen från den fossila energin.

Förnybar energi, som sol och vind, kan inte ses som globala lösningar. Det är enbart EU och Nordamerika som i praktiken har som mål att bli koldioxidneutrala till mitten av århundradet. Resten av världen vet att det varken är möjligt eller önskvärt. Låg- och medelinkomstländerna kommer därför att välja en annan väg, oavsett vad de säger eller vilka löften de ger på FN:s klimatmöten. Det är låg- och medelinkomstländerna som kommer att styra de globala trenderna när det gäller energianvändning och utsläppen av växthusgaser. Där bor 85 procent av jordens invånare och därifrån kommer redan närmare 70 procent av de globala utsläppen. De rika ländernas andel av såväl befolkning som utsläpp av växthusgaser minskar snabbt.

Jag har nämnt utvecklingen i Kina och Indien. Två andra exempel: Det ryska oljebolag Rosneft har nyligen påbörjat utbyggnaden av ett gigantiskt oljeprojekt på tundran i närheten av Arktiska oceanen. Bolaget räknar med att redan år 2030 pumpa upp 100 miljoner ton olja årligen. Det mesta av oljan kommer att skickas österut.

Enligt Global Energy Monitor finns planer i en rad länder i Asien på nya gaskraftverk, nya gasledningar och terminaler för import och export av LNG (flytande gas) för en sammanlagd kostnad på runt 4 000 miljarder, vilket skulle innebära en fördubbling av Asiens nuvarande kapacitet.

Inom EU och i Nordamerika minskar viljan att investera i gas- och oljebolag. Tillsammans med ambitionen att öka elanvändningen leder det till högre globala energipriser. Något som drabbar alla konsumenter runt om i världen och de som drabbas hårdast är de med minst ekonomiska resurser. Vill vi ha en global energiomställning bort från de fossila bränslena måste den gå hand i hand med fortsatt ekonomisk utveckling, fattigdomsbekämpning och demokratiutveckling. Dessutom måste världens länder vara överens om hur vägen bort från den fossila energin ser ut.

Första förutsättningen för en global energiomställning är att det finns alternativ som kan producera billigt, tillförlitligt och hållbart. Det finns inte idag. De alternativ som inom en rimlig tid kan stabilisera utsläppen av växthusgaser, och som har minst påverkan på biologisk mångfald och jordens naturresurser, är naturgas och kärnkraft. Även EU kommer så småningom att inse att det är huvudalternativen. De förnybara energialternativen är en återvändsgränd och har fungerat som en bromskloss på vägen mot energilösningar som kan täcka de framtida behoven och som inte tär på jordens begränsade resurser. Dagens energikris och höga energipriser har med allt tydlighet visat omvärlden riskerna med de energilösningar västvärlden valt att satsa på.

Det tycks som om politiker, media och andra aktörer i den rika världen helt utgår från det egna perspektivet och den egenritade kartan när det gäller hur "klimat och energipolitiken" ska utformas. Global koldioxidskatt och extra avgifter på varor som produceras med hjälp av fossil energi och som importeras till EU är åtgärder som kommer att missgynna låg- och medelinkomstländer. Att ändra beteende som att äta mindre kött och minska på flygande är inga åtgärder som minskar det behov av energi som krävs när Indiens städer växer med drygt en halv miljard människor under de närmsta årtiondena eller som Nigerias 100 miljoner människor som lever i extrem fattigdom reflekterar över.

Elbilar är ett annat exempel på "handla först och tänk sedan". Eldrift har många fördelar men kommer inte att minska koldioxidutsläppen. Tvärtom, i nästan alla länder i världen betyder övergång till elbilar ökade koldioxidutsläpp och ökad miljöbelastning. I länder där fossilkraft står för en del av elproduktionen betyder en sparad kilowattimme minskade koldioxidutsläpp och en extra kilowattimme ökade utsläpp. Det beror på att de fossila bränslena har de högsta rörliga kostnaderna och därmed fungerar som marginalkraft. Om det finns ett elöverskott är det en bättre affär att stoppa produktionen i ett kolkraftverk än att stänga av ett antal vindkraftverk. Vinden är gratis men kol kostar. Om vi bygger 100 vindkraftverk så ställs vi inför ett val. Antingen använder vi elen till att ladda elbilar eller till att stänga kolkraft. Det senare alternativet leder till mindre utsläpp av koldioxid och mindre övrig miljöbelastning (Schmidt 2020).

Klimatmöten

Hösten 2021 var det dags för det 26 COP-mötet, d.v.s. då världens länder samlas för att komma överens om begränsningar av utsläppen av växthusgaser och om klimatbistånd till låg- och medelinkomstländer. Ett möte som hölls i Glasgow, Skottland. Det är nästan exakt 30 år sedan klimatkonventionen förhandlades fram och ännu kan man inte se några resultat i den globala utsläppskurvan. Användningen av de fossila bränslena och koldioxidutsläppen ökar stadigt, trots att det under årens lopp har givits en mängd löften och mål har satts upp. Jag är ganska övertygad om att även i Glasgow kommer löften att ges och länderna kommer att enas om ett antal mål. Löften och mål som i praktiken inte kommer att leda till att de globala utsläppen minskar. Hur stora de framtida globala utsläppen blir bestäms inte vid förhandlingsbordet utan vad den ekonomiska utvecklingen kräver och vilka realistiska energialternativ som står till buds. Den strategi som FN, EU och Nordamerika valt, att fokusera på att länderna ska komma överens om att bli koldioxidneutrala till mitten av århundradet, är dömd att misslyckas. Det oavsett hur många länder, städer och företag som säger sig anamma målet. Den dag det finns alternativ som kan konkurrera ut de fossila bränslena när det gäller kostnad och effektivitet behövs ingen klimatkonvention. Då sker en energiomställning per automatik.

Knappt två veckor före mötet enades LMDC-länderna (Like-Minded Developing Countries), ett 25-tal länder där befolkningsrika länder som Kina, Indien, Indonesien och Pakistan ingår, om en skrivelse där det bland annat sägs att de rika ländernas löfte om klimatbistånd på 100 miljarder dollar årligen inte är i närheten av att uppfyllas och att det underminerar förtroendet för det globala klimatsamarbetet. LMCD länderna skriver också att de rika ländernas nya mål, att alla länder ska ha noll utsläpp 2050, är *"anti-equity and against climate justice"*.

Det ligger nära till hand för låg- och medelinkomstländer att tolka en målsättning om koldioxidneutralitet till 2050 som en form av kolonialism. Ett sätt att stoppa ekonomisk och social utveckling i mindre rika länder. Om inte den rika världens politiker backar så kommer det att bli en djup spricka mellan de rika länderna och världen i övrigt.

Klimatmötena lever på övertid, men för nästan alla länder finns det incitament att fortsätta. För Kina är klimatkonventionen och västvärldens klimatambitioner en skänk från ovan. En möjlighet för landet att inta platsen som världens stormakt när det gäller energi. Visserligen är USA det land som producerar mest olja och bland de tio största olje- och gasbolagen finns idag flera från väst, som BP, Shell och EXXON. Om väst avstår från att investera i gas och olja kommer det inte att leda till minskade utsläpp. Världen behöver fortfarande och under lång tid framåt den olja och gas som kan produceras och om BP, Shell och övriga oljejättar från väst lämnar den globala scenen kommer tomrummet att fyllas av andra. Den utvecklingen är inte svår att förutsäga. Om tio år kommer listan över största gas- och oljebolag helt att domineras av Kina, Ryssland och Mellanöstern. Redan idag är det två kinesiska bolag som toppar listan när det gäller omsättning. Jag har nämnt kärnkraften där Kina har ambitioner att bli världsledande och när det gäller mineraler till vindkraftverk, solpaneler och batterier är redan Kina dominant. Detsamma gäller tillverkning av solceller.

Kina har därför ett ambivalent förhållande till klimatsamarbetet. Å ena sidan kommer landet att vara beroende av att fortsätta bygga ut fossil energi under lång tid framåt. Å andra sidan vill Kina framstå som ett land som tar klimatfrågan på allvar. Löftet om att sluta bygga kolkraft utomlands ska också ses i det perspektivet. Det gäller att gå en balansgång mellan att till synes vara med i klimatsamarbetet men ändå ha frihet att strunta i de "klimatmål" konkurrentländerna i väst sätter upp. Det kan Kina delvis göra tack vara att media och miljörörelse i väst endast har fokus på vad som händer i den rika delen av världen.

För västvärldens ledare är klimatmötena en scen från vilken man talar till de egna väljarna. Klimatpolitik har blivit en viktig valfråga och det är på klimatmötena som betydelsen bekräftas.

Låg- och medelinkomstländerna har länge närt en förhoppning om att klimatsamarbetet ska ge ekonomisk utdelning. Men det finns nog en gräns för låg- och medinkomstländernas tålamod, speciellt om den rika världen nu börja ställa krav som upplevs som en fläkt från kolonialtiden.

Indiens premiärminister Shri Narenda Modi sa i sitt tal vid mötet i Glasgow att Indien förväntar sig att de "utvecklade länderna" snarast bidrar med biljoner dollar till klimatåtgärder. Modi berömde också klimatarbetet i det egna landet och hävdade att 40 procent av Indiens energimix kommer från icke-fossil energi. Ett obegripligt påstående med tanke på att BP:s siffra är 10 procent. Det var dock inget svensk media reagerade över utan det som fick uppmärksamhet var Modis uttalande att Indiens mål är att bli koldioxidneutralt först år 2070.

FN:s klimatprocess har en inneboende dynamik som leder till att de kartor som ritas upp skiljer sig alltmer från verkligheten. IPCC och klimatkonventionen är, som jag nämnt, delar av samma struktur och med samma mål. Det är folk hämtade från den politiska sfären som är delegater såväl vid IPCC- som vid COP-möten. Både vid IPCC-möten där IPCC:s rapporter ska godkännas och vid klimatkonventionens möten är det alltså FN och ländernas regeringar som håller i trådarna. För att de mål som beslutas vid klimatkonventionens möten ska anses nödvändiga måste IPCC komma med ett tydligt budskap om angelägenheten och om de uppsatta målen inte nås, måste politikerna se till att nästa budskap från IPCC blir än tydligare, vilket i sin tur kräver än striktare utsläppsmål. Det är där vi är idag. Med globala utsläppsmål som inte är realistiska och med föreslagna "klimatåtgärder" som sannolikt kommer att ställa till mer skada än nytta, om de genomförs.

Konsekvenserna av västvärldens klimat och

energipolitik kan sammanfattas på följande sätt:

Det finns ingenting som talar för att utsläppen av växthusgaser ska minska. Låg- och medelinkomstländerna kommer att fortsätta prioritera ekonomisk tillväxt och för det krävs tillgång till billig och tillförlitlig energi. I dagsläget är det gas, kol och olja.

Kina, och i viss mån Ryssland, kommer att stärka sitt politiska och ekonomiska inflytande tack vare att länderna kommer att kontrollera de globala energitillgångarna.

Europa spelar en alltmer marginell roll, ekonomiskt och politiskt, på den globala scenen och EU:s klimat och energipolitik påskyndar den utvecklingen.

Höga energipriser i Europa kommer att leda till större ekonomiska och sociala klyftor och på sikt riskerar ländernas ekonomier att försvagas. Något som öppnar för populistiska partier.

Det blir en spricka mellan västvärlden och övriga världen som kommer att försvåra samarbetet även i andra viktiga globala framtidsfrågor.

En global storskalig utbyggnad av vind, sol och bioenergi är antagligen ett större hot mot biologisk mångfald och ekosystem än de av människan orsakade klimatförändringarna, åtminstone under de närmaste 100 eller 200 åren. *”Att frälsa miljön genom att förstöra den”*, för att citera Michael Shellenberger, författare och journalist.

Avslutning

När vi i den rika delar av världen talar om att vi måste ändra livsstil och konsumtionsmönster så talar vi egentligen inte om den egna personen eller familjen. Det gäller nästan alla av oss och det gäller inte minst alla de delegater som anlände till klimatmötet i Glasgow i privata jetplan. Jag tror att vi vill att våra barn ska ha det minst lika bra som vi själva har det och inte behöva leva lika energisnåla liv som Indiens småbönder eller Nigerias många extremt fattiga. Trots det så är inte längre fattigdomsbekämpning något som står i det internationella samfundets eller vårt eget fokus. Synen på fattigdom och ojämlikhet har förändrats.

Under 1990-talet försökte det internationella samfundet angripa fattigdom vid källan. Varje land uppmanades bedriva en ekonomisk politik inriktad på att minska sociala och ekonomiska skillnader. En politik som skulle ge utbildning åt alla, stärka kvinnans rättigheter och möjligheter och skapa jobb. Nu ses fattigdom och kvinnans utsatthet som något statiskt och för att inte förvärra situationen för den fattiga delen av världens befolkning höjs röster för att vi i den rika delen av världen, fast kanske då inte jag själv eller min familj, förändrar vårt beteende och skär ner på resande och konsumtion i hopp om att minska/eliminera risken för extremväder. Vi glömmer att andelen fattiga i världen har minskat dramatiskt sedan 1990-talet, tack vare resande och konsumtion.

Jag berättade om den inuitiska byn Ulukhaktok på ön Victoria norr om det kanadensiska fastlandet i bokens första kapitel och den besvikelse borgmästaren uttryckte för att isen gjorde det omöjligt för kryssningsfartyg att anlöpa byn under 2018: *"The cancellation do impact the community a lot. It impacts the people. It impacts them, their children, their income."*

Den rika världens fokus på "klimathotet" har gjort att våra perspektiv blivit alltför smala. Det gäller vårt sätt att se på omvärlden, på miljöhot, hållbarhet, utveckling, energi och inte minst på klimat och väder.

Klimatet är komplext och när perspektivet vidgas, när den enskilda klimathändelsen sätts in i ett större perspektiv förändras bilden. I rapporteringen och i uttalanden från ledande politiker stannar analysen vid "klimatkris" när ett tropiskt oväder drar in över USA:s kuster eller när ett regnoväder leder till översvämningar i Europa. Det är möjligt att vi går mot extremare väder. Det har hänt förr och det är möjligt att människa i så fall bidrar/är orsaken. Det är möjligt att utsläppen på sikt är ett hot som måste elimineras. Jag har naturligtvis inte svaren. Det är heller inte en journalists främsta uppgift att leverera svar, snarare att vidga perspektiv och ställa frågor. En som alltid behöver ställas är om kartan stämmer med verkligheten.

Källförteckning

Kapitel 1

Nordvästpassagen besegras
Cruise Industry News, den 5 september 2018.

Isens århundrade
Berben et al., 2019 Atlantic water inflow and sea ice distribution in the northern Barents Sea: A Holocene palaeoceanographic evolution (et al. står för att det är flera författare och 2000 är året för publicering).
Caron et al., 2019 Evolution of sea-surface conditions on the northwestern Greenland margin during the Holocene.
Dyke et al., 1996 A history of sea ice in the Canadian arctic archipelago based on postglacial remains of the bowhead whale (Balaena mysticetus). Arctic 49: 235–255.
Dyke and England, 2002 Canada's Most Northerly Postglacial Bowhead Whales (Balaena mysticetus): Holocene Sea-Ice Conditions and Polynya Development.
Geirsdóttir et al., 2019 The onset of neoglaciation in Iceland and the 4.2 ka event.
Kolling et al., 2018 New insights into sea ice changes over the past 2.2 kyr in Disko Bugt, West Greenland.
Kryk et al., 2017 Holocene oceanographic variation in the Godthåbsfjord region, SW Greenland, using diatom proxy.
Lacka et al., 2019 Postglacial paleoceanography of the western Barents Sea: Implications for alkenone-based sea surface temperatures and primary productivity.
Mangerud and Svendsen, 2017 The Holocene Thermal Maximum around Svalbard, Arctic North Atlantic; molluscs show early and exceptional warmth.
Moffa-Sanchez and Hall, 2017 North Atlantic variability and its links to European climate over the last 3000 years.
Porter et al., 2019 Ice Core ⊠18O Record Linked to Western Arctic Sea Ice Variability.
Sannel et al., 2017 Holocene development and permafrost history in sub-arctic peatlands in Tavvavuoma, northern Sweden.
Savelle et al., 2000 Holocene bowhead whale (Balaena mysticetus) mortality patterns in the Canadian Arctic Archipelago. Arctic 53:414–421.
Schmith and Hansen, 2003 Fram Strait ice export during the 19th and 20th centuries reconstructed from a multi-year sea-ice index from Southwestern Greenland.
Stein et al., 2017 Holocene variability in sea ice cover, primary production, and Pacific-Water inflow and climate change in the Chukchi and East Siberian Seas (Arctic Ocean).
Yamamoto et al., 2017 Holocene dynamics in the Bering Strait inflow to the Arctic and the Beaufort Gyre circulation based on sedimentary records from the Chukchi Sea.

Grönland
Axford et al., 2019 Holocene temperature history of northwest Greenland – With new ice cap constraints and chironomid assemblages from Deltasø.
Barry et al., 1977 Environmental change and cultural change in the eastern Canadian Artic during the last 5 000 years.

Box, 2009 Greenland Ice Sheet Surface Air Temperature Variability: 1840–2007.
Dahl-Jensen et al., 1998 Past temperatures directly from Greenland Ice Sheet (Det finns många studier som behandlar Grönlands temperatur i ett längre perspektiv och borrningar i isen har gjorts på flera platser.)
Larsen et al., 2019 Local ice caps in Finderup Land, North Greenland, survived the Holocene Thermal Maximum.
Schweinsberg et al., 2019 Multiple independent records of local glacier variability on Nuussuaq, West Greenland, during the Holocene.
Szpak et al., 2019 Variation in late Holocene marine environments in the Canadian Arctic Archipelago: Evidence from ringed seal bone collagen stable isotope compositions.

Sill, sälar och pollen
Arazny et al., 2019 A comparison of bioclimatic conditions on Franz Josef Land (the Arctic) between the turn of the nineteenth to twentieth century and present day.
Humlum et al., 2011 Identifying natural contributions to late Holocene climate change.
Nicolas report, Monthly Weather Review November 1922.
Overpeck et al., 1997 Arctic Environmental Change of the Last Four Centuries
Thomas and Briner, 2008 Climate of the past millennium inferred from varved proglacial lake sediments on northeast Baffin Island, Arctic Canada.

Antarktis
Edinburgh and Day, 2016 Estimating the extent of Antartic summer ice during the Heroic Age of Antartic Exploration.

Isen har växt och krympt
Bertler et al., 2011 Cold conditions in Antarctica during the Little Ice Age — Implications for abrupt climate change mechanisms.
Hall et al., 2006 Holocene elephant seal distribution implies warmer-than-present climate in the Ross Sea.
Kingslake et al., 2018 Extensive retreat and readvance of the West Antarctic Ice Sheet during the Holocene.
Koch et al., 2019 Mummified and skeletal southern elephant seals (Mirounga leonina) from the Victoria Land Coast, Ross Sea, Antarctica.
Lüning et al., 2019 The Medieval Climate Anomaly in Antarctica.
Orsi et al., 2012 Little Ice Age cold interval in West Antarctica: Evidence from borehole temperature at the West Antarctic Ice Sheet (WAIS) Divide.
Stenni et al., 2017, Stenni, B., Curran, M. A. J., Abram, N. J., Orsi, A., Goursaud, S., Masson-Delmotte, V., Neukom, R., Goosse, H., Divine, D., van Ommen, T., Steig, E. J., Dixon, D. A., Thomas, E. R., Bertler, N. A. N., Isaksson, E., Ekaykin, A., Werner, M., and Frezzotti, M.: Antarctic climate variability on regional and continental scales over the last 2000 years, Clim. Past, 13, 1609–1634, https://doi.org/10.5194/cp-13-1609-2017.

Värmebölja i Antarktis
Schneider and Steig, 2008 Ice cores record significant 1940s Antarctic warmth related to tropical climate variability.

Glaciärerna smälter - kosmisk förändring
Holmlund och Holmlund, 2019 Constraining 135 years of mass balance with historic structure-from-motion photogrammetry on Storglaciären, Sweden.
IPCC 2007, Climate Change 2007: The Physical Science Basis, s. 360 Figure 4.16. The broken red line highlights the retreat of Kilimanjaro glaciers. The insert shows the area change (km2) of the Kilimanjaro plateau (red) and slope (purple) glaciers as separated by the 5,700 m contour line (Kaser and Osmaston, 2002 (updated courtesy of S. Lieb); Mölg et al.., 2003b; Georges, 2004; Hastenrath, 2005; Cullen et al.., 2006; Klein and Kincaid, 2006).
Leclercq et al., 2014 A data set of worldwide glacier length fluctuations.
Oerlemans et al., 2005 Extracting a Climate Signal from 169 Glacier Records.
Sigl et al., 2018 19th century glacier retreat in the Alps preceded the emergence of industrial black carbon deposition on high-alpine glaciers.
Medford Mail Tribune, den 29 december 1923.

Träd och is ger samma bild
Esper et al., 2018, Large-scale, millennial-length temperature reconstructions from tree-rings
Fig. 1. Millennial-length temperature reconstructions from tree-rings. Six warm season temperature reconstructions of larger fractions of the Northern Hemisphere reaching back to 831 CE. All records are scaled against 30–70 °N JJA temperatures over the common 1881–1992 period and expressed as anomalies from 1961-1990.
IPCC 2013, Climate Change 2013: The Physical Science Basis, s. 409.
Ljungqvist et al, 2020 Assessing non-linearity in European temperature-sensitive tree-ring data.
McCaroll et al., 2013. A 1200-year multiproxy record of tree growth and summer temperature at the northern pine forest limit of Europe.
Xing et al., 2016 The Extratropical Northern Hemisphere Temperature Reconstruction during the Last Millennium Based on a Novel Method.

Globalt värmerekord
Monthly Weather Review januari 1922 och februari 1933
National Oceanic and Atmospheric Administration, www.ncdc.noaa.gov/extremes/scec/records.

1934 - det extrema året
Cook et al., 2014 The worst North American drought year of the last millennium: 1934.

Kinas extrema väder

Centre for Research on the Epidemiology of Disasters (CRED), EM-DAT: The Emergency Events Database-Université catholique de Louvain (UCL)-CRED, D. Guha-Sapir-www.emdat.be, Brussels, Belgium.

Växthuseffekten
Möller, 1963 On the influence of Changes in the CO2 Concentration in Air on the Radiation Balance of the Earths Surface and on the Climate.

Kapitel 2

Ny istid på gång
Brown and Cote, 1992 Interannual Variability of Landfast Ice Thickness in the Canadian High Arctic, 1950-89.
IPCC 1990, FAR Climate Change: Scientific Assessment of Climate Change, s. 224.
Mudryck et al., 2018 Canadian snow and sea ice: historical trends and projections.
Rubriker i svenska tidningar: Göteborgsposten 27/12 1973, Expressen 16/2 1979, Svenska Dagbladet 28/8 1975, DN 9/2 1975 och 23/12 1970.

Global dimma
S. I. Rasool and S.H. Schneider, Atmospheric Carbon Dioxide and Aerosols: Effects of Large Increases on Global Climate. Science, 173, 138-141, doi:10.1126/science.173.3992.138.

Temperaturkurva som Matterhorn
K. Angell and J. Korshover, 1977 Global Temperature Variation, Surface-100 mb: An Update into 1977.
K. Angell and J. Korshover, 1983 Global Temperature Variations in the Troposphere and Stratosphere, 1958–1982.
Cimorelli and House, 1974 Our contaminated atmosphere: The danger of climate change, phase 1 and 2 (effect of atmospheric particulate matter on surface temperature and earth´s budget).
Flohn, 1974 Background of a Geophysical Model of the Initiation of the Next Glaciation.
Mitchell, 1961 Recent Secular Changes of Global Temperature.
Mitchell, 1963, On the Worlds-Wide Pattern of Secular Temperature Change.
Mitchell, 1970, A Preliminary Evaluation of Atmospheric Pollution as a Cause of the Global Temperature Fluctuation of the Past Century.
Yamamoto, 1977 Change of surface air temperature averaged globally during the years 1957–1972.

Matbrist och kärnvapenkrig
Brown, 1976 Shortening of growing season in the US corn belt.
CIA, 1974 Potential Implications of Trends in

World Population, Food Production and Climate. NOAA Magazine October, 1974 Climate: Key to the World's Food Supply
Stewart and Glantz, 1985 Expert judgment and climate forecasting: A methodological critique of "climate change to the year 2000".

Mötet i Woods Hole

Charney report, 1979 Carbon dioxide and climate: A scientific assessment.
Hansen et al., 1981 Climate Impact of Increasing Atmospheric Carbon Dioxid.

Havens klimatsystem

Drinkwater and Kristiansen, 2018 A synthesis of the ecosystem responses to the late 20th century cold period in the northern North Atlantic.
Harald Loeng, Institute of Marine Research, Bergen, 1989 The influence of Temperature on some Fish Population Parameters in the Barents Sea.
Kwon et al., 2017 Delayed egg-laying and shortened incubation duration of Arctic-breeding shorebirds coincide with climate cooling.
Newell, 1993 Exceptionally Large Icebergs and Ice Islands in Eastern Canadian Waters: A Review of Sightings from 1900 to Present.

Oceanernas temperaturer

IPCC 2013, Climate Change 2013: The Physical Science Basis, s. 190.
Fig 2.17 Global monthly mean sea surface temperature (SST) anomalies relative to a 1961–1990 climatology from satellites (ATSRs) and in situ records (HadSST3). Black lines: the 100-member HadSST3 ensemble. Red lines: ATSR-based nighttime subsurface temperature at 0.2 m depth (SST0.2m) estimates from the ATSR Reprocessing for Climate (ARC) project. Retrievals based on three spectral channels (D3, solid line) are more accurate than retrievals based on only two (D2, dotted line). Contributions of the three different ATSR missions to the curve shown are indicated at the bottom. The in situ and satellite records were co-located within 5° × 5° monthly grid boxes: only those where both data sets had data for the same month were used in the comparison. (Adapted from Merchant et al. 2012.)

Kapitel 3

Fler solstrålar som värmer

Pinker et al., 2005 Do Satellits Detect Trends in Surface Solar Radiation?
Wild et al., 2005 From Dimming to Brightening: Decadal Changes in Solar Radiation at Earth´s Surface.

IPCC 2007

IPCC 2007, Climate Change 2007: The Physical Science Basis, s. 277 ff och s. 674 ff
Sveriges Radio (Vetandets värld), Mätresultaten som utmanar slutsatserna i FN:s klimatrapport 16/6 och 15/9 2008 https://sverigesradio.se/artikel/2306968.

IPCC 2013

IPCC 2013, Climate Change 2013: The Physical Science Basis, s. 183 ff och kapitel 8.
Raichijk, C., 2011: Observed trends in sunshine duration over South America. Int. J. Climatol., 32, 669-680.
Wang et al., 2012 Atmospheric impacts on climatic variability of surface incident solar radiation. Atmos. Chem. Phys., 12, 9581–9592.

Mer sol i Sverige

IPCC 2007, Climate Change 2007: The Physical Science Basis. kapitel 8.
IPCC 2013, Climate Change 2013: The Physical Science Basis, kapitel 7.

Kapitel 4

Delegaterna

Sveriges Radio, 23/9 2013.
Göteborgstidningen, 24/9 2013.

Kapitel 5

Dynamiskt och kaotiskt

IPCC 2001, Climate Change 2001: The Scientific Basis, s. 771.
National Academy of Sciences 1999, Adequacy of Climate Observing Systems 1999.

Havsströmmar och vindar
IPCC 2013, Climate Change 2013, The Physical Science Basis, s. 273 ff och s. 281 ff.

Solen
Chatzistergos et al., 2017 New reconstruction of the sunspot group numbers since 1739 using direct calibration and 'backbone' methods.
Deke et al., 2019 Synchronous 500-year oscillations of monsoon climate and human activity in Northeast Asia.
Egorova et al., 2018 Revised historical solar irradiance forcing.
Judge et al., 2020 Sun-like Stars Shed Light on Solar Climate Forcing.
Scarfetta och Wilsson, 2014 ACRIM total solar irradiance satellite composite validation versus TSI proxy models.
Solanki et al., 2004 Unusual activity of the Sun during recent decades compared to the previous 11,000 years.
Usoskin et al., 2006, Solar activity reconstructed over the last 7000 years: The influence of geomagnetic field changes.

Axplock
Acosta Navarro et al., 2016 Amplification of Artic warming by past air pollution reductions in Europe.
Cess and Udelhofen, 2003 Climate change during 1985–1999: Cloud interactions determined from satellite measurements.
Hofer et al., 2017 Decreasing cloud cover drives the recent mass loss on the Greenland Ice Sheet.
IPCC 2007, Climate Change 2007:The Physical Science Basis, kapitel 8.
IPCC 2013, Climate Change 2013: The Physical Science Basis, kapitel 7.
Karl-Göran Karlsson och Abhay Devasthale, 2018 Inter-Comparison and Evaluation of the Four Longest Satellite-Derived Cloud Climate Data Records: CLARA-A2, ESA Cloud CCI V3, ISCCP-HGM, and PATMOS-x.
Kato et al., 2018 Surface Irradiances of Edition 4.0 Clouds and the Earth's Radiant Energy System (CERES) Energy Balanced and Filled (EBAF) Data Product.
Kennedy och Hodzic, 2019 Testing the Hypothesis that Variations in Atmospheric Water Vapour are the Main Cause of Fluctuations in Global Temperature.
Loeb et al., 2018 Changes in Earth's Energy Budget during and after the "Pause" in Global Warming: An Observational Perspective.
Song, J., Wang, Y. & Tang, J. A Hiatus of the Greenhouse Effect. Sci Rep 6, 33315 (2016).
Stanhill et al., 2014 The cause of solar dimming and brightening at the Earth surface during the last half century.
Tedesco et al., 2016 The darkening of the Greenland ice sheet: Trends, drivers and projections (1981-2100). The Cryosphere, 10, 477-496, doi:10.5194/tc-10-477-2016.

Kapitel 6

Värmeöar
Imhoff et al., 2010 Remote sensing of the urban heat island effect across biomes in the continental USA.
Ramamurthy et al., 2017 Impact of heatwave on a megacity: an observational analysis of New York City during July 2016.
Torok et al., 2001 Urban heat island features of southeast Australian towns.
Zhang et al., 2010 Characterizing urban heat islands of global settlements using MODIS and nighttime lights products.
Varentsov et al., 2018 Anthropogenic and natural drivers of a strong winter urban heat island in a typical Arctic city. Zhang et al., 2012 Exploring the influence of impervious surface density and shape on urban heat islands in the northeast United States using MODIS and Landsat.
P1-morgon, 11/10 2007.

USA:s värmehål
Banerjee et al., 2017 The United States "warming hole": Quantifying the forced aerosol response given large internal variability.
Hansen et al., 2001 , A closer look at United States and global surface temperature change.
IPCC 2013, Climate Change 2013, The Physical Science Basis, s. 212.
Kunkel et al., 2006 Can CGCMs Simulate the Twentieth-Century "Warming Hole" in the Central United States?
Pan et al., 2017 North Pacific SST Forcing on

the Central United States "Warming Hole" as Simulated in CMIP5 Coupled Historical and Uncoupled AMIP Experiments.
Partridge et al., 2018 Spatially Distinct Seasonal Patterns and Forcings of the U.S. Warming Hole.
Rogers, 2013 The 20th century cooling trend over the southeastern United States. Clim Dyn 40, 341–352. https://doi.org/10.1007/s00382-012-1437-6.
Tanner et al., 2015 Sedimentary Proxy Evidence of a Mid-Holocene Hypsithermal Event in the Location of a Current Warming Hole, North Carolina, USA.
Yu et al., 2015 Attribution of the United States "warming hole": Aerosol indirect effect and precipitable water vapor. Sci Rep 4, 6929 (2015). https://doi.org/10.1038/srep06929.

Australiens temperaturutveckling

Jennifer Marohasy, 2016 Temperature change at Rutherglen in south-east Australia, New Climate.

Kontinenternas temperaturer

IPCC 2007, Climate Change 2007:The Physical Science Basis, s. 243.
IPCC 2013, Climate Change 2013: The Physical Science Basis, s. 187.
E. Steirou, and D. Koutsoyiannis, Investigation of methods for hydroclimatic data homogenization, European Geosciences Union General Assembly 2012, Geophysical Research Abstracts, Vol. 14, Vienna, 956-1, European Geosciences Union, 2012.

Kusttemperaturer vs inlandstemperaturer

Lansner and Pedersen, 2018 Temperature trends with reduced impact of ocean air temperature.

Divergensproblem

Martin et al., 2020 Early Holocene Thermal Maximum recorded by branched tetraethers and pollen in Western Europe (Massif Central, France).
Montaggioni et al., 2019 New insights into the Holocene development history of a Pacific, low-lying coral reef island: Takapoto Atoll, French Polynesia.
Oliver and Terry, 2019 Relative sea-level highstands in Thailand since the Mid-Holocene based on 14C rock oyster chronology.
Rivers et al., 2019 Are carbonate barrier islands mobile? Insights from a mid to late-Holocene system, Al Ruwais, northern Qatar.
Shi et al., 2020 Ensemble standardization constraints on the influence of the tree growth trends in dendroclimatology Climate dynamics volume 54, pages3387–3404(2020).
Sloss et al., 2018 Holocene sea-level change and coastal landscape evolution in the southern Gulf of Carpentaria, Australia.

Polarområdena under 2000-talet

Bamber et al., 2018 A new synthesis of annual land ice mass trends 1992 to 2016.
Clem et al., 2018 Autumn Cooling of Western East Antarctica Linked to the Tropical Pacific: ENSO and East Antarctic climate.
Fernandoy et al., 2018 New insights into the use of stable water isotopes at the northern Antarctic Peninsula as a tool for regional climate studies.
IPCC 2007, Climate Change 2007:The Physical Science Basis, s. 249.
Kobashi et al., 2017 Volcanic influence on centennial to millennial Holocene Greenland temperature change.
Ludescher et al., 2016 Long-term persistence enhances uncertainty about anthropogenic warming of Antarctica Climate Dynamics 46, 263-271 (2016).
Oliva et al., 2017 Recent regional climate cooling on the Antarctic Peninsula and associated impacts on the cryosphere.
Steig et al., 2009 Warming of the Antarctic ice-sheet surface since the International Geophysical year.
Turner et al., 2005 Antarctic climate change during the last 50 years.
Turner et al., 2016 Absence of 21st century warming on Antarctic Peninsula consistent with natural variability.
Westergaard-Nielsen et al., 2018 Contrasting temperature trends across the ice-free part of Greenland.
Polar Portal Season Report 2018 DMI.
Polyakov et al., 2020 Weakening of Cold Halocline Layer Exposes Sea Ice to Oceanic Heat

in the Eastern Arctic Ocean.

Snötäcket växer
Rutgers University Global Snow Lab. Estilow, T.W., A.H. Young and D.A. Robinson (2015). A long-term Northern Hemisphere snow cover extent data record for climate studies and monitoring. Earth System Science Data, 7, 137-142, doi:10.5194/essd-7-137-2015.

Kapitel 7

Marshallöarna
Ford and Kench, 2014 Formation and adjustment of typhoon-impacted reef islands interpreted from remote imagery: Nadikdik Atoll, Marshall Islands.
Ford, 2012 Shoreline Changes on an Urban Atoll in the Central Pacific Ocean: Majuro Atoll, Marshall Islands.
Ford and Kench, 2015 Multi-decadal shoreline changes in response to sea level rise in the Marshall Islands.

Korallöar som växer
Duvat, 2018 A global assessment of atoll island planform changes over the past decades.
Duvat and Pillet, 2017 Shoreline changes in reef islands of the Central Pacific: Takapoto Atoll, Northern Tuamotu, French Polynesia.
Kench et al., 2018 Patterns of island change and persistence offer alternate adaptation pathways for atoll nations.
McLean and Kench, 2015 Destruction or persistence of coral atoll islands in the face of 20th and 21st century sea-level rise?

Land som växer
Donchyts et al., 2016 Earth's surface water change over the past 30 years.
Luijendijk et al., 2018 The State of the World's Beaches.

Samma data - annan bild
Fredriksson m. fl., 2017 Historiska stormhändelser som underlag vid riskanalys. Studie av översvämningarna 1872 och 1904 längs Skånes ost- och sydkust.

Landsänkning - husen som försvann ut i havet
Pratt and Johnson, 1926 Local subsidence of the Goose Creek oil field, Harris County, Texas: Journal Geology v 34 p 577-590.

Städer som sjunker
Abidin et al., 2011 Land subsidence of Jakarta (Indonesia) and its relation with urban development.
Abidin et al., 2015 Study on the risk and impacts of land subsidence in Jakarta.
Bakr, 2015 Influence of Groundwater Management on Land Subsidence in Deltas, A Case Study of Jakarta (Indonesia).
Chaussard et al., 2013 Sinking cities in Indonesia: ALOS PALSAR detects rapid subsidence due to groundwater and gas extraction.
IPCC 2013, Climate Change 2013: The Physical Science Basis, s.1149.
Kaneko and Toyota, 2011 Long-Term Urbanization and Land Subsidence in Asian Megacities: An Indicators System Approach, in: Groundwater and Subsurface Environments: Human Impacts in Asian Coastal Cities.
Rodolofo and Siringan, 2006 Global sea-level rise is recognised, but flooding from anthropogenic land subsidence is ignored around northern Manila Bay, Philippines.

Deltalandskapen - dömda till undergång
Ahmed et al., 2018 Where is the coast? Monitoring coastal land dynamics in Bangladesh: An integrated management approach using GIS and remote sensing techniques.
Akter et al., 2016 Evolution of the Bengal Delta and Its Prevailing Processes.
Allison, 1998 Historical changes in the Ganges–Brahmaputra Delta front.
Auerbach et al., 2015 Flood risk of natural and embanked landscapes on the Ganges–Brahmaputra tidal delta plain.
Britsch and Dunbar, 93 Land Loss Rates: Louisiana Coastal Plain.
Brammer, 2014 Bangladesh's dynamic coastal regions and sealevel rise.
Brown och Nicholls, 2015 Subsidence and human influences in mega deltas: The case of the Ganges–Brahmaputra–Meghna.

Dixon et al., 2006 Subsidence and flooding in New Orleans. Nature, 441, 587-588.
Erban et al., 2014 Groundwater extraction, land subsidence, and sea-level rise in the Mekong Delta, Vietnam.
Higgins et al., 2013 Land Subsidence at Aquaculture Facilities in the Yellow River Delta, China.
Jones et al., 2016 Anthropogenic and geologic influences on subsidence in the vicinity of New Orleans, Louisiana.
Morgan and McIntyre, 1959 Quataernary Geology of the Bengal Basin, East Pakistan and India.
Ostanciaux et al., 2012 Present-day trends of vertical ground motion along the coast lines. Earth-Science Reviews, Elsevier, 2012, 110 (1-4), pp. 74-92.
Sarwar och Woodroffe, 2013 Rates of shoreline change along the coast of Bangladesh.

Ohållbar vattenkonsumtion

Motagh and Haghighi, 2018 Ground surface response to continuous compaction of aquifer system in Tehran, Iran: Results from a long-term multi-sensor InSAR analysis.

Mätning med satellit

IPCC 2013, Climate Change 2013: The Physical Science Basis s. 291.
NOAA National Ocean Service 2020, Is sea level the same all across the ocean?
Scharffenberg och Stammer November 2019 Time-Space Sampling-Related Uncertainties of Altimetric Global Mean Sea Level Estimates.

Indirekta mätmetoder

IPCC 2013, Climate Change 2013: The Physical Science Basis, s. 1151.

Stora osäkerheter

Bahuguna et al., 2014 Are the Himalayan glaciers retreating?
Brun et al., 2017 A spatially resolved estimate of High Mountain Asia glacier mass balances from 2000 to 2016.
Fettweis et al., 2017 Reconstructions of the 1900-2015 Greenland ice sheet surface mass balance using the regional climate MAR model.
Shepherd et al., 2018 Mass balance of the Antarctic Ice Sheet from 1992 to 2017. Nature 558, 219–222.
Smith et al., 2018 Pervasive ice sheet mass loss reflects competing ocean and atmosphere processes.
Zwally et al., 2015 Mass gains of the Antarctic ice sheet exceed losses.

Fler frågetecken

Jenkins et al., 2018 West Antarctic Ice Sheet retreat in the Amundsen Sea driven by decadal oceanic variability.
Jones et al., 2016 Assessing recent trends in high-latitude Southern Hemisphere surface climate.
Seroussi et al., 2017 Influence of a West Antarctic mantle plume on ice sheet basal conditions.
Van Wyk de Vries et al., 2017 A new volcanic province: an inventory of subglacial volcanoes in West Antarctica.

Kapitel 8

Nederbörd - ingen trend

Choujun Zhan et al., 2018 Impulse Weibull distribution for daily precipitation and climate change in China during 1961–2011.
IPCC 2013, Climate Change 2013: The Physical Science Basis, s. 201 ff och s. 213.
Jakob and Walland, 2016 The spatial distribution of rainfall extremes and the influence of El Niño Southern Oscillation.
Nguyen at al., 2018 Global Precipitation Trends across Spatial Scales Using Satellite Observations.
William A. van Wijngaarden och A. Syed, 2015 Changes in annual precipitation over the Earth´s land mass excluding Antarctica from 18th century to 2013.

Extrem nederbörd i Sverige

Bengtsson, Rapport 2014-19 Identifiering av extrema händelser och dess översvämningskonsekvenser i tätort. Pressmeddelande Lunds universitet 2015-02-26 Risken för skyfall lika stor över hela landet.

Översvämningar

Hodgkins et al., 2017 Climate-driven variability in the occurrence of major floods across North America and Europe.

IPCC 2013, Climate Change 2013: The Physical Science Basis, s. 214.

Valdés-Manzanilla, 2018 Effect of climatic oscillations on flood occurrence on Papaloapan River, México, during the 1550–2000 period.

Torka

Buckley et al., 2010 Climate as a contributing factor in the demise of Angkor, Cambodia.

Cullen et al., 2000 Climate change and the collapse of the Akkadian empire: Evidence from deep sea.

Curtis et al., 1996 Climate variability on the Yucatán peninsula (Mexico) during the past 3 500 years and implications for Maya cultural evolution.

IPCC 2013, Climate Change 2013: The Physical Science Basis, s. 215, s. 386 och s. 422.

Hodell et al., 1995 Possible role of climate in the collapse of Classic Maya civilization.

Cole and Marsh, 2006 An historical analysis of drought in England and Wales. (Se även Marsh et al., 2007 Major droughts in England and Wales, 1800–2006).

Oliver et al., 2019 2,500 Years of Hydroclimate Variability in New Mexico, USA.

Pausata et al., 2016 Impacts of dust reduction on the northward expansion of the African monsoon during the Green Sahara period.

Shanahan et al., 2009 Atlantic Forcing of Persistent Drought in West Africa.

Sinha et al., 2010 A global context for megadroughts in monsoon Asia during the past millennium.

Spinoni et al., 2019 A new global database of meteorological drought events from 1951 to 2016.

Zhang and Liang, 2010 A Long Lasting and Extensive Drought Event over China in 1876–1878.

Ökenspridning

Chen et al., 2019 China and India lead in greening of the world through land-use management. Nat Sustain 2, 122–129.

Dardel et al., 2014 Re-greening Sahel: 30 years of remote sensing data and field observations (Mali, Niger).

De Jong et al., 2011 Analysis of monotonic greening and browning trends from global NDVI time-series.

Hickler et al., 2005 Precipitation controls Sahel greening trend.

Hänke et al., 2016 Drought tolerant species dominate as rainfall and tree cover returns in the West African Sahel.

Wenter et al., 2018 Drivers of woody plant encroachment over Africa.

Zhu et al., 2016 Greening of the Earth and its drivers.

Vildmarksbränderna i Kalifornien

Balch et al., 2017 Human-started wildfires expand the fire niche across the United States.

Marlon et al., 2012 Long-term perspective on wildfires in the western USA.

Radeloff et al., 2018 Rapid growth of the US wildland - urban interface raises wildfire.

Stephens et al., 2007 Prehistoric fire area and emissions from California´s forests, woodlands, shrublands and grasslands.

Swetnam et al., 2009 Multi-Millennial Fire History of the Giant Forest, Sequoia National Park, California, USA.

Scott et al., 2018 Drought, Tree Mortality, and Wildfire in Forests Adapted to Frequent Fire.

Indonesien 1997/1998

Page et al., 2002 The Amount of Carbon Released from Peat and Forest Fires in Indonesia During 1997 Nature 420(6911):61-5 · December 2002.

Rifin et al., 2020 Assessing the impact of limiting Indonesian palm oil exports to the European Union.

Australien 2019/2020

Australian Government Department of Agriculture, Water and Environment, 2015 Ecosystem degradation, habitat loss and species decline in arid and semi-arid Australia due to the invasion of buffel grass (Cenchrus ciliaris and C.

pennisetiformis).
Bryant, 2008 Understanding bushfire : trends in deliberate vegetation fires in Australia.
Friedel, M. H.; Puckey, H.; O'Malley, C.; Waycott, M.; Smyth, Anita; Miller, G. Buffel Grass : Both Friend and Foe : an Evaluation of the Advantages and Disadvantages of Buffel Grass Use, and Recommendations for Future Research : A Report to the Desert Knowledge Cooperative Research Centre on the Dispersal, Impact and Management of Buffel Grass (Cenchrus ciliaris) in Desert Australia. Alice Springs: Desert Knowledge CRC; 2006.
Miller et al., 2010 Ecological impacts of buffel grass (Cenchrus ciliaris L.) invasion in central Australia – does field evidence support a fire-invasion feedback?

Vildmarksbränderna minskar globalt

Andela et al., 2017 A human-driven decline in global burned area 2017.
Chen et al., 2019 Response of vegetation cover to CO2 and climate changes between Last Glacial Maximum and pre-industrial period in a dynamic global vegetation model.
Doerr och Santin. 2016 Global trends in wildfire and its impacts: perceptions versus realities in a changing world.
Earl och Simmonds, 2018 Spatial and Temporal Variability and Trends in 2001-2016 Global Fire Activity.
Flannigan et al., 2009 Implications of changing climate for global Wildland fire.
Giglio et al., 2013 Analysis of daily, monthly, and annual burned area using the fourth-generation global fire emissions database.
Lierop et al., 2015 Global forest area disturbance from fire, insect pests, diseases and severe weather events.
Ward et al., 2018 Trends and Variability of Global Fire Emissions Due to Historical Antropogenic Activities.
Yang, 2014 Spatial and temporal patterns of global burned area in response to anthropogenic and environmental factors: Reconstructing global fire history for the 20th and early 21st centuries.

Tropiska orkaner - USA

Hall and Sobel, 2013 On the impact angle of Hurricane Sandy´s New Jersey landfall.
Klotzbach et al., 2018 Continental U.S. Hurricane Landfall Frequency and Associated Damage: Observations and Future Risks.
NOAA, 2018 An Overview and Current Research Results.
Swiss Re, 2014 The big one: The East Coast´s USD 100 billion hurricane event.
Trenberth et al., 2015 Attribution of climate extremes events.
Truchelut and Staehling, 2017 An Energetic Perspective on United States Tropical Cyclone Landfall Drought.

Tropiska orkaner - ingen trend

IPCC 2013, Climate Change 2013: The Physical Science Basis, s. 217.

Orkaner och stormar under kalla perioder

Dezileau et al., 2016 Extreme storms during the last 6,500 years from lagoonal sedimentary archives in Mar Menor (SE SPAIN).

Klimatförändringar sker ständigt

Charpentier Ljungqvist et al., 2016 Northern Hemisphere hydroclimate variability over the past twelve centuries.
Cook et al., 2015 Old World megadroughts and pluvials during the Common Era.
Dixit et al., 2018 Intensified summer monsoon and the urbanization of Indus Civilization in northwest India.
Giesche et al., 2018 Re-examining the 4.2 ka BP event in foraminifer isotope records from the Indus River delta in the Arabian Sea
Guo et al., 2018 Role of the mid-Holocene environmental transition in the decline of late Neolithic cultures in the deserts of NE China.
Hassan, 2011 BBC History, The Fall of the Egyptian Old Kingdom.
Railsback et al., 2018 The timing, two-pulsed nature, and variable climatic expression of the 4.2 ka event: A review and new high-resolution stalagmite data from Namibia.
Walker et al., 2018 Formal ratification of the subdivision of the Holocene Series/ Epoch (Quaternary System/Period): Two new Global

Boundary Stratotype Sections and Points (GSSPs) and three new stages/ subseries
Xiao et al., 2018 The 4.2 ka event and its resulting cultural interruption in the Daihai Lake basin at the East Asian summer monsoon margin.

Allt färre dör i naturkatastrofer

WMO, 2014 The Escalating Impacts of Climate Related Natural Disasters.
Wu, 2018 Economic development and declining vulnerability to climate-related disasters in China

Kapitel 9

IPCC:s andra rapport

Barnett et al., 1996 Estimates of low frequency natural variability in near-surface air temperature.

Kyoto 1997 - COP 3

Hovi et al., 2010 Why the United States did not become a party to the Kyoto Protocol: German Norwegian and US perspectives.

IPCC:s tredje rapport

Mann et al., 1999 Northern Hemisphere Temperatures During the Past Millennium' Inferences, Uncertainties, and Limitations.

Mobergs vågrörelse

Moberg et al., 2005 Highly variable Northern Hemisphere temperatures reconstructed from low- and high-resolution proxy data.

Sternrapporten

The Economies of Climate Change - the Stern Review 2005.

Tidningen Nature

Steig et al., 2009 Warming on the Antarctic ice-sheet surface since the 1957 International Geophysical Year.
IPCC 2007 Climate Change 2007:The Physical Science Basis, s. 249.
Jones, 1996 Recent variations in mean temperature and the diurnal temperature range in the Antarctic.
P1-morgon, 3/2 2009 https://sverigesradio.se/sida/artikel.aspx?programid=1650&artikel=2660898.
Raper et al., 1984 Variations in Surface Air Temperatures. Part 3: The Antartic, 1957-82.

Köpenhamn 2009 - COP 15

Kennedy and Parker, Met Office Weather September 2010 Vol. 65 No.9.
Sveriges Radio, Vetandets värld, Mätresultaten som utmanar slutsatserna i FN:s klimatrapport 16/6 och 15/9 2008 https://sverigesradio.se/artikel/2306968.UNEP, Climate Change Science Compendium,

USA:s roll del 2

Karl et al., 2015 Possible artifacts of data biases in the recent global surface warming hiatus.

Kapitel 10

IPPC:s specialrapporter

Albert et al., 2017, Heading for the hills: climate-driven community relocations in the Solomon Islands and Alaska provide insight for a 1.5 °C future.
Allen et al., 2010 A global overview of drought and heat-induced tree mortality reveals emerging climate change risks for forests.
Cherlet, M., Hutchinson, C., Reynolds, J., Hill, J., Sommer, S., von Maltitz, G. (Eds.), World Atlas of Desertification, Publication Office of the European Union, Luxembourg, 2018.
Estilow et al., 2015 A long-term Northern Hemisphere snow cover extent data record for climate studies and monitoring.
Gao et al., 2019 Detected global agricultural greening from satellite data.
Haustein et al., 2017 A real-time Global Warming Index.
MacGregor et al., 2019 Moth biomass increases and decreases over 50 years in Britain.
Ray et al., 2019 Climate change has likely already affected global food production.
Iizumi et al., 2018 Crop production losses associated with anthropogenic climate change for 1981–2010 compared with preindustrial levels.

Kommentar

Världsbanken, 2018 Poverty and Shared Prosperity 2018: Piecing Together the Poverty Puzzle.

Kapitel 11

Klimat och väderhändelser
Augustine and Hodges, 2021 Variability of Surface Radiation Budget Components Over the U.S. From 1996 to 2019-Has Brightening Ceased?
Burkart et al., 2021 Estimating the cause-specific relative risks of non-optimal temperature on daily mortality: a two-part modelling approach applied to the Global Burden of Disease Study.
Fraser and Cunningham, 2021 120 Years of AMOC Variability Reconstructed From Observations Using the Bernoulli Inverse.
Hahn et al., 2020 Importance of Orography for Greenland Cloud and Melt Response to Atmospheric Blocking.
IPCC 2021, Climate Change 2021: The Physical Science Basis.
IPCC 2021, Climate Change 2021: The Physical Science Basis kapitel 11-51 ff (preliminär sidangivelse).
Li et al., 2019 Annual Precipitation and daily extreme precipitation distribution: possible trends from 1960 to 2010 in urban areas of China.
Loeb et al., 2021 Satellite and Ocean Data Reveal Marked Increase in Earth´s Heating Rate.
Rossby et al., 2020 What can Hydrography Tell Us About the Strength of the Nordic Seas MOC Over the Last 70 to 100 Years.
Sfica et al., 2021 Cloud cover changes driven by atmospheric circulation in Europe during the last decades.
Sun et al., 2020 A Global, Continental and Regional Analysis of Changes in Extreme Precipitation.
Wang et al., 2021 Greenland Surface Melt Dominated by Solar and Sensible Heating.
Yang et al., 2016 Typhoon Nina and the August 1975 Flood over Central China.
Zhou et al., 2017 Linking trends in urban extreme rainfall to urban flooding in China.

Fossil energi och utsläpp
BP 2021, BP Statistical Review of World Energy 2020.
Zhu Liu and Bofeng Cai Harvard Kennedy School, 2018 High-resolution Carbon Emissions Data for Chinese Cities.

Energiomställningen
IEA The International Energy Agency, 2021 The Role of Critical Minerals in Clean Energy Transitions.
Energiföretagen, 2021 Elanvändningen 2045.
Profu, 2018 Teknisk-ekonomisk kostnadsbedömning av solceller i Sverige.
Sonter et al., 2020 Renewable energy production will exacerbate mining threats to biodiversity.
Zalk and Behrens, 2018 The Spatial Extent of Renewable and Non-renewable Power Generation: A Revew and Meta-analysis of Power Densities and Their Application in the U.S.

Kommentar
Ulrich Schmidt, 2020 Elektromobilität und Klimashutz: Die grosse Fehlkalkulation.